高等职业教育机电类专业新形态教材

AutoCAD 机械绘图（2020 版）

主　编　张松华　丘永亮
副主编　何显运　周渝明
参　编　刘美玲　黄艳丽　赵　娟　林　刚

机械工业出版社

本书以典型机械零件为载体,重点介绍 AutoCAD 软件在机械工程中的应用。本书在编写过程中,结合计算机辅助设计绘图员的职业岗位能力要求,以必需、够用为度,注重内容的开放性及实用性。

本书的主要内容包括机械 AutoCAD 绘图环境设置、基本几何图形的绘制、复杂几何图形的绘制、平面图形的尺寸标注、标准件与常用件的绘制、轴套类零件图的绘制、盘盖类零件图的绘制、叉架类零件图的绘制、箱体类零件图的绘制和装配图的绘制。

本书每个任务都有相应工作实例,不仅能带动学生对完成工作任务的步骤有更清晰的认识,而且能进一步提高绘图技能。

本书配套有电子课件,选用本书作为教材的教师,可登录机械工业出版社教育服务网(http://www.cmpedu.com)注册后免费下载。本书重点内容还配有相应的微课视频,扫描书中对应的二维码即可观看。

本书可作为高职高专院校、电大、技师学院、中专、技校等机械类和近机类各专业基础课程的教材,也可供工程技术人员参考。

图书在版编目(CIP)数据

AutoCAD 机械绘图: 2020 版/张松华,丘永亮主编. —北京: 机械工业出版社,2022.12(2025.1 重印)
高等职业教育机电类专业新形态教材
ISBN 978-7-111-72037-9

Ⅰ.①A… Ⅱ.①张… ②丘… Ⅲ.①机械制图-AutoCAD 软件-高等职业教育-教材 Ⅳ.①TH126

中国版本图书馆 CIP 数据核字(2022)第 215869 号

机械工业出版社(北京市百万庄大街 22 号　邮政编码 100037)
策划编辑:陈　宾　　　　责任编辑:于奇慧
责任校对:郑　婕　陈　越　封面设计:王　旭
责任印制:常天培
北京机工印刷厂有限公司印刷
2025 年 1 月第 1 版第 5 次印刷
184mm×260mm・15.25 印张・376 千字
标准书号:ISBN 978-7-111-72037-9
定价:49.80 元

电话服务　　　　　　　网络服务
客服电话:010-88361066　机　工　官　网:www.cmpbook.com
　　　　　010-88379833　机　工　官　博:weibo.com/cmp1952
　　　　　010-68326294　金　书　网:www.golden-book.com
封底无防伪标均为盗版　机工教育服务网:www.cmpedu.com

前言

为落实《国家职业教育改革实施方案》，我们组织企业技术人员和"双师型"教师共同编写了本书。本书内容紧密结合生产实际，及时跟踪先进技术的发展，适于工科类专业进行工程素质教育技能训练使用。

本书适应"互联网+职业教育"的发展需求，按照"任务驱动教学法"的教学思想进行编写。在本书编写过程中，编者总结了多年来的教学实践经验并吸取了同类教材的诸多优点，力求突出以下特点：

1. 本书严格执行现行国家制图标准，以典型机械零件为载体，在完成零件绘制的过程中，使读者掌握计算机辅助设计岗位所需的知识和技能。

2. 以 AutoCAD 在机械制图中的应用为中心，将绘制机械图样所需的知识和技能融入 10 个任务中，每个任务都给出了学习目标和操作步骤，并配有相应的技能训练，使学生在完成任务的过程中能够掌握知识和操作技能，提高分析问题和解决问题的能力。

3. 以必要、够用为原则，注重紧密结合生产实际。从机械绘图环境设置开始介绍，到典型机械零件的绘制，全面执行机械制图与技术制图国家标准，详细介绍绘图命令、编辑命令、文本的输入与编辑、尺寸标注、块与属性、表格绘制与编辑等知识和技能，以提高学生解决生产实际问题的能力。

4. 为贯彻党的二十大精神，加强教材建设，推进教育数字化，书中融入"互联网+职业教育"，运用现代信息技术改进教学方式方法，配套开发数字化资源。扫描书中二维码即可观看相应的微课视频，为自主学习创造良好的条件。

5. 内容编排符合学生的认知规律。在任务实施的过程中，首先通过机械类典型实例引出问题，然后针对问题对相关知识进行深入浅出的介绍，再通过例题对技能进行训练，从而使问题得到解决。

6. 本书采用 AutoCAD 2020 软件，同时秉承了 AutoCAD 的经典操作界面，既能体现版本升级后的新功能，又能与低版本软件进行衔接。

本书由广东工贸职业技术学院张松华、丘永亮担任主编，何显运、周渝明担任副主编，参编人员还有刘美玲、黄艳丽、赵娟和佛山市顺德区盈裕五金有限公司高级工程师林刚。具体编写分工：任务1由刘美玲编写；任务2、3由何昂运编写；任务4由黄艳丽编写；任务5由赵娟编写；任务6、7由张松华编写；任务8、9由周渝明编写；任务10由丘永亮编写；林刚提供了技术支持和建设性意见。全书由张松华负责统稿。

由于编者水平有限，书中难免存在不足之处，恳请广大读者批评指正，并将意见和建议及时反馈给我们，以便修订时完善。

编 者

二维码索引

页码	资源名称	二维码	页码	资源名称	二维码
1	微课1. AutoCAD 2020 工作界面介绍		64	微课9. 创建有属性的粗糙度块	
5	微课2. 设置 AutoCAD 经典界面的方法		65	微课10. 插入块的使用	
8	微课3. 点的位置的确定		71	微课11. 手柄状图形绘制(1)	
27	微课4. 文字和标注样式的设置		72	微课12. 手柄状图形绘制(2)	
40	微课5. 绘图辅助工具的使用		73	微课13. 手柄状图形绘制(3)	
45	微课6. 绘制平面图形		96	微课14. 平面图形的尺寸标注	
51	微课7. A3 图幅文件的绘制(1)		104	微课15. 矩形阵列	
55	微课8. A3 图幅文件绘制(2)		106	微课16. 环形阵列	

二维码索引

（续）

页码	资源名称	二维码	页码	资源名称	二维码
106	微课 17. 创建圆角		132	微课 24. 标注表面粗糙度和几何公差	
107	微课 18. 创建倒角		142	微课 25. 插入中心孔块并绘制剖面线	
109	微课 19. 创建表格样式		146	微课 26. 局部放大图的绘制	
111	微课 20. 创建并编辑表格		169	微课 27. 用追踪的方式绘制盘的中心各孔径	
112	微课 21. 设置引线样式及标注引线		199	微课 28. 节流阀左视图螺纹孔的阵列	
116	微课 22. 添加、删除和对齐多重引线		219	微课 29. 节流阀装配图的绘制（1）	
118	微课 23. 标注尺寸公差		231	微课 30. 节流阀装配图的绘制（2）	

目录

前言
二维码索引
任务 1　机械 AutoCAD 绘图环境设置 ………………………………………………… 1
任务 2　基本几何图形的绘制 …………………………………………………………… 30
任务 3　复杂几何图形的绘制 …………………………………………………………… 58
任务 4　平面图形的尺寸标注 …………………………………………………………… 76
任务 5　标准件与常用件的绘制 ………………………………………………………… 101
任务 6　轴套类零件图的绘制 …………………………………………………………… 135
任务 7　盘盖类零件图的绘制 …………………………………………………………… 160
任务 8　叉架类零件图的绘制 …………………………………………………………… 176
任务 9　箱体类零件图的绘制 …………………………………………………………… 194
任务 10　装配图的绘制 …………………………………………………………………… 218
附录　AutoCAD 2020 常用快捷键一览表 ……………………………………………… 236
参考文献 …………………………………………………………………………………… 237

任务 1

机械AutoCAD绘图环境设置

任务目标

1. 知识目标

1）认识 AutoCAD 2020 工作空间；

2）掌握 AutoCAD 2020 的安装、启动和退出方法；图形文件和 AutoCAD 命令的操作方法；

3）掌握点坐标的输入方法；使用文字编辑器标注文字的方法；

4）掌握定义文字样式和尺寸标注样式的方法。

2. 技能目标

1）能够熟练启动 AutoCAD 2020 绘图软件；

2）能够新建、打开、保存文件；能够熟练应用点坐标的输入方法；

3）能够熟练应用文字编辑器标注文字；

4）能熟练设置符合机械制图要求的文字样式和尺寸标注样式。

任务分析

通过操作，熟练掌握 AutoCAD 2020 的工作界面设置方法、点坐标输入方法、标注文字的方法，熟练设置机械 CAD 制图的文字样式和尺寸标注样式。本任务的重点、难点是设置 AutoCAD 绘图环境。

任务实施

一、基本概念与基本操作

微课 1. AutoCAD 2020 工作界面介绍

1. 工作界面介绍

启动 AutoCAD 2020 后，进入工作界面，如图 1-1 所示。从图 1-1 可以看出，AutoCAD 2020 的工作界面由快速访问工具栏、标题栏、菜单栏、功能区、绘图窗口、坐标系图标、模型/布局选项卡、命令窗口（又称为命令行窗口）、状态栏等组成。

AutoCAD 2020 提供"草图与注释""三维基础""三维建模"三种工作空间模式。图 1-1 所示界面为"草图与注释"工作空间模式。

（1）标题栏　标题栏位于工作界面的最上方，其功能与其他 Windows 应用程序类似，

1

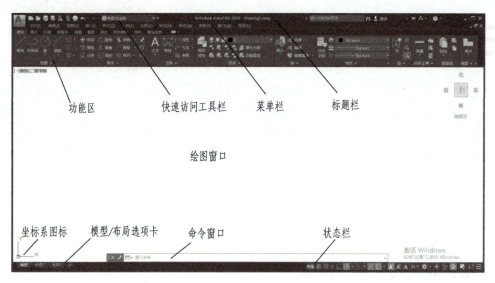

图 1-1 AutoCAD 2020 工作界面

用于显示软件名称及当前所操作图形文件的名称。位于标题栏右上角的按钮 用于实现 AutoCAD 2020 窗口的最小化、恢复窗口大小和关闭操作。

（2）菜单栏　菜单栏是 AutoCAD 2020 的主菜单。利用 AutoCAD 2020 提供的菜单可执行 AutoCAD 的大部分命令。单击菜单栏中的某一按钮可打开对应的下拉菜单。"修改"下拉菜单如图 1-2 所示，该下拉菜单包含编辑所绘图形的命令。

图 1-2 "修改"下拉菜单

下拉菜单具有以下 3 个特点。

1）下拉菜单中，右侧有" ▷ "的命令按钮，表示它还有子菜单。图 1-2 显示出了与

"对象"命令对应的子菜单。

2）下拉菜单中，右侧有"…"的命令按钮，表示单击该按钮后将显示一个对话框。例如，单击图1-2所示"格式"菜单中的"线宽"按钮，会显示图1-3所示的"线宽设置"对话框，该对话框用于线宽的设置。

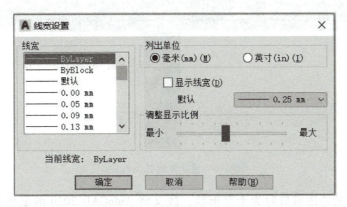

图1-3 "线宽设置"对话框

3）单击右侧没有任何标识的命令按钮，将执行对应的AutoCAD命令。

AutoCAD 2020还提供有快捷菜单，用于快速执行常用操作。单击鼠标右键可打开快捷菜单。当前的操作不同或鼠标指针所处的位置不同，单击鼠标右键后打开的快捷菜单则不同。

（3）功能区 功能区是AutoCAD 2020新增的一项功能，它代替了AutoCAD众多的工具栏，并以面板的形式将各工具按钮分门别类地集合在选项卡内。如图1-4所示，"默认"选项卡提供有10个功能面板，每一个功能面板上有一些按钮。将鼠标指针放到功能面板中的按钮上停留一段时间，系统会弹出一个文字提示标签，说明该按钮的功能。将鼠标指针放在"块"功能面板中的"创建"按钮 上时，显示的提示标签如图1-4所示。

图1-4 "块"功能面板中的"创建"按钮提示标签

在功能面板中，右下角有小白三角形（ ）的按钮，表示可引出一个包含相关命令的弹出式工具栏。例如，单击"默认"选项卡——"注释"面板——"线性"右边的按钮 ，可引出的弹出式工具栏如图1-5所示。

（4）绘图窗口 绘图窗口类似于手工绘图时的图纸，AutoCAD 2020的绘图在此区域中完成。

（5）鼠标指针 AutoCAD 2020的鼠标指针用于绘图、选择对象等操作。当鼠标指针位

图 1-5　显示弹出式工具栏

于 AutoCAD 2020 的绘图窗口时为十字形状，故又将 AutoCAD 2020 的鼠标指针称为十字光标。十字光标中，十字线的交点为指针的当前位置。

（6）坐标系图标　坐标系图标用于表示当前绘图所使用的坐标系形式及坐标方向等。AutoCAD 2020 提供了世界坐标系（World Coordinate System，WCS）和用户坐标系（User Coordinate System，UCS）两种坐标系。世界坐标系为默认坐标系，且默认时水平向右方向为 X 轴正方向，垂直向上方向为 Y 轴正方向。

> 提示：坐标系图标样式的设置可通过单击菜单栏中的"视图"——"显示"——"UCS 图标"——"特性"按钮进行设置。

（7）模型/布局选项卡　模型/布局选项卡用于实现模型空间与图纸空间切换。

（8）命令窗口　命令窗口是 AutoCAD 2020 显示用户从键盘键入的命令和系统提示信息的地方。默认设置下，AutoCAD 2020 在命令窗口上方保留所执行的最后 3 行命令或提示信息。可以通过拖动窗口边框的方式改变命令窗口的大小，使命令窗口显示多于 3 行的信息。

用户可以隐藏命令窗口。隐藏方法为：单击"工具"——"命令行"按钮，弹出"命令行—关闭窗口"对话框，如图 1-6 所示。单击对话框中按钮 ，即可隐藏命令窗口。隐藏命令窗口后，通过单击菜单栏中的"工具"——"命令行"按钮可再显示命令窗口。

> 提示：利用组合键 <Ctrl+9>，可快速实现隐藏或显示命令窗口的切换。

（9）状态栏　状态栏用于显示或设置当前的绘图状态。位于状态栏最左边的一组数字反映指针当前的坐标。在状态栏中，从左到右分别为"模型或图纸空间转换""显示图形栅格""捕捉模式""推断约束""动态输入""正交限制指针""按指定角度限制指针""显示捕捉参照线""将指针捕捉到二维参照点""显示/隐藏

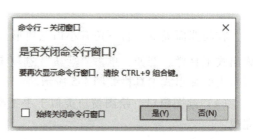

图 1-6　"隐藏命令行窗口"对话框

线宽""透明度""选择循环"等快捷按钮。单击任意按钮实现启用或关闭对应功能的切换。通常单击按钮后,按钮变蓝,则启用对应的功能;再次单击按钮,按钮变黑,则关闭该功能。

单击状态栏最右侧"自定义"按钮,弹出 29 项可选项,用户可自定义状态栏。单击任意可选项,则在该选项名称左侧出现符号"√",表示该功能按钮会在状态栏显示,如 ✓ 动态输入 ,则会在状态栏中显示"动态输入"按钮。

> 提示:将鼠标指针放到任意菜单命令或工具栏中的任意按钮上时,系统会在命令窗口中显示与菜单命令或按钮对应的命令及说明。

2. 将 AutoCAD 2020 设置为经典界面的方法

(1) 显示 AutoCAD 经典菜单　单击 AutoCAD 工作界面左上角"快速访问工具栏"右侧的按钮 ,在下拉菜单中选中"工作空间""特性匹配""显示菜单栏"。系统显示 AutoCAD 经典菜单栏,如图 1-7 所示。

微课 2. 设置 AutoCAD 经典界面的方法

图 1-7　AutoCAD 经典菜单栏

(2) 显示 AutoCAD 经典工具栏　单击"工具"——"工具栏"——"AutoCAD"——"绘图"按钮,显示经典的绘图工具条。用同样的方法,继续调出"标准""样式""工作空间""图层""特性""修改""绘图次序"等工具条,如图 1-8 所示。

(3) 隐藏"功能区"　在功能区"默认""插入""注释""参数化""视图""管理""输出""附加模块"等选项卡所在行空白处位置右击,弹出快捷菜单,单击"关闭"按钮即可,如图 1-9 所示。如要显示功能区,则需在命令行输入"ribbon",按<Enter>键即可。

(4) 将 AutoCAD 经典界面保存在工作空间　如图 1-10 所示,单击"草图与注释"——"将当前工作空间另存为…"按钮,输入"我的经典界面",即可保存传统的 AutoCAD 经典界面,下次使用时可切换到 AutoCAD 经典界面。

3. 基本操作

用 AutoCAD 2020 绘图时的基本操作,包括执行 AutoCAD 命令、管理图形文件和确定点

图 1-8 AutoCAD 经典工具栏

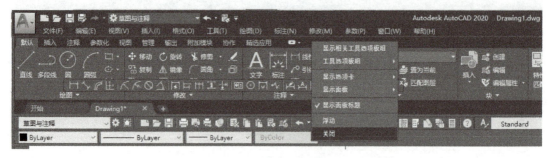

图 1-9 隐藏"功能区"

图 1-10 将 AutoCAD 经典界面保存在工作空间

的位置。

（1）执行 AutoCAD 命令　AutoCAD 属于人机交互式软件，即当用 AutoCAD 绘图或进行其他操作时，首先要向 AutoCAD 发出命令，告诉 AutoCAD 要干什么。执行 AutoCAD 命令的常用方式见表1-1。

表1-1 执行 AutoCAD 命令的常用方式

序号	方式	说明
1	通过键盘输入命令	当命令窗口中最后一行的提示为"命令:"时,通过键盘输入对应的命令后按<Enter>键或空格键,即可启动对应的命令,而后 AutoCAD 会给出提示,提示用户应执行的后续操作。采用这种方式执行 AutoCAD 命令时,需要用户记住各 AutoCAD 命令 提示:利用 AutoCAD 的帮助功能,可以浏览 AutoCAD 的全部命令及其功能
2	通过菜单栏执行命令	单击菜单栏中的任意菜单命令,可执行对应的命令
3	通过功能区执行命令	单击功能区面板中的任意按钮,可执行对应的命令
4	重复执行命令	当执行完成某一命令后,需重复执行该命令时,除可以通过以上3种方式执行该命令外,还可以用以下方式重复执行命令: 1)直接按键盘上的<Enter>键或空格键; 2)使鼠标光标位于绘图窗口,右击,在弹出的快捷菜单中选择第一行的命令,可重复执行对应的命令 提示:在命令的执行过程中,可通过按<Esc>键,或右击后从弹出的快捷菜单中单击"取消"命令终止命令的执行

(2) 管理图形文件 这里介绍如何创建新图形、打开已有的图形以及保存所绘图形等操作。AutoCAD 图形文件的扩展名是".dwg"。

1)创建新图形。

命令:"NEW";菜单:"文件"——→"新建";快速访问工具栏:"新建"按钮 。

单击"新建"按钮 ,执行"NEW"命令,弹出"选择样板"对话框,如图1-11所示。

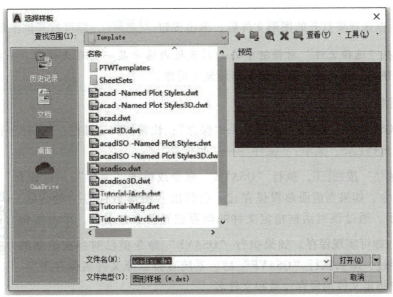

图1-11 "选择样板"对话框

通过"选择样板"对话框选择对应的样板（初学者一般选择样板文件"acadiso.dwt"即可），单击按钮 打开(O) ，以对应的样板为模板建立新图形。

> 提示：样板文件是扩展名为".dwt"的AutoCAD文件。样板文件中通常包含一些通用设置及一些常用的图形对象。

2）打开图形文件。

命令："OPEN"；菜单："文件"——"打开"；快速访问工具栏："打开"按钮 📂 。

单击"打开"按钮 📂 ，执行"OPEN"命令，弹出"选择文件"对话框，如图1-12所示。

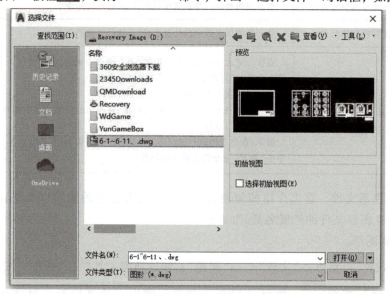

图1-12 "选择文件"对话框

通过对话框选择要打开的图形文件后，单击按钮 打开(O) ，即可打开该图形文件。

> 提示：在"选择文件"对话框中的大列表框内选中某一图形文件时，一般会在对话框右边的"预览"图像框中显示该图形的预览图像。

3）保存图形。

命令："QSAVE"；菜单："文件"——"保存"；快速访问工具栏："保存"按钮 💾 。
或命令：SAVEAS；菜单："文件"——"另保存"。

单击"保存"按钮 💾 ，执行"QSAVE"命令或单击"文件"——"保存"按钮，执行"QSAVE"命令，如果当前图形没保存过，会弹出"图形另存为"对话框，如图1-13所示。通过该对话框指定文件的保存位置及文件名后，单击按钮 保存(S) ，即可实现保存。如果执行"QSAVE"命令前已对当前绘制的图形命名保存过，那么执行"QSAVE"后，系统直接以原文件名保存图形，不再要求用户指定文件的保存位置和文件名。

微课3. 点的位置的确定

单击"文件"——"另保存"按钮，执行"SAVEAS"命令，弹出"图形另

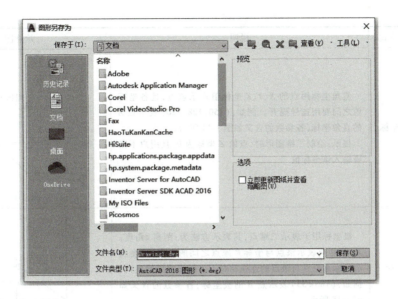

图 1-13 "图形另存为"对话框

存为"对话框,要求用户确定文件的保存位置及文件名,用户按要求操作即可。

（3）确定点的位置　用 AutoCAD 绘图时,经常需要指定点的位置,如指定直线的端点、圆和圆弧的圆心等。下面介绍用 AutoCAD 绘图时常用的确定点的方法。

1）确定点的方法。绘图时,通常确定点的方式见表 1-2。

表 1-2　确定点的方式

序号	方法	说明
1	用鼠标指针在屏幕上直接拾取点	具体过程为:移动鼠标指针,使鼠标指针移动到对应的位置(一般会在状态栏上动态地显示出鼠标指针的当前坐标),而后单击拾取点
2	利用对象捕捉方式捕捉特殊点	利用 AutoCAD 提供的对象捕捉功能,在打开对象捕捉功能后,可以准确地捕捉到一些特殊点,如圆心、切点、中点、垂足等
3	给定距离确定点	当 AutoCAD 给出提示,要求用户指定某些点的位置时(如指定直线的另一端点),拖动鼠标指针,使 AutoCAD 从已有点动态地引出引线(又称为橡皮筋线)指向要确定的点的方向,然后输入沿该方向相对于前一点的距离值,按<Enter>键或空格键,即可确定对应的点
4	通过键盘输入点的坐标	用户可以直接通过键盘输入点的坐标,且输入时可以采用绝对坐标或相对坐标,而且在每一种坐标方式中,又有直角坐标、极坐标、球坐标和柱坐标之分

2）通过坐标确定点的方式。

① 绝对坐标。点的绝对坐标是指相对于当前坐标系原点的坐标,有直角坐标、极坐标、球坐标和柱坐标 4 种形式,详见表 1-3。

表 1-3　点的绝对坐标输入方式及说明

序号	坐标形式	说明	示意图
1	直角坐标	直角坐标用点的 X、Y、Z 坐标值表示该点,且各坐标值之间要用逗号隔开。例如,(150,128,320)表示点 A 的直角坐标,各参数的含义如图 1-14 所示。 提示:绘制二维图形时,点的 Z 坐标为 0,且用户不需要输入该坐标值	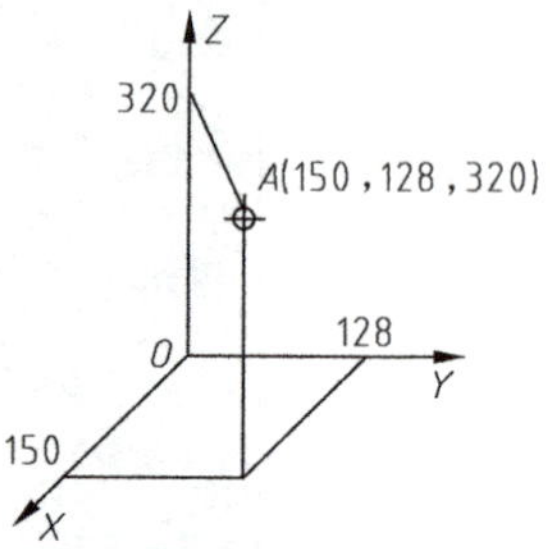 图 1-14　直角坐标
2	极坐标	极坐标用于表示二维点,其表示方法为:距离<角度。其中,距离表示该点与坐标系原点之间的距离;角度表示坐标系原点与该点的连线相对于 X 轴正方向的夹角。例如,(180<35)表示点 B 的极坐标,各参数的含义如图 1-15 所示	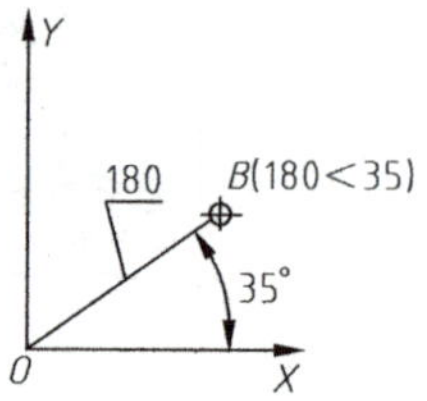 图 1-15　极坐标
3	球坐标	球坐标用 3 个参数表示一个空间点:点与坐标系原点的距离 L;坐标系原点与空间点的连线在 XY 面上的投影与 X 轴正方向的夹角(简称在 XY 面内与 X 轴的夹角)α;坐标系原点与空间点的连线相对于 XY 面的夹角(简称与 XY 面的夹角)β。各参数之间用符号"<"隔开,即"L<α<β"。例如,(120<55<45)表示点 C 的球坐标,各参数的含义如图 1-16 所示	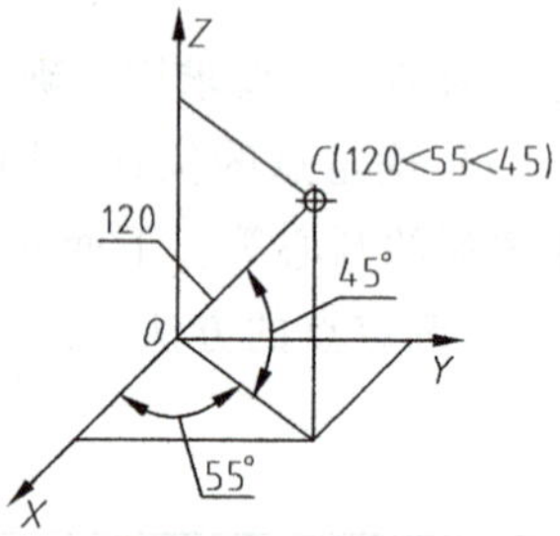 图 1-16　球坐标
4	柱坐标	柱坐标也是通过 3 个参数描述一个点:该点在 XY 面上的投影与当前坐标系原点的距离 p;坐标系原点与该点的连线在 XY 面上的投影相对于 X 轴正方向的夹角 α;以及该点的 Z 坐标值 z。距离与角度之间要用符号"<"隔开,而角度与 Z 坐标值之间要用逗号隔开,即"p<α,z"。例如,(120<55,70)表示点 D 的柱坐标,各参数的含义如图 1-17 所示	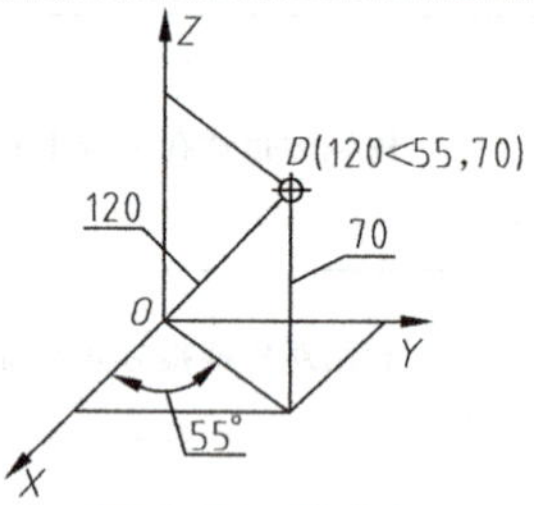 图 1-17　柱坐标

② 相对坐标。相对坐标是指相对于前一坐标点的坐标。相对坐标也有直角坐标、极坐标、球坐标和柱坐标 4 种形式,其输入格式与绝对坐标相似,但要在输入的坐标前加上前缀"@"。例如,已知前一点的直角坐标为(100,100),如果在指定点的提示后输入:@ -80,125。则相当于新确定的点的绝对坐标为(20,225)。

> **提示:** 如果状态栏中的"动态输入(DYN)"功能按钮 为选中状态(按钮为蓝色状,表示为选中状态),对于第二点和后续输入的点,系统都自动以相对坐标点表示,即在坐标值前自动加入一个"@"符号。如果用户使用绝对坐标点的输入方法定位点,需要将状态栏中的"动态输入"功能关闭。

（4）绘图窗口与文本窗口的切换　用 AutoCAD 绘图时，有时需要切换到文本窗口来观看有关的文字信息；而有时在执行某一命令后，系统会自动切换到文本窗口。按<Ctrl+F2>键可快速实现绘图窗口与文本窗口之间的切换。

4. 帮助

AutoCAD 提供了强大的帮助功能。"帮助"下拉菜单如图 1-18 所示。

在"帮助"下拉菜单中，单击"帮助"按钮可打开"帮助"窗口，如图 1-19 所示，AutoCAD 可以提供联机帮助。

可通过"帮助"窗口获得各种帮助信息，如 AutoCAD 2020 提供的用户手册，全部命令、系统变量等。用 AutoCAD 进行绘图时，可随时查阅相应的帮助。

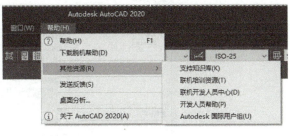

图 1-18　"帮助"下拉菜单

图 1-19　"帮助"窗口

二、标注文字

文字标注通常是绘制各种工程图形时必不可少的内容。标题栏内需要填写文字，图形中一般还有"技术要求"等文字。此外，在绘制工程图时，有时还需要创建表格。

1. 定义文字样式

命令：STYLE；菜单："格式"——→"文字样式"；功能区："默认"选项卡——→"注释"面板——→"注释"按钮 注释 ——→"文字样式"按钮 。

文字样式用于确定标注文字时所采用的字体、字号、字倾斜角度以及其他文字特征。在一幅图形中可以定义多个文字样式，但用户只能用当前文字样式标注文字。当需要以自定义的某一文字样式标注文字时，应首先将该样式设为当前样式。

单击"格式"——"文字样式"按钮,执行"STYLE"命令,弹出"文字样式"对话框,如图1-20所示。"文字样式"对话框中各主要选项的功能说明见表1-4。

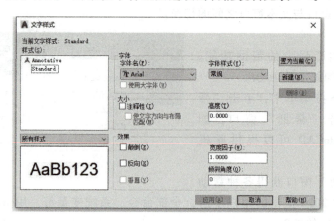

图1-20 "文字样式"对话框

工程制图所标注的文字一般应采用长仿宋体。AutoCAD 提供了符合工程制图要求的字体形文件:"gbenor.shx""gbeitc.shx"和"gbcbig.shx"文件(形文件是 AutoCAD 用于定义字体或符号库的文件,其源文件的扩展名为".shp",扩展名为".shx"的形文件是编译后的文件)。其中,形文件"gbenor.shx"和"gbeitc.shx"分别用于标注直体和斜体的字母与数字;"gbcbig.shx"则用于标注汉字。

表1-4 "文字样式"对话框中各主要选项的功能说明

项目		功能说明
"样式"列表框		列表中有当前已定义的文字样式,用户可通过它选择对应的样式作为当前样式。利用"文字样式"对话框中的"样式"列表框,可以方便地将某文字样式设为当前样式。可预览所选择或所定义文字样式的标注效果
"新建"按钮		创建新文字样式。创建方法为:单击"新建"按钮,弹出"新建文字样式"对话框。在"样式名"文本框中输入新文字样式的名称,单击"确定"按钮,即可在原文字样式的基础上创建一个新文字样式
"删除"按钮		删除某一文字样式。删除方法为:从"样式"列表框中选择要删除的文字样式,单击"删除"按钮。用户只能删除当前图形中没有使用的文字样式
"字体"选项组		确定所使用的字体以及相应的格式。可通过对应的下拉列表选择字体及大字体样式
"大小"选项组		确定所使用的字体高度。通过"高度"文本框指定文字的高度
"效果"选项组	"颠倒"复选框	确定是否将文字颠倒标注
	"反向"复选框	确定是否将文字反向标注
	"垂直"复选框	确定是否将文字垂直标注
	"宽度因子"文本框	确定文字字符的宽度比例因子,即宽高比。当宽度比例为1时,表示按系统定义的宽高比标注文字。当宽度比例小于1时,字会变窄;反之字会变宽
	"倾斜角度"文本框	确定文字的倾斜角度。角度为0°时,字不倾斜;角度为正值时,字向右倾斜;为负值时,字向左倾斜
"应用"按钮		确认用户对文字样式的修改、定义。当对某一文字样式或新建样式更改设置后,应单击该按钮予以确认

【例 1-1】 定义符合制图标准要求的新文字样式。新文字样式的名称为"机械字",字高为 3.5mm。

操作步骤如下。

1)单击"格式"——"文字样式"按钮,执行"STYLE"命令,弹出"文字样式"对话框。单击对话框中的"新建"按钮,在弹出的"新建文字样式"对话框中的"样式名"文本框内输入"机械字",如图 1-21 所示。

2)单击"新建文字样式"对话框中的"确定"按钮,AutoCAD 返回到"文字样式"对话框,通过此对话框进行对应的设置,如图 1-22 所示。

3)在"文字样式"对话框的"样式"列表框中给出了所定义文字样式的标注效果预览。由于在字体形文件中已经考虑了字的宽高比,因此在"宽度因子"文本框中输入 1 即可。单击对话框中的"应用"按钮,完成新文字样式的定义。并将"机械字"文字样式设为当前样式,单击"关闭"按钮,AutoCAD 关闭对话框。即完成设置。

图 1-21 "机械字"样式名

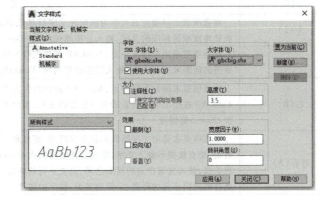

图 1-22 定义文字样式

2. 标注文字

(1)用"DTEXT"命令标注单行文字

命令:"DTEXT";菜单:"绘图"——"文字"——"单行文字";功能区:"默认"选项卡——"注释"面板——"单行文字"按钮。

虽然在菜单和工具栏中的按钮提示中均为"单行文字",但用"DTEXT"命令一次也可以标注多行文字。

单击"绘图"——"文字"——"单行文字"按钮,执行"DTEXT"命令,AutoCAD 系统有提示,要求指定文字的起点、对正和样式等。

1)指定文字的起点。确定文字行基线的始点位置。AutoCAD 为文字行定义了顶线、中线、基线和底线 4 条参考线,用来确定文字行的位置,这 4 条线与文字串的关系如图 1-23 所示。

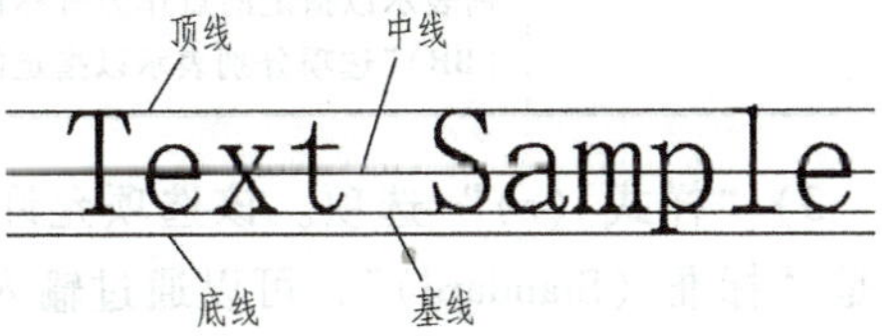

图 1-23 文字标注参考线的定义

在"指定文字的起点或 [对正(J)/样式(S)]:"提示下,指定文字基线的起点位置后,AutoCAD 系统提示要确定字符的高度和文字行的旋转角度;在设置完高度与转角后,系统提示输入文字内容;输入文字内容后,系统将根据默认的字符宽度调整字符间距并书写文字。

2)"对正(J)"选项。在"指定文字的起点或[对正(J)/样式(s)]:"提示下,如果输入"J",将出现"左(L)/居中(C)/右(R)/对齐(A)/中间(M)/布满(F)/左上(TL)/中上(TC)/右上(TR)/左中(ML)/正中(MC)/右中(MR)/左下(BL)/中下(BC)/右下(BR)" 15 个选项,这些选项允许用户重新定位文字的不同排列形式,

图 1-24　文字的多种对正方式

如图 1-24 所示。AutoCAD 默认的排列方式是左对齐,用户可通过输入关键字符来要求系统选用其他排列方式,然后在命令行显示各种排列提示以供用户选择。以上各选项的含义见表 1-5。

表 1-5　对正选项的含义

选项	含义
左(L)	该选项表示以指定的点作为所标注文字行基线的起点,依据 AutoCAD 提示,输入文字的高度、旋转角度和要标注的文字,输入后连续按两次<Enter>键即可
居中(C)	此选项要求用户指定一点,AutoCAD 把该点作为所标注文字行基线的中点,然后系统根据默认字符的间距来书写文字,输入后连续按两次<Enter>键即可
右(R)	此选项要求用户指定一点,AutoCAD 把该点作为所标注文字行基线的右端点。执行该选项时,AutoCAD 在绘图区显示表示文字位置的方框,用户可在其中输入要标注的文字,输入后连续按两次<Enter>键即可
对齐(A)	该选项要求指定文字基线的起点和终点,起点和终点确定后,不再要求输入文字字符的高度及转角,而直接提示输入文字,输入后连续按两次<Enter>键即可。系统会把输入的文字均匀地压缩或扩展,使其充满指定的两点之间,且文字行的旋转角度由两点间连线的倾斜角度确定;字高、字宽会根据两点间的距离、字符的多少、按字的宽度比例关系自动确定
中间(M)	此选项要求用户指定一点,AutoCAD 把该点作为所标注文字行的中间点,即以该点作为文字行在水平、垂直方向上的中点。执行该选项,依据 AutoCAD 提示,用户可在其中输入要标注的文字,输入后连续按两次<Enter>键即可
布满(F)	此选项要求用户指定文字行基线的始点、终点位置以及文字的字高(如果文字样式没有设置字高的话)。执行该选项时,指定文字基线的第一个端点和第二个端点后,AutoCAD 在绘图区显示表示文字位置的方框,用户可在其中输入要标注的文字,输入后连续按两次<Enter>键即可。最后得到的标注结果是:输入的文字字符均匀分布于指定的两点之间,且文字行的旋转角度由两点间连线的倾斜角度确定,字的高度为用户指定的高度或在文字样式中设置的高度,字宽度由所指定的两点间的距离与字的多少自动确定
其他提示	在与"对正(J)"选项对应的其他提示中,"左上(TL)""中上(TC)""右上(TR)"选项分别表示以指定的点作为文字行顶线的起点、中点、终点;"左中(ML)""正中(MC)""右中(MR)"选项分别表示以指定的点作为所标注文字行中线的起点、中点、终点;"左下(BL)""中下(BC)""右下(BR)"选项分别表示以指定的点作为所标注文字行底线的起点、中点与终点

3)"样式(s)"选项。该选项允许用户选择输入文字的样式。AutoCAD 默认的文字样式是"标准(Standard)",可以通过输入字符 s 告知系统要选择其他文字样式,如果用户还没有自定义样式,只能暂时使用 AutoCAD 的默认样式"标准(Standard)"。

(2)用"MTEXT"标注多行文字

命令:"MTEXT";菜单:"绘图"——"文字"——"多行文字";功能区:"默认"选项卡——"注释"面板——"多行文字"按钮 A多行文字。

单击"绘图"──→"文字"──→"多行文字"按钮，执行"MTEXT"命令，在 AutoCAD 提示下，指定一点作为第一角点后，继续响应默认项，即指定另一角点的位置，AutoCAD 在功能面板区域弹出"文字编辑器"选项卡，如图 1-25 所示。

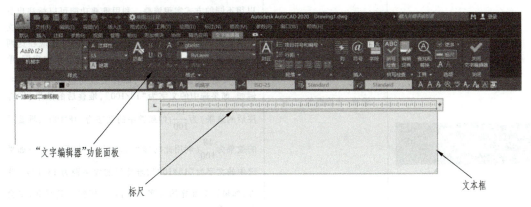

"文字编辑器"功能面板

标尺

文本框

图 1-25 "文字编辑器"

从图 1-25 可以看出，"文字编辑器"由"样式""格式"等工具栏组成，而位于水平标尺下面的方框则用于输入文字。"文字编辑器"选项卡的功能说明见表 1-6。

表 1-6 "文字编辑器"选项卡的功能说明

工具栏		功能说明
	样式	该列表框中列有当前已定义的文字样式,用户可通过列表选用标注样式,或更改在编辑器中输入文字的样式
	文字高度组合框	设置字高度。用户可直接从下拉列表中选择值,也可以在文本框中输入高度值
	遮罩	设置文本框文字背景颜色
	字体下拉列表框	设置字体。在文字编辑器中输入文字时,可利用该下拉列表随时改变所输入文字的字体,也可以用来更改已有文字的字体
	粗体按钮	确定文字是否以粗体形式标注,单击该按钮可实现是否以粗体形式标注文字的切换;可用于更改文字编辑器中已有文字的标注形式
	斜体按钮	确定文字是否以斜体形式标注,单击该按钮可实现是否以斜体形式标注文字的切换;可用于更改文字编辑器中已有文字的标注形式
	下画线按钮	确定是否对文字加下画线,单击该按钮可实现是否为文字加下画线的切换;可用于更改文字编辑器中已有文字的标注形式
	上画线按钮	确定是否对文字加上画线,单击该按钮可实现是否为文字加上画线的切换;可用于更改文字编辑器中已有文字的标注形式

（续）

工具栏		功能说明
	堆叠/非堆叠按钮	实现堆叠与非堆叠的切换。利用"/""^"或"#"符号，可以用不同的方式实现堆叠。利用堆叠功能可以标注出分数、上下极限偏差等。堆叠标注的具体实现方法是：在文字编辑器中输入要堆叠的两部分文字，同时还应在这两部分文字中间输入符号"/""^"或"#"，然后选中它们，单击按钮，使该按钮压下，即可实现对应的堆叠标注。例如，如果选中的文字为"18/100"，堆叠后的效果（即标注后的效果）为 $\frac{18}{100}$；如果选中的文字为"18^100"，堆叠后的效果为 $\frac{18}{100}$（利用此功能可标注上、下极限偏差）；如果选中的文字为"18#100"，堆叠后的效果则为 18/100。此外，如果选中堆叠的文字并单击按钮使其弹起，则会取消堆叠
	颜色下拉列表框	设置或更改所标注文字的颜色
	改变文字大小写	大写按钮用于将选定的字符更改为大写；小写按钮则用于将选定的字符更改为小写
	左对齐按钮 居中对齐按钮 右对齐按钮 对正按钮 分散对齐按钮	左对齐、居中对齐、右对齐按钮用于设置文字沿水平方向的对齐方式（按钮中的图像形象地说明了其功能）；对正、分散对齐按钮则用于设置文字沿竖直方向的对齐方式。默认时，AutoCAD 采用"左上"（即沿水平方向左对齐，沿竖直方向上对齐）方式对齐文字
	项目符号和编号	此按钮可创建项目符号和编号
	插入字段按钮	向文字中插入字段。单击该按钮，AutoCAD 将显示"字段"对话框，用户可从中选择要插入到文字中的字段
	符号按钮	符号按钮用于在光标位置插入符号或不间断空格。单击该按钮，AutoCAD 弹出对应的菜单，菜单中列出了常用符号及其控制符或 Unicode 字符串，用户可根据需要从中选择。如果选择"其他"命令，则会显示出"字符映射表"对话框，该对话框包含了系统中各种可用字体的整个字符集。利用该对话框标注特殊字符的方式是：从"字符映射表"对话框中选中一个符号，单击"选择"按钮，将其放到"复制字符"文本框；单击"复制"按钮将其放到剪贴板，关闭"字符映射表"对话框。在"文字编辑器"中，右击，从弹出的快捷菜单中选择"粘贴"命令，即可在当前指针位置插入对应的符号

任务1 机械AutoCAD绘图环境设置

（续）

工具栏		功能说明
	放弃按钮	在"文字编辑器"中放弃操作，包括对文字内容或文字格式所做的修改，也可以使用组合键<Ctrl+Z>执行放弃操作
	重做按钮	在"文字编辑器"中执行重做操作，包括对文字内容或文字格式所做的修改。也可以使用组合键<Ctrl+Y>执行重做操作
	标尺按钮	实现在文字编辑器中是否显示水平标尺的切换

（3）常用特殊字符标注　标注文字时，有时需要标注一些特殊字符，如要在一段文字的上方或下方加线、标注度（°）、标注正负公差符号（±）、标注直径符号（φ）等，但这些特殊字符不能从键盘上直接输入，为解决这样的问题，AutoCAD 提供了专门的控制码（又称为转意符），以满足特殊标注的要求。AutoCAD 的控制码由两个百分号（%%）和一个字符构成，常用控制码见表 1-7。

表 1-7　AutoCAD 的常用控制码

控制符	功能	控制符	功能
%%O	加上划线	%%P	正负符号(±)
%%U	加下划线	%%C	直径符号(φ)
%%D	度符号(°)	%%%	百分号(%)

注：AutoCAD 的控制符不区分大小写。本书采用大写字母。

【例 1-2】　利用【例 1-1】中定义的文字样式"机械字"，用"MTEXT"命令标注下面的文字。

技术要求

1. 未注倒角 $C2.5$。

2. 调质处理，硬度为 230~250HBW。

其中，"技术要求"采用黑体，字高为 5mm，其余采用"机械字"样式，字高为 3.5mm。

操作步骤如下：

1) 定义对应的文字样式（详见【例 1-1】，过程略。如已有此样式，则不需要定义），将文字样式"机械字"设为当前样式。

2) 单击"绘图"——→"文字"——→"多行文字"按钮，执行"MTEXT"命令，按 AutoCAD 系统的提示完成题中的文字输入，然后选择文字进行修改，如图 1-26、图 1-27 所示。

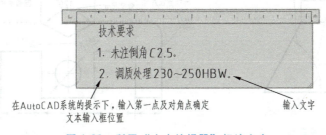

图 1-26　利用"文字编辑器"标注文字

3）在文本框外任意处单击，完成文字的输入与编辑。

3. 编辑文字

AutoCAD 把文字也当成一个独立的对象，可以像其他线条、图块一样修改其属性。文字的编辑修改分为两类，即根据选择的对象不同，AutoCAD 将打开不同的对话框来编辑修改单行文字或多行文字。

图 1-27　利用"文字编辑器"编辑文字

命令："DDEDIT"。菜单："修改"──→"对象"──→"文字"──→"编辑"。

当选定的文字对象是用命令"TEXT"或"DTEXT"书写的，系统自动弹出输入文本框，在此文本框中只能增删文字字符。该文本框编辑文字的优点是能连续地提示用户选择需要编辑的对象，因而只要发出命令就能一次修改多个文字对象。

当选定的文字对象是用"MTEXT"书写的，系统将在功能面板区弹出"文字编辑器"功能面板，可重新设置文字的属性，如字体样式、字符高度等。

单击文字区，单击"默认"选项卡中的"注释"面板中的"特性"按钮右边向右下的箭头，打开"特性（Properties）"编辑工具栏，在特性工具栏里，用户不仅可以修改文字的内容，还能编辑文字的其他许多属性，如图层、颜色、样式等。

三、尺寸标注

1. 尺寸标注的基本概念

（1）尺寸的组成　尺寸标注是工程制图中的一项重要内容。利用 AutoCAD，可以设置不同的尺寸标注样式，可以为图形标注各种尺寸。

在 AutoCAD 中，一个完整的尺寸一般由尺寸线（角度标注又称为尺寸弧线）、尺寸界线、尺寸文字（即尺寸值）和尺寸箭头 4 部分组成，如图 1-28 所示。需要说明的是：这里的"箭头"是一个广义的概念，可以用短画线、点或其他标记代替尺寸箭头。

（2）尺寸的类型　在 AutoCAD 中，尺寸的类型有十几种之多，常用的有线性尺寸、径向尺寸、角度尺寸和引线旁注尺寸等。其中线性尺寸包括直线型尺寸、对齐型尺寸、基线型尺寸和连续型尺寸，径向尺寸包括直径尺寸、半径尺寸，如图 1-29 所示。

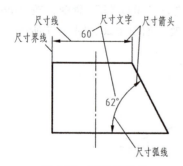

图 1-28　尺寸的组成

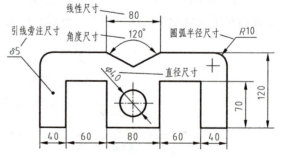

图 1-29　尺寸的部分种类

2. 标注样式

命令:"DIMSTYLE";菜单:"标注"——"标注样式";功能区:"默认"选项卡——"注释"面板——"注释"按钮 注释▼ ——"标注样式"按钮 。

单击"标注样式"按钮 ，执行"DIMSTYLE"命令，AutoCAD 弹出"标注样式管理器"对话框，如图1-30所示。对话框中主要选项的功能见表1-8。

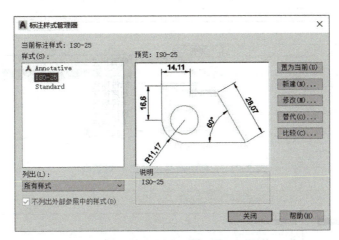

图 1-30 "标注样式管理器"对话框

表 1-8 "标注样式管理器"中主要选项的功能说明

项目	功能说明
"当前标注样式"标签	显示当前标注样式的名称。图 1-30 中说明当前标注样式为"ISO-25"，这是 AutoCAD 2020 提供的默认标注样式
"样式"列表框	列出已有标注样式的名称。图 1-30 中说明当前只有一个样式，即 AutoCAD 提供的默认标注样式"ISO-25"
"列出"下拉列表	确定要在"样式"列表框中列出哪些标注样式。可通过"列出"下拉列表在"所有样式"和"正在使用的样式"之间选择
"预览"图像框	预览在"样式"列表框中所选中的标注样式的标注效果
"说明"标签框	显示在"样式"列表框中所选定标注样式的说明
"置为当前"按钮	将指定的标注样式设为当前样式。设置方法为:在"样式"列表框中选择对应的标注样式，单击"置为当前"按钮即可
"新建"按钮	创建新标注样式。单击"新建"按钮，弹出"创建新标注样式"对话框 用户可通过对话框中的"新样式名"文本框指定新样式的名称;通过"基础样式"下拉列表框确定用于创建新样式的基础样式;通过"用于"下拉列表，可确定新建标注样式的适用范围。"用于"下拉列表中有"所有标注""线性标注""角度标注""半径标注""直径标注""坐标标注"和"引线和公差"等选项项，分别使新定义的样式适用于对应的标注。确定新样式的名称和有关设置后，单击"继续"按钮，弹出"新建标注样式"对话框，对话框中有"线""符号和箭头""文字""调整""主单位""换算单位"和"公差"7个选项卡，按提示设置各选项卡
"修改"按钮	修改已有的标注样式。从"样式"列表框中选择要修改的标注样式，单击"修改"按钮，弹出"修改标注样式"对话框。此对话框与"新建标注样式"对话框相似，也由7个选项卡组成
"替代"按钮	设置当前样式的替代样式。单击"替代"按钮，弹出与"修改标注样式"类似的"替代当前样式"对话框，通过该对话框设置即可
"比较"按钮	用于对两个标注样式进行比较，或了解某一样式的全部特性。利用该功能,用户可快速比较不同标注样式在标注设置上的区别

3. 创建一组新样式

（1）创建新标注样式　执行"DIMSTYLE"命令，弹出"标注样式管理器"对话框。单击"新建"按钮，打开"创建新标注样式"对话框，如图1-31所示。输入新样式名、选择基础样式和指定用于标注的类型，按要求完成各项设置。单击"继续"按钮，显示"新建标注样式"对话框，如图1-32所示。

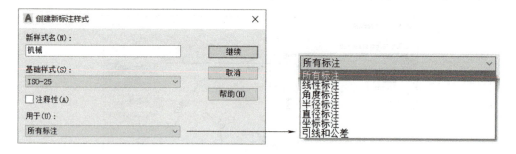

图1-31　"创建新标注样式"对话框

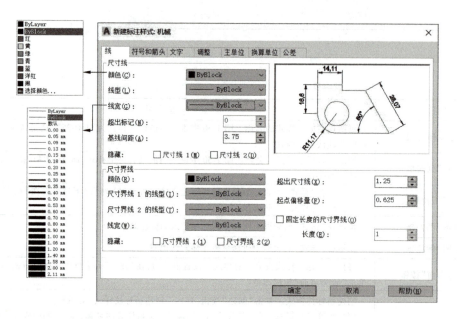

图1-32　"新建标注样式"对话框

（2）新建标注样式　在图1-32所示的"新建标注样式"对话框的上方有七个选项卡按钮，分别是"线""符号和箭头""文字""调整""主单位""换算单位"和"公差"。单击任何一个选项卡按钮，都将打开一个对应的系列参数、选项设置对话框。

1）"线"选项卡。"线"选项卡用于设置尺寸线和尺寸界线的格式与属性。有"尺寸线""尺寸界线"选项组及"预览窗口"。"线"选项卡中主要选项组的功能见表1-9。

2）"符号和箭头"选项卡。"符号和箭头"选项卡用于设置尺寸线的箭头、圆心标记、弧长符号以及半径折弯标注的格式等。"符号和箭头"选项卡对应的对话框如图1-35所示。选项卡中主要选项组的功能说明见表1-10。

表 1-9 "线"选项卡中主要选项组的功能说明

序号	组别	功能说明
1	"尺寸线"选项组	该选项组用于设置尺寸线的样式。其中,"颜色""线型"和"线宽"下拉列表分别用于设置尺寸线的颜色、线型以及线宽;当尺寸线的"箭头"采用斜线、建筑标记、小点、积分或无标记时,"超出标记"文本框设置尺寸线超出尺寸界线的长度;当采用基线标注方式标注尺寸时,"基线间距"文本框设置各尺寸线之间的距离;与"隐藏"选项对应的"尺寸线 1"和"尺寸线 2"复选框分别用于确定是否在标注的尺寸上省略第一段尺寸线、第二段尺寸线以及对应的箭头,如图 1-33 所示 图 1-33 尺寸线标注说明
2	"尺寸界线"选项组	该选项组用于设置尺寸界线的样式。其中"颜色""尺寸界线 1 的线型""尺寸界线 2 的线型"和"线宽"下拉列表分别用于设置尺寸界线的颜色、两条尺寸界线的线型以及线宽;与"隐藏"选项对应的"尺寸界线 1"和"尺寸界线 2"复选框分别确定是否省略第一条尺寸界线和第二条尺寸界线,选中复选框表示省略对应的尺寸界线;"超出尺寸线"文本框确定尺寸界线超出尺寸线的距离;"起点偏移量"文本框确定尺寸界线的实际起始点相对于其定义点的偏移距离;"固定长度的尺寸界线"复选框可使所标注的尺寸采用相同长度的尺寸界线。如果采用这种标注方式,可通过"长度"文本框指定尺寸界线的长度,如图 1-34 所示 图 1-34 尺寸界线标注说明

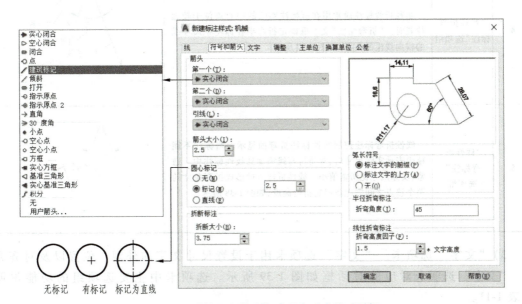

图 1-35 "符号和箭头"选项卡对应的对话框

表 1-10 "符号和箭头"选项卡中主要选项组的功能说明

序号	组别	功能说明
1	"箭头"选项组	该选项组用于确定尺寸线两端的箭头样式。其中,"第一个"下拉列表用于确定尺寸线在第一端点处的样式。单击"第一个"下拉列表右边的小箭头,弹出下拉列表(如图1-35所示),列表中列出了 AutoCAD 允许使用的尺寸线起始端的样式,供用户选择。当用户设置了尺寸线第一端的样式后,尺寸线的另一端也采用同样的样式。如果希望尺寸线两端的样式不一样,可通过"第二个"下拉列表设置尺寸线另一端的样式 "引线"下拉列表用于确定引线在起始点处的样式,从对应的下拉列表中选择即可。"箭头大小"文本框用于确定尺寸线箭头的长度
2	"圆心标记"选项组	此选项组用于确定当对圆或圆弧执行圆心标记操作时,圆心标记的类型与大小。用户可在"无"(无标记)、"标记"(显示标记)和"直线"(标记显示为直线)之间选择(如图1-35所示) "圆心标记"选项组中,"大小"文本框用于确定圆心标记的大小。在"大小"文本框中输入的值是圆心标记在圆心处的短十字线长度的一半。例如,如果在"大小"文本框中将值设为"2.5",那么圆心标记在圆心处的短十字线长度则为"5"
3	"弧长符号"选项组	此选项组用于圆弧标注长度时,控制圆弧符号的显示。其中,"标注文字的前缀"表示要将弧长符号放在标注文字的前面;"标注文字的上方"表示要将弧长符号放在标注文字的上方;"无"表示不显示弧长符号,如图1-36所示 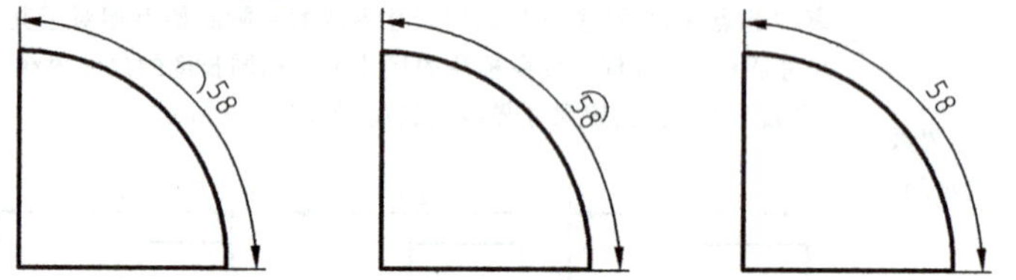 弧长符号放在标注文字前面　　弧长符号放在标注文字上方　　无弧长符号 图 1-36　弧长标注示例
4	"半径折弯标注"选项组	半径折弯标注通常用在所标注圆弧的中心点位于较远位置时。"折弯角度"文本框确定折弯半径标注中尺寸线的横向线段的角度,如图1-37所示 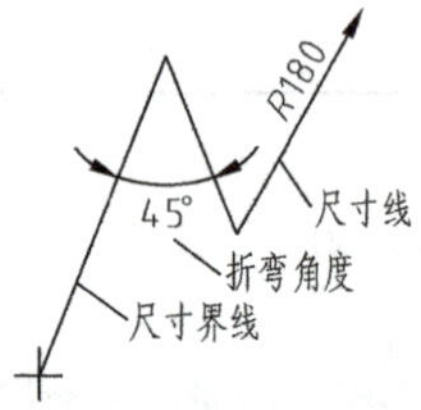 图 1-37　半径折弯标注示例
5	"线性折弯标注"选项组	线性折弯标注控制线性标注折弯的显示。当标注不能精确表示实际尺寸时,常将折弯线添加到线性标注中。通常,实际尺寸比所需值小。线性折弯通过形成折弯角度的两个顶点之间的距离确定折弯高度,如图1-38所示 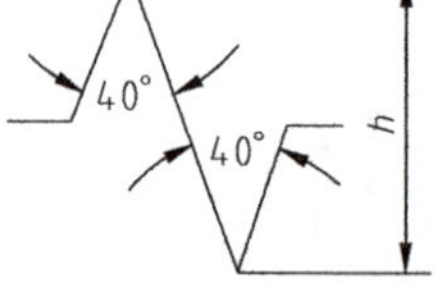 图 1-38　线性折弯标注示例

3)"文字"选项卡。"文字"选项卡用于设置尺寸文字的外观、位置以及对齐方式。"文字"选项卡对应的对话框如图1-39所示。选项卡中主要选项组的功能说明见表 1-11。

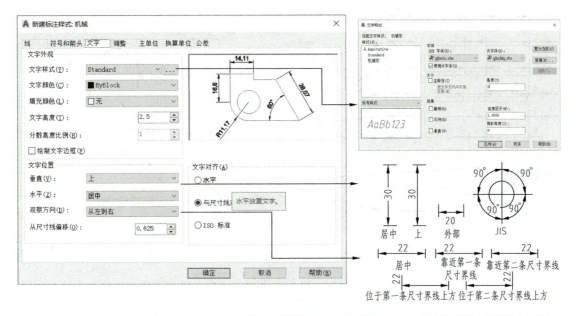

图 1-39 "文字"选项卡对应的对话框

表 1-11 "文字"选项卡中主要选项组的功能说明

序号	组别	功能说明
1	"文字外观"选项组	该选项组用于设置尺寸文字的样式等。其中,"文字样式""文字颜色"下拉列表分别用于设置尺寸文字的样式与颜色;"填充颜色"下拉列表设置文字的背景颜色;"文字高度"文本框确定尺寸文字的高度;"分数高度比例"文本框设置尺寸文字中的分数相对于其他尺寸文字的缩放比例,AutoCAD 将该比例值与尺寸文字高度的乘积作为所标记分数的高度(只有在"主单位"选项卡中选择了"分数"作为单位格式时,此选项才有效);"绘制文字边框"复选框确定是否对尺寸文字加边框
2	"文字位置"选项组	该选项组用于设置尺寸文字的位置。其中,"垂直"下拉列表控制尺寸文字相对于尺寸线在垂直方向的放置形式。用户可通过下拉列表在"居中""上""外部"之间选择。"水平"下拉列表用于确定尺寸文字相对于尺寸线方向的位置。用户可通过下拉列表在"居中""第一条尺寸界线""第二条尺寸界线""第一条尺寸界线上方"和"第二条尺寸界线上方"之间选择。"从尺寸线偏移"文本框用于确定尺寸文字与尺寸线之间的距离,在文本框中输入具体值即可
3	"文字对齐"选项组	此选项组用于确定尺寸文字的对齐方式。其中,"水平"单选按钮确定尺寸文字是否总是水平放置;"与尺寸线对齐"单选按钮确定尺寸文字方向是否要与尺寸线方向相一致;"ISO 标准"单选按钮确定尺寸文字是否按 ISO 标准放置,即尺寸文字在尺寸界线之间时它的方向与尺寸线方向一致,而尺寸文字在尺寸界线之外时尺寸文字水平放置

4)"调整"选项卡。"调整"选项卡用于控制尺寸文字、尺寸线、尺寸箭头等的位置以及其他一些特征。"调整"选项卡对应的对话框如图 1-40 所示。选项卡中主要选项组的功能说明见表 1-12。

5)"主单位"选项卡。该选项卡用于设置主单位的格式、精度以及尺寸文字的前缀和后缀。"主单位"选项卡对应的对话框如图 1-41 所示。选项卡中主要选项组的功能说明见表 1-13。

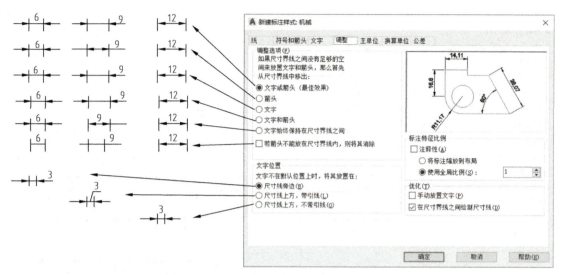

图 1-40 "调整"选项卡对应的对话框

表 1-12 "调整"选项卡中主要选项组的功能说明

序号	组别	功能说明
1	"调整选项"选项组	当尺寸界线之间没有足够的空间同时放置尺寸文字和箭头时,确定首先从尺寸界线之间移出尺寸文字还是箭头,用户可通过该选项组中的各单选按钮进行选择
2	"文字位置"选项组	确定当尺寸文字不在默认位置时,应将其放在何处。用户可以在尺寸线旁边、尺寸线上方加引线、尺寸线上方不加引线之间进行选择
3	"标注特征比例"选项组	设置所标注尺寸的缩放关系。"使用全局比例"文本框用于为所有标注样式设置一个缩放比例,即标注尺寸时将设置的尺寸线的箭头等按指定的比例均放大或缩小,但此比例不改变尺寸的测量值。"将标注缩放到布局"单选按钮表示将根据当前模型空间和图纸空间之间的比例确定比例因子
4	"优化"选项组	设置标注尺寸时是否进行附加调整。其中,"手动放置文字"复选框确定是否使 AutoCAD 忽略对尺寸文字的水平设置,以便将尺寸文字放在用户指定的位置;"在尺寸界线之间绘制尺寸线"复选框确定当尺寸箭头放在尺寸线外时,是否在尺寸界线内绘制尺寸线

图 1-41 "主单位"选项卡对应的对话框

表1-13 "主单位"选项卡中主要选项组的功能说明

序号	组别	功能说明
1	"线性标注"选项组	设置线性标注的格式与精度。其中,"单位格式"下拉列表设置除角度标注外其余各标注类型的尺寸单位,用户可通过下拉列表在"科学""小数""工程""建筑""分数"等之间选择;"精度"下拉列表确定标注除角度尺寸之外的其他尺寸时的精度,通过下拉列表选择即可;"分数格式"下拉列表确定当单位格式为分数形式时的标注格式;"小数分隔符"下拉列表确定当单位格式为小数形式时小数的分隔符形式;"舍入"文本框确定尺寸测量值(角度标注除外)的测量精度,通过下拉列表选择即可;"前缀"和"后缀"文本框分别用于确定尺寸文字的前缀和后缀,在文本框中输入具体内容即可 "测量单位比例"子选项组用于确定测量单位的比例。其中,"比例因子"文本框用于确定测量尺寸的缩放比例。用户设置比例值后,AutoCAD实际标注出的尺寸值是测量值与该值之积的结果。"仅应用到布局标注"复选框用于设置所确定的比例关系是否仅适用于布局 "消零"子选项组用于确定是否显示尺寸标注中的前导或后续零
2	"角度标注"选项组	确定标注角度尺寸时的单位、精度以及消零与否。其中,"单位格式"下拉列表确定标注角度时的单位,用户可通过下拉列表在"十进制数""度/分/秒""百分度""弧度"之间选择;"精度"下拉列表确定标注角度时的尺寸精度 "消零"子选项组确定是否消除角度尺寸的前导或后续零

6)"换算单位"选项卡。该选项卡用于确定是否使用换算单位以及换算单位的格式。"换算单位"选项卡对应的对话框图1-42所示。选项卡中主要选项组的功能说明见表1-14。

图1-42 "换算单位"选项卡对应的对话框

表1-14 "换算单位"选项卡中主要选项组的功能说明

序号	组别	功能说明
1	"显示换算单位"复选框	此复选框用于确定是否在标注的尺寸中显示换算单位。选中复选框显示,否则不显示
2	"换算单位"选项组	当显示换算单位时,设置除角度标注之外的所有标注类型的当前换算单位格式。其中,"单位格式"和"精度"下拉列表分别用于设置换算单位的单位格式和精度;"换算单位倍数"文本框指定一个乘数,以作为主单位和换算单位之间的换算因子;"舍入精度"文本框设置除角度标注之外的所有标注类型的换算单位的舍入规则。"前缀""后缀"文本框分别用于确定在换算标注文字中包含的前缀与后缀

(续)

序号	组别	功能说明
3	"消零"选项组	确定是否消除换算单位的前导或后续零
4	"位置"选项组	确定换算单位的位置。用户可在"主值后"与"主值下"之间进行选择

7)"公差"选项卡。该选项卡用于确定是否标注公差,以及以何种方式标注。"公差"选项卡对应的对话框图 1-43 所示。选项卡中主要选项组的功能说明见表 1-15。

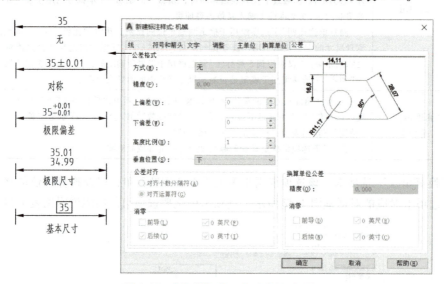

图 1-43 "公差"选项卡对应的对话框

表 1-15 "公差"选项卡中主要选项组的功能说明

序号	组别	功能说明
1	"公差格式"选项组	确定公差的标注格式。其中,"方式"下拉列表用于确定以何种方式标注公差。用户可通过下拉列表在"无""对称""极限偏差""极限尺寸"和"基本尺寸"之间选择 "精度"下拉列表用于设置尺寸公差的精度,从下拉列表中选择即可;"上偏差""下偏差"文本框设置尺寸的上极限偏差、下极限偏差值;"高度比例"文本框确定公差文字的高度比例因子;"垂直位置"下拉列表控制公差文字相对于尺寸文字的位置,可通过下拉列表在"上""中""下"之间选择 "消零"子选项组用于确定是否消除公差值的前导或后续零
2	"换算单位公差"选项组	当标注换算单位时,确定换算单位公差的精度和消零与否

四、设置符合机械制图国家标准的 AutoCAD 文字与标注样式

【任务】设置 A3 图幅中所用符合机械制图国家标准 AutoCAD 的文字与标注样式。

【要求】图样中文字与尺寸标注应符合国家相应的标准。符合机械制图国家标准的 AutoCAD 文字与标注样式,即遵守 GB/T 14691—1993《技术制图 字体》、GB/T 4458.4—2003《机械制图 尺寸注法》、GB/T 14665—2012《机械工程 CAD 制图规则》等国际标准。

在 GB/T 14665—2012《机械工程 CAD 制图规则》中，对 AutoCAD 软件绘制机械图样的字体作了规定，见表 1-16。

表 1-16　AutoCAD 制图中的图幅与字体的选用

字符类别	图幅				
	A0	A1	A2	A3	A4
	字体高度 h/mm				
字母与数字	5			3.5	
汉字	7			5	

AutoCAD 制图的标注文字采用符合国家标准的综合字体样式。综合字体是指在输入的文本中，不仅有汉字，同时还有字母和数字。AutoCAD 提供了两种符合国家标准的综合字体，它们分别是"gbeitc.shx"字体和"gbenor.shx"字体。两种字体的区别是："gbeitc.shx"字体把字母和数字定义为符合国家标准的斜体，"gbenor.shx"字体把字母和数字定义为符合国家标准的直体。这两种字体的汉字均定义为直体长仿宋。例如：在"文字样式"对话框中设置"倾斜角度"为"0"时，在"SHX 字体"下拉列表中选择"gbeitc.shx"字体后，书写的数字和字母为斜体，书写的汉字为直体；在"文字样式"对话框中设置"倾斜角度"为"0"时，在"SHX 字体"下拉列表中选择"gbenor.shx"字体后，书写的汉字、数字和字母都是直体。

AutoCAD 制图的尺寸标注样式是根据国家标准 GB/T 4458.4—2003《机械制图　尺寸注法》中的规定设置的。国家标准 GB/T 16675.2—2012《技术制图　简化表示法　第 2 部分：尺寸注法》列出了常见的简化注法和其他标注形式的设定。

【实施】A3 图幅的 AutoCAD 工程图字体采用"gbeitc.shx"字体，字体高为 3.5mm。A3 图幅的尺寸标注样式设为"机械字"。完成工作任务的计划步骤为：打开 AutoCAD，定义文字样式，更改尺寸标注样式名，设置尺寸标注样式。

1）双击桌面的快捷图标，启动 AutoCAD 2020。

2）设置符合 AutoCAD 制图的标注文字样式。A3 图幅中的字体高是 3.5mm，以"机械字"为文字样式名。参照【例 1-1】进行设置，单击"应用"按钮，如图 1-44 所示。

微课 4. 文字和标注样式的设置

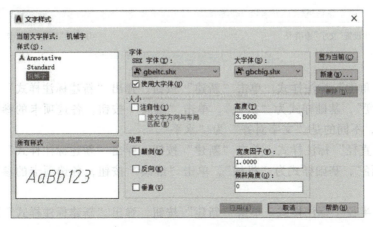

图 1-44　"机械字"的设置

3）设置符合 AutoCAD 制图的尺寸标注样式。

① 设置"机械"标注样式。在"标注样式管理器"对话框中，单击"新建"按钮，弹出"新建标注样式"对话框，新样式命名为"机械"，基础样式为"ISO-25"，单击"继续"按钮，设置标注样式选项卡的各项参数，主要参数的值有"基线间距"为"7"，"超出尺寸线"为"2"，"起点偏移量"为"0"（图 1-45a），"箭头大小"为"3.5"，"折弯角度"为"45"（图 1-45b），"文字高度"为"3.5"，"从尺寸线偏移"为"1"，"文字对齐"选择"与尺寸线对齐"（图 1-45c），"调整"选项卡设置如图 1-45d 所示。

a) 设置"线"选项卡

b) 设置"符号和箭头"选项卡

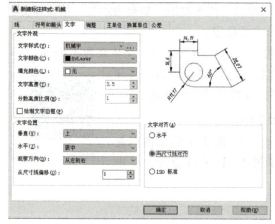 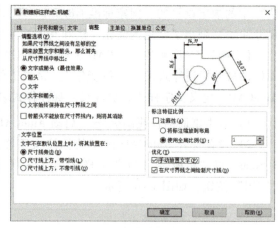

c) 设置"文字"选项卡

d) 设置"调整"选项卡

图 1-45 "新建标注样式"选项卡

② 设置"角度"标注样式。单击"新建"按钮，弹出"新建标注样式"对话框，新样式命名为"角度"，基础样式为"机械"，单击"继续"按钮，各选项卡的参数设置与"机械"基本相同，不同的是"文字对齐"为"水平"。

③ 设置"直径"标注样式。单击"新建"按钮，弹出"新建标注样式"对话框，新样式命名为"直径"，基础样式为"机械"，单击"继续"按钮，各选项卡的参数设置与"机械"相同。

④ 设置"半径"标注样式。单击"新建"按钮，弹出"新建标注样式"对话框，新样

式命名为"半径",基础样式为"机械",单击"继续"按钮,各选项卡的参数设置与"机械"相同,不同的是"文字对齐"为"ISO"。

用同样的方式可创建引线等标注样式。

技能训练

1. 定义新文字样式,要求:文字样式名为"楷体样式",字体采用楷体,字高为 5mm,然后用"DTEXT"命令标注图 1-46 所示的文字。

根据计算得以下结果:X=60。Y=60±0.01

图 1-46 标注文字

2. 采用题 1 创建的文字样式,用"MTEXT"命令标注图 1-47 所示的文字。修改字体为宋体,字高为 3.5mm。

AutoCAD 机械制图教程简介

《AutoCAD 机械制图教程》共设计了 10 多个任务,并将绘制机械图样所需的所有命令融入这些任务,每个任务都给出了知识目标、技能目标、相关知识、实施步骤及练习题,为完成该任务提供了清晰的思路、方法和操作步骤。

图 1-47 修改文字(一)

3. 编辑图 1-47 所示文字,结果如图 1-48 所示。字体为黑体,字高为 3.5mm。

AutoCAD 机械制图教程简介

《AutoCAD 机械制图教程》共设计了 10 多个任务,并将绘制机械图样所需的所有命令融入这些任务,每个任务都给出了知识目标、技能目标、相关知识、实施步骤及练习题,为完成该任务提供了清晰的思路、方法和操作步骤。

图 1-48 修改文字(二)

4. 定义名为"机械 5"的尺寸标注样式,具体要求见表 1-17。

表 1-17 "机械 5"尺寸标注样式设置要求

序号	项目	要求
1	尺寸文字样式	尺寸文字样式名为"机械 5","SHX 字体"为"gbeitc.shx","大字体"为"gbcbig.shx",字高为 5mm,使用大字体,"宽度因子"为 1,其余采用基础样式 ISO-25 的设置
2	"线"选项卡	"线"选项卡的具体设置."基线间距"为"7","超出尺寸线"为"2","起点偏移量"为"0",其余采用基础样式 ISO-25 的设置
3	"符号和箭头"选项卡	"符号和箭头"选项卡中的具体设置:"箭头大小""圆心标记"均为"5","半径折弯标注"的"折弯角度"为"30",其余采用基础样式 ISO-25 的设置
4	"文字"选项卡	"文字"选项卡中的具体设置:"文字样式"为"机械字 5";"文字高度"为"5";"从尺寸线偏移"为"1;",其余采用基础样式 ISO-25 的设置
5	"主单位"选项卡	"主单位"选项卡中的具体设置:"小数分隔符"为"."(句号),"测量单位比例因子"为"1",后续消零,其余采用基础样式 ISO-25 的设置

任务 2

基本几何图形的绘制

任务目标

1. 知识目标

1）掌握设置绘图单位、创建与设置图层的方法；
2）掌握直线、构造线、矩形、正多边形等的绘制方法；
3）掌握选择、删除、分解、偏移、修剪对象等编辑方法和命令的使用；
4）熟练掌握图幅的绘制步骤和方法；熟练掌握状态栏中绘图工具的使用方法。

2. 技能目标

能够正确使用 AutoCAD 2020 的编辑方法、编辑命令和绘图辅助工具绘制 A3 图幅。

任务分析

通过操作，掌握基本绘图设置和直线、构造线、矩形、正多边形等的绘制，选择、删除、分解、偏移、修剪对象等编辑方法和命令的使用，绘图辅助工具的使用。任务的重点、难点为熟练绘制图幅。

任务实施

一、基本绘图设置

用 AutoCAD 绘制图形时，通常需要进行一些基本绘图设置，如设置单位格式、图形界限、图层等。

1. 设置绘图单位

命令："UNITS"；菜单："格式"——"单位"。

设置绘图单位格式是指定义绘图时使用的长度单位、角度单位的格式以及它们的精度。

机械制图中，长度尺寸一般采用"小数"格式。角度尺寸一般采用"度/分/秒"格式。

单击"格式"——"单位"按钮，执行"UNITS"命令，弹出"图形单位"对话框，如

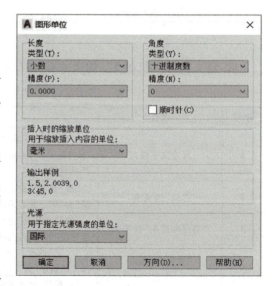

图 2-1 "图形单位"对话框

图 2-1 所示。"图形单位"对话框主要选项组的功能说明见表 2-1。

表 2-1 "图形单位"对话框主要选项组的功能说明

主要项目		功能说明	
"长度"选项组	"类型"下拉列表	确定长度单位的格式。下拉列表中有"分数""工程""建筑""科学"和"小数"5 种选择。其中"工程"和"建筑"格式提供英尺和英寸显示,并假设每个图形单位表示 1 英寸;其他格式则可以表示任何真实世界的单位,如图 2-2 所示	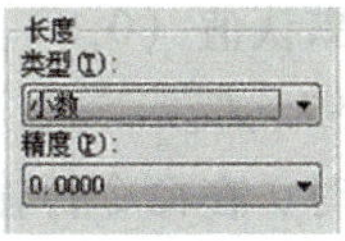 图 2-2 长度单位的类型
	"精度"下拉列表	设置长度单位的精度,如"小数"单位格式的小数位数。根据需要从列表中选择即可,如图 2-3 所示	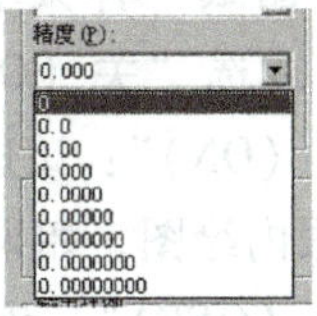 图 2-3 长度单位的精度
"角度"选项组	"类型"下拉列表	设置角度单位的格式。下拉列表中有"百分度""度/分/秒""弧度""勘测单位"和"十进制度数"5 种选择,默认设置为"十进制度数",如图 2-4 所示。AutoCAD 用不同的标记表示不同的角度单位:"十进制度数"用十进制数表示;"百分度"以字母"g"为后缀;"度/分/秒"格式用字母"d"表示度,用符号"'"表示分,用符号"""表示秒;"弧度"则以字母"r"为后缀	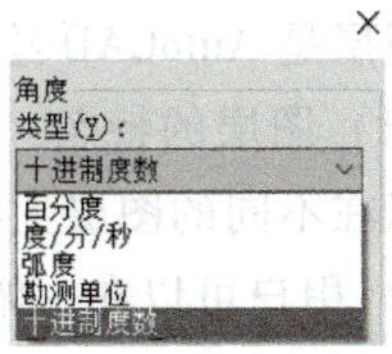 图 2-4 角度单位的类型
	"精度"下拉列表	设置角度单位的精度,根据需要从对应的列表中选择即可,如图 2-5 所示	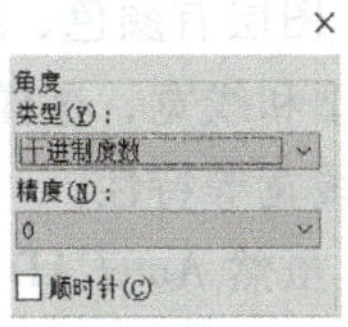
	"顺时针"复选框	确定角度的正方向。如果不选中此复选框,表示逆时针方向是角度的正方向,为 AutoCAD 的默认角度正方向。如果选中此复选框,则表示顺时针方向为角度正方向	图 2-5 角度单位的精度
"方向"按钮		确定 0°角度方向。需重新确定 0°角度方向时,单击该按钮,AutoCAD 弹出"方向控制"对话框,如图 2-6 所示。对话框中"东""北""西""南"单选按钮分别表示以东、北、西或南方向作为 0°角度方向。如果选中"其他"单选按钮,则表示以其他某一方向作为 0°角度方向	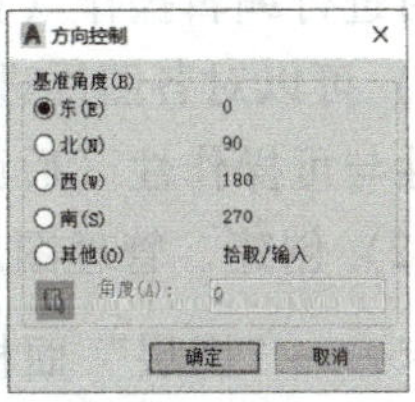 图 2-6 确认 0°角度方向

2. 设置图形界限

命令:"LIMITS";菜单:"格式"——"图形界限"。

设置图形界限就是标明用户的工作区域和图纸的边界,它确定的区域是可见栅格指示的区域，也是选择"视图"——"缩放"——"全部"命令时决定显示多大图形的一个参数。在命令行中输入"LIMITS"，按<Enter>键，在命令行窗口提示："指定左下角点或［开（ON）/关（OFF）］<0.0>："。

这时，在命令行输入图形界限左下角位置点的坐标，如果直接按<Enter>键或空格键，则采用默认值（0,0）。这时，在命令行窗口提示："指定右上角点或［开（ON）/关（OFF）］<420,297>："。

这时，在命令行输入图形界限的右上角位置点的坐标，如果直接按<Enter>键或空格键，则采用默认值（420,297）。

如果已经设定好绘图界限为左下角位置坐标为（0,0），右上角位置坐标为（420,297）的与A3图纸一样大小的绘图区域后，再在命令行输入"LIMITS"，按命令行提示选"开（ON）"或选"关（OFF）"，则会打开或关闭图形界限检验功能。

"开（ON）"：该选项用于打开图形界限检验功能，即执行该选项后，用户只能在设定的图形界限内绘图，如果所绘图形超出界限，AutoCAD将拒绝执行，并给出相应的提示信息。

"关（OFF）"：该选项用于关闭AutoCAD的图形界限检验功能，执行该选项后，用户所绘图形的范围不再受所设图形界限的限制。

3. 设置图层

图层是AutoCAD绘图时常用的工具之一，也是与手工绘图有所区别的地方。

（1）图层的特点　可以将图层想象成一些没有厚度且互相重叠在一起的透明薄片，用户可以在不同的图层上绘图。AutoCAD的图层有以下几个特点。

1）用户可以在一幅图中指定任意数量的图层。AutoCAD对图层的数量没有限制，对各图层上的对象数量也没有任何限制。

2）每一个图层有一个名字。每当开始绘一幅新图形时，AutoCAD自动创建一个名为"0"的图层，这是AutoCAD的默认图层，其余图层需用户定义。

3）图层有颜色、线型及线宽等特性。一般情况下，同一图层上的对象应具有相同的颜色、线型和线宽，这样便于管理图形对象、提高绘图效率。可以根据需要改变图层的颜色、线型及线宽等特性。

4）虽然AutoCAD允许建立多个图层，但用户只能在当前图层上绘图。因此，如果要在某一图层上绘图，必须将该图层置为当前层。

5）各图层具有相同的坐标系、图形界限、显示缩放倍数。可以对位于不同图层上的对象同时进行编辑操作（如移动、复制等）。

6）可以对各图层进行打开、关闭、冻结、解冻、锁定与解锁等操作，以决定各图层的可见性与可操作性（后面将介绍它们的具体含义）。

（2）创建、管理图层　命令："LAYER"；菜单："格式"——"图层"；功能区："默认"选项卡——"图层"面板——"图层特性"按钮　。

单击"图层特性"按钮　，执行"LAYER"命令，系统弹出"图层特性管理器"对话框，如图2-7所示。对话框中有树状图窗格（位于对话框左侧的大矩形框）、列表视图窗格（位于对话框右侧的大矩形框）以及多个按钮等。"图层特性管理器"对话框中主要选项的功能说明见表2-2。

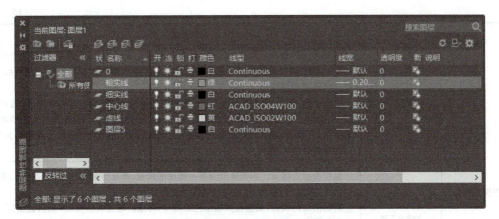

图 2-7 "图层特性管理器"对话框

表 2-2 "图层特性管理器"对话框中主要选项的功能说明

项目		功能说明
树状图窗格		显示图形中图层和过滤器的层次结构列表。顶层节点"全部"可显示图形中的所有图层。"所有使用的图层"过滤器是只读过滤器。用户可通过按钮(新特性过滤器)等创建过滤器,以便在列表视图窗格中显示满足过滤条件的图层
列表视图窗格	"状态"列	通过图标显示图层的当前状态。当图标为 ✓ 时,该图层为当前图层。图 2-7 所示的对话框中,"粗实线"图层是当前图层
	"名称"列	显示各图层的名称。图 2-7 所示对话框有名为"0"(系统提供的图层)"粗实线""细实线""中心线""虚线""图层 5"的图层(用户创建的图层)
	"开"列	显示图层打开还是关闭。如果图层被打开,可以在绘图区中显示或在绘图仪上绘出该图层上的图形。被关闭的图层仍然是图形的一部分,但关闭图层上的图形并不显示出来,也不能通过绘图仪输出到图纸。用户可根据需要打开或关闭图层 在列表视图窗格中,与"开"对应的列是小灯泡图标。通过单击小灯泡图标可以实现打开或关闭图层的切换。如果灯泡颜色是黄色,表示对应图层是打开层;如果是灰色,则表示对应图层是关闭层 如果要关闭当前图层,AutoCAD 会显示出对应的提示信息,警告正在关闭当前图层,但用户可以继续关闭当前图层。很显然,关闭当前图层后,所绘图形均不能显示出来
	"冻结"列	显示图层冻结还是解冻。如果图层被冻结,该图层上的图形对象不能被显示出来,不能输出到图纸,也不参与图形之间的运算。被解冻的图层正好相反 在列表视图窗格中,与"冻结"对应的列是太阳或雪花图标。太阳表示对应的图层没有冻结,雪花则表示图层被冻结。单击这些图标可实现图层冻结与解冻的切换
	"锁定"列	显示图层锁定还是解锁。锁定图层后并不影响该图层上图形对象的显示,即锁定图层上的图形仍可以显示出来,但用户不能改变锁定图层上的对象,不能对其进行编辑操作。如果锁定图层是当前图层,用户仍可在该图层上绘图 在列表视图窗格中,与"锁定"对应的列是关闭或打开的小锁图标。锁打开表示该图层是非锁定层;锁关闭则表示对应图层是锁定层。单击这些图标可实现图层锁定与解锁的切换
	"颜色"列	说明图层的颜色。在"颜色"列上的各小图标的颜色反映了对应图层的颜色,同时还在图标的右侧显示出颜色的名称。如果要改变某一图层的颜色,单击对应的图标,系统会弹出"选择颜色"对话框,从中选择所需颜色即可 图层的颜色,是指当在某图层上绘图时,将绘图颜色设为随层(默认设置)时所绘出的图形对象的颜色

(续)

项目		功能说明
列表视图窗格	"线型"列	说明图层的线型。图层的线型，是指在某图层上绘图时，将绘图线型设为随层（默认设置）时绘出的图形对象所采用的线型。不同的图层可以设成不同的线型，也可以设成相同线型 如果要改变某一图层的线型，单击该图层的原有线型名称，系统会弹出"选择线型"对话框，从中选择所需线型即可。如果在"选择线型"对话框中没有列出所需要的线型，应单击"加载"按钮，通过弹出的"加载或重载线型"对话框选择线型文件，并加载所需要的线型
	"线宽"列	说明图层的线宽。如果要改变某一图层的线宽，单击该图层上的对应选项，系统会弹出"线宽"对话框，从中选择所需线宽即可 所谓图层的线宽，是指在某图层上绘图时，将绘图线宽设为随层（默认设置）时所绘出的图形对象的线条宽度（即默认线宽）。不同的图层可以设成不同的线宽，也可以设成相同线宽 单击状态栏中的按钮 ![]，可实现是否使所绘图形按指定的线宽来显示的切换
	"打印样式"列	修改与选中图层相关联的打印样式
	"打印"列	确定是否打印对应图层上的图形，单击相应的按钮可实现打印与否的切换。此功能只对可见图层起作用，即对没有冻结且没有关闭的图层起作用
"建立新图层"按钮 ![]		该按钮用于建立新图层。单击按钮 ![]，可创建出名为"图层 n"的新图层，并将其显示在列表视图窗格中。新建的图层一般与当前在列表视图窗格中选中的图层具有相同的颜色、线型、线宽等设置。用户可以根据需要更改新建图层的名称、颜色、线型以及线宽等
"删除图层"按钮 ![]		该按钮用于删除指定的图层。删除方法为：在列表视图窗格内选中对应的图层行，单击 ![] 即可
"置为当前"按钮 ![]		如果要在某一图层上绘图，必须首先将该图层置为当前图层。将图层置为当前图层的方法是：在列表视图窗格内选中对应的图层行，单击按钮 ![] 即可。将某图层置为当前图层后，在列表视图窗格中与"状态"列对应的位置会显示出符号 ![]，同时在对话框顶部的右侧显示"当前图层：图层名"，以说明当前图层。此外，在列表视图窗格内某图层行上双击与"状态"列对应的图标，可直接将该图层置为当前图层
"新建特性过滤器"按钮 ![]		该按钮用于基于一个或多个图层特性创建图层过滤器。单击此按钮，系统会弹出"图层过滤器特性"对话框，从中进行设置即可
"新组过滤器"按钮 ![]		该按钮用于创建一个图层组过滤器，该过滤器中包含用户选定并添加到该过滤器的图层

我国制图标准对不同的绘图线型均有对应的线宽要求。国家标准 GB/T 4457.4—2002《机械制图　图样画法　图线》中，对机械制图中使用的各种图线的名称、线型以及在图样中的应用给出了具体的规定。在国家标准 GB/T 14665—2012《机械工程　CAD 制图规则》中，对 CAD 制图常用的部分线型作了具体的规定，见表 2-3。

表 2-3　CAD 制图中的线型与颜色

图线类型			屏幕上的颜色
粗实线	——————	A	绿色
细实线	——————	B	白色
波浪线	～～～～	C	白色
双折线	─⟋⟍─⟋⟍─	D	白色
细虚线	- - - - - -	F	黄色
细点画线	— · — · —	G	红色
细双点画线	— ·· — ·· —	K	粉红

4. 设置新绘图形对象的颜色、线型与线宽

用户可以单独为新图形对象设置颜色、线型与线宽。

（1）设置颜色　命令："COLOR"；菜单："格式"——"颜色"。

单击"格式"——"颜色"按钮，执行 COLOR 命令，弹出"选择颜色"对话框，如图 2-8 所示。

对话框中有"索引颜色""真彩色"和"配色系统"3 个选项卡，分别用于以不同的方式确定绘图颜色。在"索引颜色"选项卡中，可以将绘图颜色设为"ByLayer"（随层）或某一具体颜色，其中"ByLayer"指所绘对象的颜色总是与对象所在图层设置的图层颜色一致，这是最常用到的设置。

如果通过"选择颜色"对话框设置了某一具体颜色，那么在此之后所绘图形对象的颜色总为该颜色，不再受图层颜色的限制。但建议读者将绘图颜色设为 ByLayer（随层）。

（2）设置线型　命令："LINETYPE"；菜单："格式"——"线型"；快捷键<LT>。

单击"格式"——"线型"按钮，执行"LINETYPE"命令，弹出"线型管理器"对话框，如图 2-9 所示。对话框中的线型列表框中列出了当前可以使用的线型。"线型管理器"对话框中主要选项的功能说明见表 2-4。

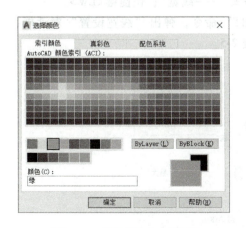

图 2-8　"选择颜色"对话框

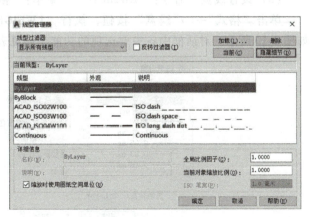

图 2-9　"线型管理器"对话框

表 2-4 "线型管理器"对话框中主要选项的功能说明

项目		功能说明
"线型过滤器"选项组		设置过滤条件。可通过其中的下拉列表在"显示所有线型"和"显示所有使用的线型"等选项之间选择。设置过滤条件后，AutoCAD 在线型列表框中只显示满足条件的线型。"线型过滤器"选项组中的"反转过滤器"复选框用于确定是否在线型列表框中显示与过滤条件相反的线型
"当前线型"标签框		显示当前绘图时使用的线型
线型列表框		显示满足过滤条件的线型，供用户选择。其中，"线型"列显示线型的设置或线型名称，"外观"列显示各线型的外观形式，"说明"列显示对各种线型的说明
"加载"按钮		加载线型。如果线型列表框中没有列出所需要的线型，则应加载线型。单击"加载"按钮，弹出"加载或重载线型"对话框
"删除"按钮		删除不需要的线型。删除过程为：在线型列表框中选择线型，单击"删除"按钮即可。要删除的线型必须是没有使用的线型，即当前图形中没有用到该线型，否则 AutoCAD 拒绝删除此线型，并给出对应的提示信息
"当前"按钮		设置当前绘图线型。设置过程为：在线型列表框中选择某一线型，单击"当前"按钮。设置当前线型时，可通过线型列表框在"ByLayer"和某一具体线型等之间选择，其中"ByLayer"表示绘图线型始终与图形对象所在图层设置的图层线型一致，这是最常用到的线型设置
"隐藏细节"按钮		单击"隐藏细节"按钮后，在"线型管理器"对话框中不再显示"详细信息"选项组部分，同时按钮变成了"显示细节"
"详细信息"选项组	"名称""说明"文本框	显示或修改指定线型的名称与说明。在线型列表框中选择某一线型，它的名称和说明会分别显示在"名称"和"说明"文本框中
	"全局比例因子"文本框	设置线型的全局比例因子，即所有线型的比例因子。用各种线型绘图时，除连续线外，一种线型一般由实线段、空白段、点等组成。线型定义中定义了这些小段的长度。当在屏幕上显示或在图纸上输出的线型不合适时，可通过改变线型比例的方法放大或缩小所有线型的每一小段的长度。全局比例因子对已有线型和新绘图形的线型均有效 改变线型比例后，各图形对象的总长度不会因此改变
	"当前对象缩放比例"文本框	设置新绘图形对象所用线型的比例因子。通过该文本框设置了线型比例后，在此之后所绘图形的线型比例均为此线型比例

如果通过"线型管理器"对话框设置了某一具体线型，那么在此之后所绘图形对象的线型总为该线型，与图层的线型没有任何关系。但建议读者将绘图线型设为"ByLayer"。

（3）设置线宽　命令："LWEIGHT"；菜单："格式"——→线宽"；快捷键<LW>。

单击"格式"——→"线宽"按钮，执行"LWEIGHT"命令，弹出"线宽设置"对话框，如图 2-10 所示。对话框中各主要选项的功能说明见表 2-5。

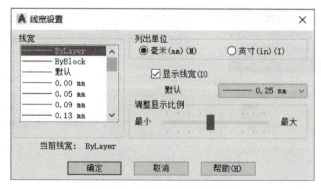

图 2-10　"线宽设置"对话框

表 2-5 "线宽设置"对话框中各主要选项的功能说明

项目	功能说明
"线宽"列表框	设置绘图线宽。列表框中列出了 AutoCAD 提供的 20 余种线宽,用户可以选择"ByLayer"或某一具体线宽。"ByLayer"表示绘图线宽始终与图形对象所在图层设置的线宽一致,这是常用到的设置
"列出单位"选项组	确定线宽的单位。AutoCAD 提供了"毫米"和"英寸"两种单位,供用户选择
"显示线宽"复选框	确定是否按用户设置的线宽显示所绘图形(也可以通过单击状态栏上的"线宽"按钮,实现是否使所绘图形按指定的线宽来显示的切换)
"默认"下拉列表	设置 AutoCAD 的默认绘图线宽
"调整显示比例"滑块	确定线宽的显示比例,通过对应的滑块调整即可

如果通过"线宽设置"对话框设置了某一具体线宽,那么在此之后所绘图形对象的线宽总是该线宽,与图层的线宽没有任何关系。

5. "特性"工具栏

AutoCAD 提供了图 2-11 所示的"特性"工具栏,利用它可以快速、方便地设置绘图颜色、线型以及线宽。"特性"工具栏中主要选项的功能说明见表 2-6。

图 2-11 "特性"工具栏

表 2-6 "特性"工具栏中主要选项的功能说明

项目	功能说明	
颜色控制下拉列表	设置绘图颜色。单击此列表,弹出颜色显示面板,如图 2-12 所示。用户可通过该面板设置绘图颜色(一般应选择"ByLayer")或修改当前图形的颜色。修改图形颜色的方法是:首先选择图形,然后通过图 2-12 所示的颜色显示面板选择对应的颜色即可	图 2-12 颜色显示面板
线宽控制列表框	设置绘图线宽。单击此列表框,弹出线宽下拉列表,如图 2-13 所示。可通过该列表设置绘图线宽(一般应选择"ByLayer")或修改当前图形的线宽。修改图形线宽的方法是:选择对应的图形,然后通过图 2-13 所示的线宽下拉列表选择对应的线宽	图 2-13 线宽下拉列表

(续)

项目	功能说明	
线型控制下拉列表框	设置绘图线型。单击此列表框,弹出线型下拉列表,如图 2-14 所示。可通过该列表设置绘图线型(一般应选择"ByLayer")或修改当前图形的线型。修改图形线型的方法是:选择对应的图形,然后通过图 2-14 所示的线型下拉列表选择对应的线型	ByLayer ByBlock ACAD_ISO02W100 ACAD_ISO03W100 ACAD_ISO04W100 Continuous 其他... 图 2-14 线型下拉列表

可以看出,利用"特性"工具栏,可以方便地设置或修改绘图的颜色、线型与线宽。

通过"特性"工具栏设置了具体的绘图颜色、线型或线宽,而不是采用"ByLayer"设置,那么在此之后用 AutoCAD 绘制出的新图形对象的颜色、线型或线宽均会采用新的设置,不再受图层颜色、图层线型和图层线宽的限制。

6. 快捷键

使用键盘快捷键绘图,不仅可加快绘图速度,而且能提高绘图的准确性。单击"工具"—→"自定义"—→"界面"按钮,打开"自定义用户界面"对话框。在"所有自定义文件"中单击"键盘快捷键"节点,展开键盘快捷键,在"快捷方式"的"主键"列中已给出了已有快捷键的组合,如图 2-15 所示。在"快捷方式"中添加没有的命令功能,可以通过自己定义或修改某操作命令的快捷键。按<F1>键,打开"Autodesk AutoCAD 2020-帮助"

图 2-15 "自定义用户界面"对话框

窗口，在"搜索"栏中输入"键盘快捷键"，则显示"自定义临时替代键的步骤内容"，按其操作步骤就能设置各个操作命令的快捷键，如图2-16所示。

图2-16 "Autodesk AutoCAD 2020-帮助"窗口

二、特性匹配

命令："MATCHPROP"或"PAINTER"；菜单："修改"──→"特性匹配"；功能区："默认"选项卡──→"特性"面板──→"特性匹配"按钮；快捷键<MA>。

AutoCAD提供了"特性匹配"命令，可以方便地把一个图形对象的图层、线型、线型比例、线宽和厚度等特性赋予另一个对象，而不需再逐项设定，这样可大大提高绘图速度，节省时间。

单击"特性匹配"按钮，执行"特性匹配"命令后，AutoCAD命令行提示："选择源对象："。

按命令行提示，首先选择源对象，然后系统提示："选择目标对象或[设置(S)]:"。

如果选择目标对象，则目标对象的部分或者全部属性和源对象相同。如果选择"设置(S)"选项，将弹出图2-17所示的"特性设置"对话框，从中可设置匹配源对象的特性。

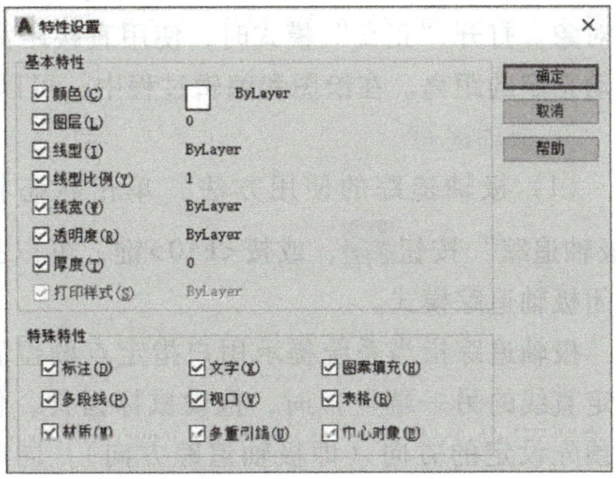

图2-17 "特性设置"对话框

三、绘图辅助工具

1. 栅格和捕捉

（1）栅格 命令："GRIDMODE"；状态栏："栅格"按钮；快捷键：<F7>。"栅格"

命令可实现"显示图形栅格"的开或关。

栅格是按照设置的间距显示在图形区域中的点,使用栅格类似于在图形下方放置一张坐标纸。利用栅格可以对齐对象,并直观显示对象之间的距离和位置,便于绘图定位。栅格还显示了当前图形界限的范围,因为栅格只在图形界限以内显示。

微课 5. 绘图辅助工具的使用

（2）设置栅格捕捉与栅格显示 菜单:"工具"——"绘图设置";状态栏:选择"栅格"按钮 并右击,选择"网格设置…",或选择"捕捉"按钮 并右击,选择"捕捉设置…",均可弹出图 2-18 所示的"草图设置"对话框,通过该对话框中的"捕捉和栅格"选项卡可进行栅格捕捉与栅格显示方面的设置。

为实现栅格的定位功能,必须将"捕捉"功能打开,使鼠标指针停留在图形中指定的栅格上。

如图 2-18 所示,在"草图设置"对话框中的"捕捉和栅格"选项卡的设置:"启用捕捉"和"启用栅格"复选框分

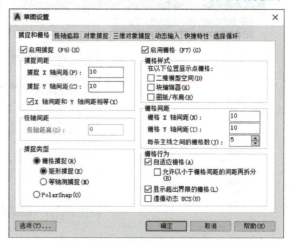

图 2-18 "草图设置"对话框中的"捕捉和栅格"选项卡

别用于启用"捕捉"和"栅格"功能;"捕捉间距"和"栅格间距"选项组分别用于设置捕捉间距和栅格间距。

2. 正交

单击状态栏中的"正交"按钮 ,或按<F8>键,可以打开或关闭"正交"模式。

"正交"可以将鼠标指针限制在水平或垂直方向上移动,以便于快速、精确地创建或修改对象。打开"正交"模式时,使用直接距离输入方法可创建指定长度的正交线或将对象移动指定的距离。在绘图和编辑过程中,可以随时打开或关闭"正交"模式。

3. 极轴追踪

（1）极轴追踪的使用方法 单击状态栏中的"极轴追踪"按钮 ,或按<F10>键,可以打开或关闭极轴追踪模式。

极轴追踪指当系统提示用户指定点的位置（如指定直线的另一端点）时,拖动鼠标指针,使其接近预先设定的方向（即极轴追踪方向）,同时沿该方向显示出极轴追踪矢量,并浮出一小标签,显示当前鼠标指针位置相对于前一点的极坐标,如图 2-19 所示。

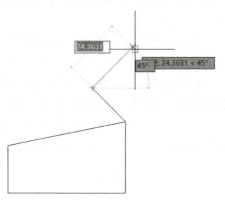

图 2-19 极轴追踪

从图 2-19 可以看出,当前鼠标指针的位置相对于前一点的极坐标为"24.3631<45°",即两点之间的距离为 24.3631mm,极轴追踪矢量与

X轴正方向的夹角为45°，此时单击鼠标左键，系统会将该点作为绘图所需点；如果直接输入一个数值，系统则沿极轴追踪矢量方向按此长度值确定出点的位置；如果沿极轴追踪矢量方向移动鼠标指针，系统会通过浮出的小标签动态地显示与鼠标指针位置对应的极轴追踪矢量的值（即显示"距离<角度"）。

（2）极轴追踪角的设置　菜单：选择"工具"——→"绘图设置"——→"草图设置"对话框——→"极轴追踪"选项卡；单击状态栏中的"极轴追踪"按钮右边三角形按钮——→正在追踪设置...——→"草图设置"对话框——→"极轴追踪"选项卡。

系统默认的极轴追踪角为90°，用户可根据需要自行设置极轴追踪角。打开"极轴追踪"选项卡，如图2-20所示，从中设置"增量角"和"附加角"。"极轴追踪"选项卡中的各主要选项及其功能如下：

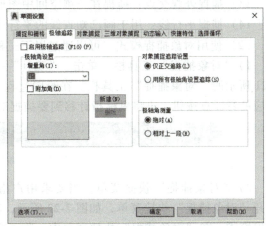

图2-20　"草图设置"对话框中的"极轴追踪"选项卡

1）"启用极轴追踪"复选框：打开或关闭极轴追踪功能。

2）"增量角"下拉列表：用于选择极轴夹角的递增值，当极轴夹角为该值的倍数时，均显示辅助线。

3）"附加角"复选框：当"增量角"下拉列表中的角度值不能满足需要时，先选中该复选框，然后单击"新建"按钮，增加特殊的极轴夹角。

4. 对象捕捉

单击状态栏中的"对象捕捉"按钮，或按<F3>键，可以打开或关闭对象捕捉模式。

在AutoCAD中，用户不仅可以通过输入点的坐标绘制图形，还可以使用系统提供的对象捕捉功能捕捉图形对象上的某些特征点，如圆心、端点、中点、切点、交点、垂足等，从而快速、精确地绘制图形。

（1）对象捕捉的模式　AutoCAD 2020提供了多种对象捕捉模式，简述如下：

1）捕捉端点：捕捉直线、曲线等对象的端点或捕捉多边形的最近一个角点。

2）捕捉中点：捕捉直线、曲线等线段的中点。

3）捕捉圆心：捕捉圆、圆弧、椭圆、椭圆弧等的圆心。

4）捕捉几何中心：捕捉多段线、二维多段线、二维样条曲线的几何中心点。

5）捕捉节点：捕捉用"画点"命令（POINT）绘制的点。

6）抽捉象限点：捕捉圆、圆弧、椭圆、椭圆弧等图形相对于圆心0°、90°、180°、270°处的点。

7）捕捉交点：捕捉不同图形对象的交点。

8）捕捉范围：捕捉直线、圆弧、椭圆弧、多段线等图形延长线上的点。

9）捕捉插入点：捕捉插入在当前图形中的文字、块、图形或属性的插入点。

10）捕捉垂足：用于绘制与已知直线、圆、圆弧、椭圆、椭圆弧、多段线或样条曲线等图形相垂直的直线。

11) 捕捉切点：捕捉圆、圆弧、椭圆、椭圆弧、多段线或样条曲线等的切点。

12) 捕捉最近点：捕捉图形上离鼠标指针位置最近的点。

13) 捕捉外观交点：捕捉在三维空间中图形对象（不一定相交）的外观交点。

14) 捕捉平行线：用于画已知直线的平行线。

(2) 使用对象捕捉模式　可以通过以下三种方法使用对象捕捉模式。

1) "对象捕捉"工具栏。单击："工具"——"工具栏"——"对象捕捉"按钮，打开图2-21所示的"对象捕捉"工具栏。在绘图过程中，当要求用户指定点时，单击该工具栏上相应的特征点按钮，再将鼠标指针移到要捕捉对象的特征点附近，即可抽捉到所需的点。

图 2-21 "对象捕捉"工具栏

2) "对象捕捉"快捷菜单。当要求用户指定点时，按<Shift>键，同时在绘图区右击，打开"对象捕捉"快捷菜单，如图2-22所示，利用该快捷菜单，用户可以选择相应的对象捕捉模式。在"对象捕捉"快捷菜单中，除了有与"对象捕捉"工具栏中的模式相对应的命令外，还有"临时追踪点""自""两点之间的中点""点过滤器""三维对象捕捉""无""对象捕捉设置"等命令。"点过滤器"命令用于捕捉满足指定坐标条件的点，"三维对象捕捉"命令用于捕捉对象上满足设置条件的点。

3) "对象捕捉"关键字。不管当前对象捕捉模式是什么，当命令行提示要求用户指定点时，输入对象捕捉关键字，如"END"（端点）、"MID"（中点）、"QUA"（象限点）等，直接给定对象捕捉模式。该模式常用于临时捕捉某一特征点，操作一次后即退出指定的对象捕捉模式。

(3) 使用自动对象捕捉功能　自动对象捕捉，就是当用户把鼠标指针放在一个图形对象上时，系统根据用户设置的对象捕捉模式，自动捕捉到该对象上所有符合条件的特征点，并显示出相应的标记。

1) 设置"自动对象捕捉"模式。菜单："工具"——"绘图设置"；状态栏："对象捕捉"按钮右边三角形按钮 ——对象捕捉设置…，弹出"草图设置"对话框，打开"对象捕捉"选项卡，如图2-23所示。

图 2-22 "对象捕捉"快捷菜单

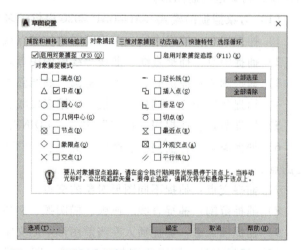

图 2-23 "草图设置"对话框中的"对象捕捉"选项卡

在"对象捕捉"选项卡中，可以通过"对象捕捉模式"选项组中的各复选框确定对象捕捉模式，即确定使系统将自动捕捉列哪些点；"启用对象捕捉"复选框，用于确定是否启用自动捕捉功能；"启用对象捕捉追踪"复选框则用于确定是否启用对象捕捉追踪功能，后面将介绍该功能。

2）使用"自动对象捕捉"功能。利用"对象捕捉"选项卡，设置默认捕捉模式并启用"对象捕捉"功能后，在绘图过程中，每当系统提示用户确定点时，如果使鼠标指针位于对应点的附近，系统会自动捕捉到这些点，并显示出捕捉到相应点的小标签，此时单击鼠标左键，系统就会以该捕捉点为确定的点。

5. 对象捕捉追踪

单击状态栏中的"对象捕捉"按钮和"对象捕捉追踪"按钮，启用这两项功能。"对象捕捉追踪"是利用已有图形对象上的捕捉点来捕捉其他位置点的一种快捷作图方法。"对象捕捉追踪"功能常用于事先不知具体的追踪方向，但已知图形对象间的某种关系（如正交）的情况。

执行一个绘图命令后，将十字光标移动到一个对象捕捉点处，作为临时获取点，但此时不要单击它，当显示出捕捉点标识之后，暂时停顿片刻即可获取该点；获取点之后，当移动鼠标指针时将显示相对于获取点的水平、垂直或极轴对齐的追踪线，可在该追踪线上定位点。

例如，已知一个圆和一条直线，如图 2-24a 所示，当执行"LINE"命令确定直线的起始点时，利用对象捕捉追踪可以找到一些特殊点，如图 2-24b、c 所示。图 2-24b 中捕捉到的点的 Y 坐标与圆心的 Y 坐标相同，且位于 70°的追踪线上。如果单击拾取键，就会得到对应的点。图 2-24c 中捕捉到的点的 X、Y 坐标分别与已有直线端点的 X 坐标和圆心的 Y 坐标相同。

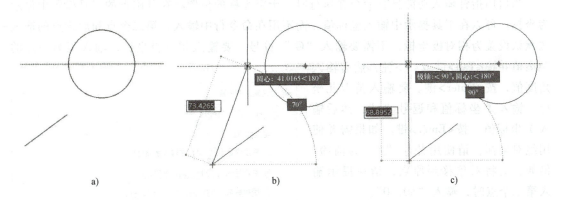

图 2-24 对象捕捉追踪示例

6. 动态输入

"动态输入"在鼠标指针附近提供了一个命令界面，帮助用户专注于绘图区域。

（1）打开或关闭"动态输入"功能 单击状态栏中的"动态输入"按钮，或按 \<F12\> 键，可以打开或关闭"动态输入"功能。

（2）"动态输入"功能的设置与使用 "动态输入"功能包括指针输入、标注输入和动态提示三项功能。

设置方法：选择状态栏中的"动态输入"按钮并单击鼠标右键，选择"动态输入设置…"，弹出"草图设置"对话框，选择"动态输入"选项卡，设置相应的选项，如图 2-25 所示。

1）指针输入。在"草图设置"对话框中的"动态输入"选项卡中，选中"启用指针输入"复选框，可以启用指针输入功能。在"指针输入"选项组中，单击"设置"按钮，系统弹出"指针输入设置"对话框，如图 2-26 所示，在该对话框中可以设置指针的格式和可见性。

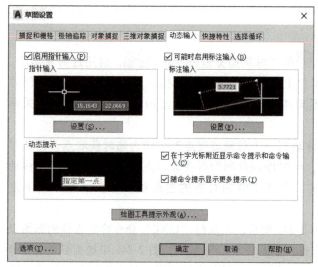

图 2-25 "草图设置"对话框中的"动态输入"选项卡

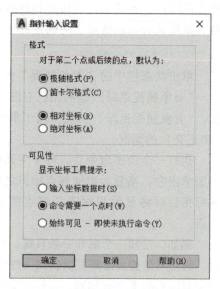

图 2-26 "指针输入设置"对话框

当启用指针输入功能且有命令在执行时，十字光标的位置将在其附近的工具提示中显示为坐标。可以在工具提示中输入坐标值，而不用在命令行中输入。第二个点和后续点的输入法默认设置为相对极坐标，不需要输入"@"符号。要输入相对极坐标，输入距第一点的距离值并按<Tab>键或<<>键，然后输入角度值，按<Enter>键。要输入笛卡儿坐标，输入 X 坐标值和逗号"，"，然后输入 Y 坐标值，按<Enter>键。如果需要使用绝对坐标，请使用井号"#"为前缀。例如，要将对象移到原点，请在提示输入第二个点时，输入"#0, 0"。

2）标注输入。在"草图设置"对话框中的"动态输入"选项卡中，选中"可能时启用标注输入"复选框，可以启用标注输入功能。在"标注输入"选项组中单击"设置"按钮，系统弹出"标注输入的设置"对话框，在该对话框中可以设置标注的可见性，如图 2-27 所示。启用"标注输入"功能时，当命令行提

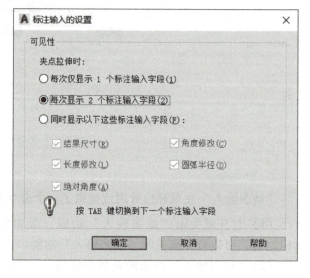

图 2-27 "标注输入的设置"对话框

示输入第二点时,输入框将显示距离和角度值。在输入框中的值将随着鼠标指针的移动而改变。在工具提示中输入距离和角度值,按<Tab>键在它们之间切换。

3)动态提示。在"草图设置"对话框中的"动态输入"选项卡中,选中"动态提示"选项组中的"在十字光标附近显示命令提示和命令输入"复选框,可以在十字光标附近显示命令提示,用户可以在输入框(而不是在命令行)中输入响应,如图 2-28 所示。按向下箭头键<↓>可以查看和选择选项;按向上箭头键<↑>可以显示最近的输入。

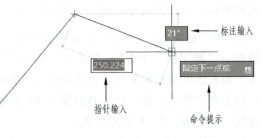

图 2-28　显示动态提示

四、绘制直线(直线、构造线)

1. 绘制直线段

命令:"LINE";菜单:"绘图"——"直线";功能区:"默认"选项卡——"绘图"面板——"直线"按钮；快捷键:<L>。

单击"直线"按钮，执行"LINE"命令,系统要求"指定第一个点",在英文状态下,按提示输入第一个点的 X 坐标值,然后输入","(英文的逗号),再输入第一个点的 Y 坐标值,若用<Enter>键响应,则提示"指定下一点:",按提示输入下一点的 X 坐标值,然后输入","(英文的逗号),再输入下一点的 Y 坐标值,若用<Enter>键响应,系统会把上次绘线的终点作为本次操作的起始点。在"指定下一点"提示下,用户可以指定多个端点,从而绘出多条直线段。每一段直线是一个独立的对象,可以进行单独的编辑操作。绘制两条以上直线段后,若用<C>响应"指定下一点"提示,系统会自动链接起始点和最后一个端点,从而绘出封闭的图形。若用<U>响应提示,则删除最近一次绘制的直线段。

2. 绘制构造线

命令:"XLINE";菜单:"绘图"——"构造线";功能区:"默认"选项卡——"绘图"面板——"构造线"按钮；快捷键:<XL>。

单击"构造线"按钮，执行"XLINE"命令,系统会要求指定点或输入各种条件选项点绘制构造线。

构造线是沿两方向无限延长的直线,一般用于绘制辅助线。

【例 2-1】 利用点的输入方法、绘制直线命令和绘图辅助工具绘制图 2-29 所示平面图形。

操作步骤如下:

1)双击桌面的快捷图标，启动 AutoCAD 2020。

2)设置符合 AutoCAD 制图的两个图层:粗实线图层和细实线图层。

3)辅助绘制工具设置:单击状态栏中的"动态输入"按钮，打开动态输入功能(按钮为蓝色状态为打开状态);单击状态栏中的"对象捕捉"

微课6. 绘制平面图形

按钮 , 打开对象捕捉功能; 单击状态栏中的"极轴追踪"按钮 , 打开极轴追踪功能; 单击状态栏中的"对象捕捉追踪"按钮 , 打开对象捕捉追踪功能。

4) 将"粗实线"图层"置为当前图层, 单击"绘图"工具栏中的"直线"按钮 , 系统提示"指定第一个点", 在命令行输入"200, 60", 完成图 2-29 中 A 点的绝对坐标的输入; 向右水平移动鼠标指针, 直接输入 AB 间的水平距离"66", 按<Enter>键确定 B 点位置; 向上垂直移动鼠标指针, 直接输入 BC 间垂直距离"48", 按<Enter>键确定 C 点; 用类似方法, 确定 D、E、F 点的位置。

5) 鼠标光标在 E 点时, 使其向 G 点方向移动, 输入"26<-110"(注意: 必须在输入法为英文状态下输入), 确定 G 点; 直接连接 GA。

6) 单击"绘图"工具栏中的"直线"按钮 , 单击 A 点, 拖动鼠标指针向 H 点方向移动, 直接输入 H 点相对 A 点的坐标值"13, 9", 按<Enter>键确定 H 点。

7) 利用以上方法, 可以确定平面图形中的 J、K、L、M、N、P 点。

8) 选中直线 AH, 按<Delete>键, 删除 AH 之间的连线, 完成图 2-29 所示平面图形的绘制。

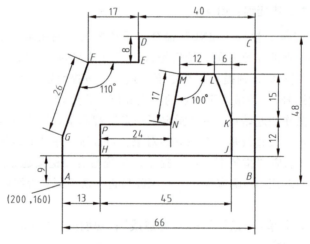

图 2-29 绘制平面图形

五、绘制矩形和正多边形

1. 绘制矩形

命令:"RECTANG";菜单:"绘图"——"矩形";功能区:"默认"选项卡——"绘图"面板——"矩形"按钮 ; 快捷键:<REC>。

单击"矩形"按钮 , 执行"RECTANG"命令, 系统要求指定所绘矩形的第一个角点或其他形式选项的矩形, 如图 2-30 所示。

【例 2-2】 绘制 100mm×80mm 的矩形。

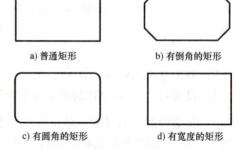

图 2-30 各种绘图形式的矩形

操作步骤如下：

1）单击"矩形"按钮 矩形 ，在绘图区适当位置用鼠标指针拾取一点作为矩形的左下角。

2）在系统"指定下一点"的提示下，输入"@100，80"，完成矩形绘制。

2. 绘制正多边形

在 AutoCAD 中的多边形是具有 3~1024 条等边长的封闭二维图形。

命令："POLYGON"；菜单："绘图"——"多边形"；功能区："默认"选项卡——"绘图"面板——"多边形"按钮 多边形 ；快捷键：<POL>。

单击"多边形"按钮 多边形 ，执行"POLYGON"命令，系统要求输入多边形的边数、多边形的中心点或边长等来完成正多边形的绘制。内接正多边形、外切正多边形、边长多边形的三种绘制方法如图 2-31 所示。

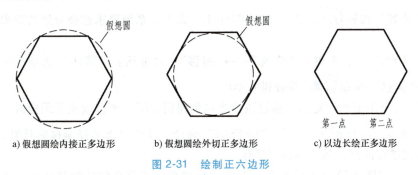

a) 假想圆绘内接正多边形　　b) 假想圆绘外切正多边形　　c) 以边长绘正多边形

图 2-31　绘制正六边形

六、选择对象与删除图形

1. 选择对象

AutoCAD 把绘制的单个图形对象定义为对象。在绘图中进行编辑或其他操作时，必须指定操作对象，即选择目标。

（1）用鼠标直接获取法

1）单击法：移动鼠标指针到所要选取的对象上，单击，则该目标以虚线的方式显示，表明该对象已被选取。

2）实线框选取法：在绘图区单击一点，然后向右移动鼠标指针。此时鼠标指针在绘图区会拉出一个实线框，当该实线框把所要选取的图形对象完全框住后，再单击一次，被框住的图形对象会以虚线的方式显示，表明该对象已被选取。

3）虚线框选取法：在绘图区单击一点，然后向左移动鼠标指针。此时鼠标指针在绘图区会拉出一个虚线框，当该虚线框把所要选取的图形对象一部分（而非全部）框住后，再单击一次，此时被部分框住的图形对象会以虚线的方式显示，表明该对象已被选取。

（2）使用选项法　这是通过输入 AutoCAD 2020 提供的选择图形对象命令，确定要选择图形对象的方法。获取此种选项信息的方法是在"选择对象："提示下，通过用户输入的信息来得到。

2. 删除图形

命令："ERASE"；菜单："修改"——"删除"；功能区："默认"选项卡——"修改"工

具栏——"删除"按钮 ；快捷键：<E>。

单击"删除"按钮 ，执行"ERASE"命令，系统要求选择删除的对象。当选择多个对象时，多个对象都被删除；若选择的对象属某个对象组，则该对象组的所有对象均被删除。

七、分解、偏移与修剪对象

1. 分解对象

命令："EXPLODE"；菜单："修改"——"分解"；功能区："默认"选项卡——"修改"工具栏——"分解"按钮 ；快捷键：<X>。

"分解"命令用于分解组合对象，组合对象是由基本对象组合而成的复杂对象，如多段线、标注、块、面域、多面网格、三维网格以及三维实体等。

单击"分解"按钮 ，执行"EXPLODE"命令，系统要求选择分解的对象。

2. 偏移对象

命令："OFFSET"；菜单："修改"——"偏移"；功能区："默认"选项卡——"修改"工具栏——"偏移"按钮 ；快捷键：<O>。

"偏移"命令用于平行复制，通过该命令可创建同心圆、平行线或等距曲线。

单击"偏移"按钮 ，执行"OFFSET"命令，系统要求选择偏移的对象，输入偏移的距离或指定通过的点，确认偏移等操作。

【例 2-3】 对图 2-32 所示的直线、圆弧进行偏移。要求直线的偏移需通过点 A、点 B。圆弧向外偏移的距离为 8mm，共 3 次。

操作步骤如下。

1）单击"偏移"按钮 ，输入"T"（通过），选择已有的直线作为偏移对象，直线显示为虚线，将鼠标指针放在点 A 上，单击鼠标左键，完成第一次偏移；继续选择已有的直线作为偏移对象，直线显示为虚线，将鼠标光标放在点 B 上，单击完成第二次偏移，如图 2-32 所示。

2）单击"偏移"按钮 ，输入偏移距离"8"，选择已有的圆弧作为偏移对象，圆弧显示为虚线，将鼠标指针放在圆弧外侧，单击完成第一次偏移；点选刚刚偏移的圆弧作为偏移对象，选择的圆弧显示为虚线，将鼠标指针放在圆弧外侧，单击完成第二次偏移；如此重复完成第三次偏移，如图 2-33 所示。

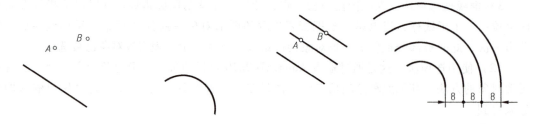

图 2-32　已有的图形　　　　　　　图 2-33　偏移的结果

3. 修剪对象

命令："TRIM"；菜单："修改"──→"修剪"；功能区："默认"选项卡──→"修改"工具栏──→"修剪"按钮 ；快捷键：<TR>。

修剪对象是指用某些定义的修剪边来修剪指定对象，就像用剪刀剪掉对象的某一部分一样，剪切边也可同时作为被修剪的对象。AutoCAD 2020 允许用线、构造线、圆、圆弧、椭圆、椭圆弧、多段线、样条曲线、云形线以及文字等对象作为修剪边来修剪对象。

单击"修剪"按钮 ，执行"TRIM"命令，系统要求首先选择作为修剪边的对象，再按要修剪的要求依次选择被修剪的对象。

【例2-4】 对图 2-34 所示的图形进行修剪。要求将图 2-34 所示图形。通过修剪命令修剪为图 2-35 所示形状，图形外的直线要求与图 2-34 所示的中心正方形边长同长。

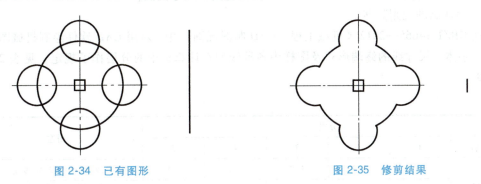

图 2-34　已有图形　　　　　　　　图 2-35　修剪结果

操作步骤如下。

1）单击"修剪"按钮 ，选择大圆和 4 个小圆作为修剪边，按<Enter>键确定后，再对照图 2-35，依次选择要修剪掉的圆弧段。

2）单击"修剪"按钮 ，选择图 2-34 所示的中心正方形的上下两条水平边作为修剪边，确认后，输入"E"（边的选项），再输入"E"（确认为边的延伸模式），选取修剪直线的两个端点，完成直线的修剪，如图 2-35 所示。

八、样板文件

当使用 AutoCAD 创建一个图形文件时，通常需要先进行图形的一些基本的设置，如绘图单位、角度、区域等。

样板文件（Template Files）是一种包含有特定图形设置的图形文件，其扩展名为".dwt"；通常在样板文件中的设置包括：单位类型和精度、图形界限、捕捉、栅格和正交设置、图层组织、标题栏、边框和徽标、标注和文字样式、线型和线宽等。

如果使用样板来创建新的图形，则新的图形继承了样板中的所有设置。这样就避免了大量的重复设置工作，而且也可以保证同一项目中所有图形文件的统一和标准。新的图形文件与所用的样板文件是相对独立的，因此新图形中的修改不会影响样板文件。

AutoCAD 中为用户提供了风格多样的样板文件，这些文件都保存在 AutoCAD 主文件夹的"Template"子文件夹中。如果用户使用默认设置创建图形，则通常使用"acad.dwt"样板文件（以英寸为单位）或"acadiso.dwt"样板文件（以毫米为单位）。

除了使用 AutoCAD 提供的样板文件，用户也可以创建自定义样板文件，任何现有图形都可作为样板。如果用户要使用的样板文件没有存储在"Template"文件夹中，则可选择"Browse…（浏览）"，打开"Select File（选择文件）"对话框来查找样板文件。

九、绘制 A3 图幅的样板文件

【任务】绘制企业所用符合国家标准的 A3 图幅样板文件。

【要求】企业所用符合国家标准的 A3 图幅的样板文件主要包含三个方面的内容：①图纸幅面大小；②特定图形设置的图形文件；③企业的图纸管理要求。在绘图时应遵守的国家标准有 GB/T 14689—2008《技术制图　图纸幅面和格式》、GB/T 10609.2—2009《技术制图　明细栏》、GB/T 14692—2008《技术制图　投影法》、GB/T 4457.4—2002《机械制图　图样画法　图线》、GB/T 4458.4—2003《机械制图　尺寸注法》、GB/T 14665—2012《机械工程　CAD 制图规则》等。

在 GB/T 14665—2012《机械工程　CAD 制图规则》中，对用 CAD 软件绘制机械图样的图线、字体、尺寸线的终端形式及图样中各种线型在计算机中的分层作了规定，见表 2-7 和表 2-8。

表 2-7　CAD 制图中的线型组别

组别	分组					用途
	1	2	3	4	5	
线宽/mm	2.0	1.4	1.0	0.7	0.5	粗实线、粗点画线、粗虚线
	1.0	0.7	0.5	0.35	0.25	细实线、细点画线、双点画线、细虚线、波浪线、双折线

表 2-8　CAD 工程图的图层

层号	描述	层号	描述
01	粗实线	08	尺寸线、投影连线、尺寸终端与符号细实线、尺寸和公差
02	细实线、波浪线、双折线	09	参考圆，包括引出线及其终端（如箭头）
03	粗虚线	10	剖面符号
04	细虚线	11	文本（细实线）
05	细点画线	12	文本（粗实线）
06	粗点画线	13,14,15	用户选用
07	细双点画线		

A3 图幅样板文件中，不仅对各种线型所在的图层作了规定，而且对图样中的字体、尺寸标注等都做了明确规定。

【实施】按国家标准 GB/T 14689—2008《技术制图　图纸幅面和格式》规定，取 A3 图纸，幅面大小为 420mm×297mm。参照 GB/T 14665—2012《机械工程　CAD 制图规则》，设置 A3 图幅的图层、图线，其中 CAD 制图中的线型组别为第四组，CAD 工程图的图层取 01、02、04、05、08、10、11 图层；CAD 工程图的各图层字体采用"gbeitc.shx"字体，其字体高为 3.5mm。A3 图幅的尺寸标注样式设为"机械"。完成工作任务的计划步骤如图 2-36 所示。

任务2 基本几何图形的绘制

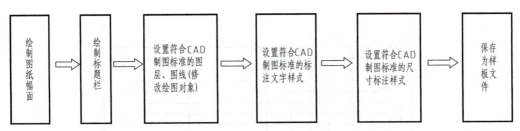

图 2-36 完成图幅绘制的工作步骤

1. 绘制图纸幅面

1）启动 AutoCAD 软件。

2）绘制边界线。单击"矩形"按钮，输入矩形的第一角点坐标为（0,0），另一角点坐标为（420,297），绘制图纸的边界线。

微课 7. A3 图幅文件的绘制（1）

3）绘制图框线。单击"矩形"按钮，输入矩形的第一角点坐标为（25,5），另一角点坐标为（415,292），绘制图幅的图框线，如图 2-37 所示。

2. 绘制标题栏

1）绘标题栏外框。单击"矩形"按钮，打开对象捕捉，以图框线右下角的端点作为矩形的第一角点，输入另一角点相对坐标为（@-180,56），绘标题栏外框，如图 2-38 所示。

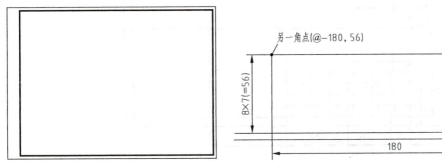

图 2-37 图纸的边界线及图框线　　图 2-38 绘制外框

2）单击"分解"按钮，选择刚绘制的标题栏外框为分解的对象。

3）绘制签字区。

① 偏移直线。单击"偏移"按钮，选择水平线3，输入偏移距离"7"，向下偏移7次；继续执行偏移命令，选择纵向直线1，分别输入偏移距离12、12、16、12、12、16、50，进行偏移，如图 2-39 所示。

② 修剪直线。单击"修剪"按钮，以直线2为修剪边，修剪直线2上边的5、6、7竖直线；以直线4为修剪边，修剪直线4右边的所有偏移水平线，如图 2-40 所示。

4）绘制更改区。

① 偏移直线。单击"偏移"按钮，选择纵向直线1，分别输入偏移距离10、10、16，使直线向右进行偏移，如图 2-41 所示。

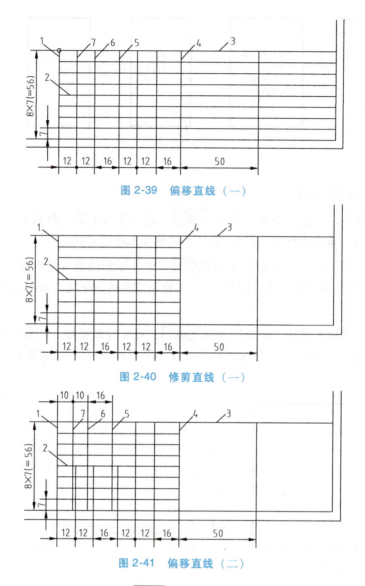

图 2-39 偏移直线（一）

图 2-40 修剪直线（一）

图 2-41 偏移直线（二）

② 修剪直线。单击"修剪"按钮 ，以直线 2 为修剪边，修剪直线 2 下边的 5、6、7 竖直线，如图 2-42 所示。

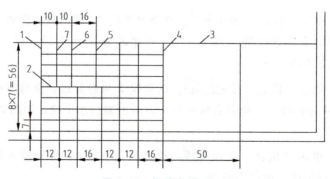

图 2-42 修剪直线（二）

用偏移、修剪命令完成名称、代号及其他区域的绘制，其尺寸及结果如图 2-43 所示。

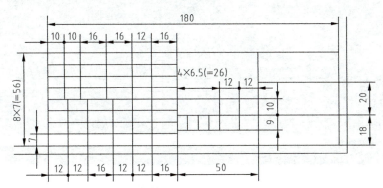

图 2-43　标题栏的尺寸（参考）

3. 设置符合 CAD 制图的图层、图线（修改绘图对象）

（1）设置图层　单击"图层特性"按钮，打开"图层特性管理器"对话框，单击"新建图层"按钮，分别设置名称为"01 粗实线""02 细实线""04 细虚线""05 中心线""07 细双点画线""08 尺寸线""10 剖面线""11 文本"的图层，如图 2-44 所示。

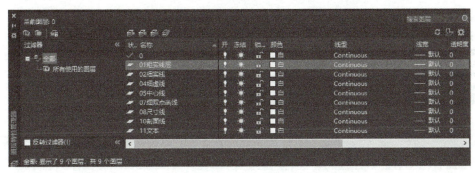

图 2-44　设置图层

（2）设置图层颜色　将指针放在"01 粗实线"图层对应的颜色方框上，单击打开"选择颜色"对话框，如图 2-45 所示，选择绿色。以类似的方法设置其他各图层的颜色，如图 2-46 所示。

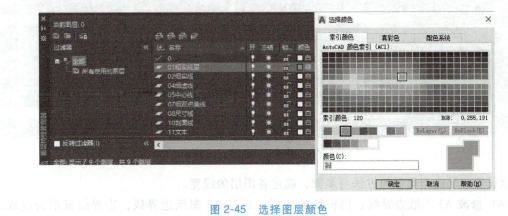

图 2-45　选择图层颜色

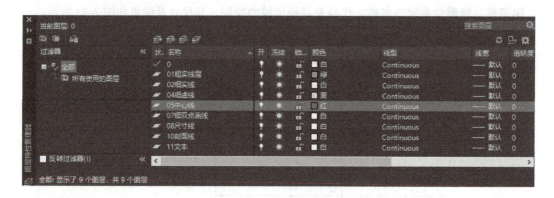

图 2-46 设置图层颜色

（3）设置图层线型 将鼠标光标放在"04 细虚线"图层对应的线型名称上，单击打开"选择线型"对话框，单击 加载(L)... ，弹出"加载或重载线型"对话框。选择所需线型"ACAD_ISO02W100"，单击两次"确定"，完成"04 细虚线"图层的线型设置，如图 2-47 所示。以同样的方法设置其他各图层的线型，如图 2-48 所示。

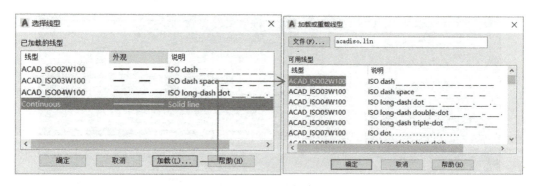

图 2-47 加载图层线型

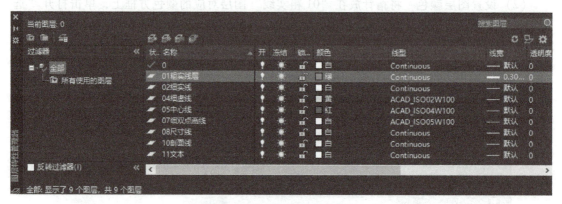

图 2-48 设置图层线型、线宽

以设置图层线型类似的方法与步骤，确定各图层的线宽。

（4）修改 A3 图纸边界线、图框线的图层 选择 A3 图纸边界线，边界线显示为虚线，单击图层标签的下拉箭头,选择"02 细实线"图层,将图纸边界线设置到了第二图层,如图 2-49 所示;图层的特性都设为"ByLayer"。以同样的方法将图框线设置到"01 粗实线"图层。

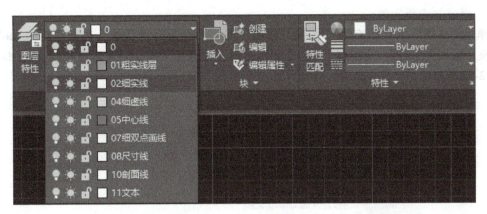

图 2-49　线型的图层设置

(5) 修改标题栏各图线的图层　用上一步的方法,对标题栏的图线进行图层的修改,修改完成后,单击"线宽"按钮 ,显示效果如图 2-50 所示。

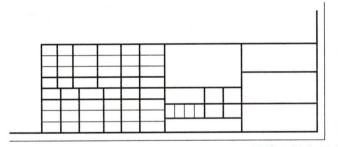

图 2-50　标题栏各图线的线宽显示

微课 8：A3 图幅文件绘制(2)

4. 设置符合 CAD 制图的标注文字样式

A3 图幅中的字体高是 5mm,以"机械"为文件样式名,创建符合国家标准的综合字体的步骤和方法见任务 1 的有关部分。设置符合 CAD 制图的标注文字样式后,填写标题栏。单击"多行文字"按钮 ,执行"MTEXT"命令,分别输入标题栏中的内容,如图 2-51 所示。

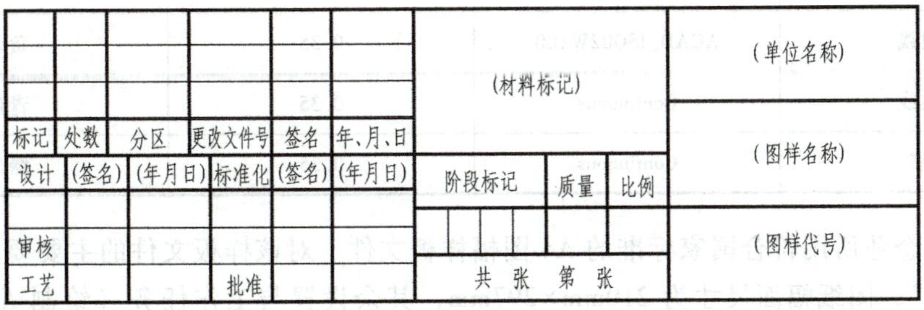

图 2-51　标题栏文字

5. 设置符合 CAD 制图的尺寸标注样式

A3 图幅中符合 CAD 制图国家标准的尺寸标注样式为"机械",其创建步骤和方法见任务 1 的有关部分。

6. 保存为样板文件

单击"文件"——"另存为"按钮,弹出"图形另存为"对话框。选择"Template"子文件夹,输入文件名为"GB-A3",在"文件类型"中选择"AutoCAD 图形样板(*.dwt)",如图 2-52 所示。

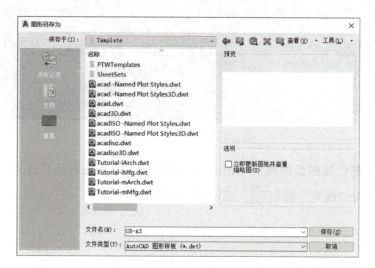

图 2-52　保存为样板文件

技能训练

1. 按表 2-9 的要求建立图层。

表 2-9　图层设置要求

图层名	线型	线宽/mm	颜色(颜色号)
粗实线	Continuous	0.7	绿色(3)
细实线	Continuous	0.35	白色(7)
细点画线(中心线)	ACD_ISO04W100	0.35	红色
细虚线	ACAD_ISO02W100	0.35	黄色
波浪线	Continuous	0.35	青色
文字	Continuous	0.35	绿色

2. 新建企业所用符合国家标准的 A4 图幅样板文件。对该样板文件的主要要求:文件名为"A4.dwt",图纸幅面尺寸为 210mm×297mm,其余设置与工作任务(绘制 A3 图幅样板文件)相同。

3. 绘制图 2-53、图 2-54 所示图形，要求图形的尺寸和线型正确。

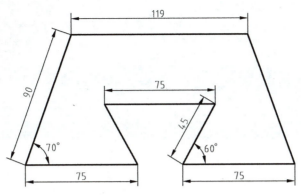

图 2-53　图形一

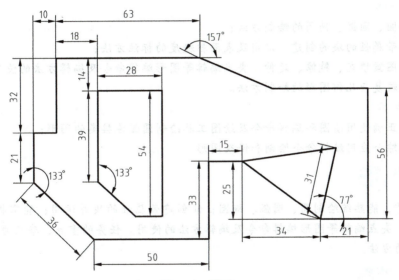

图 2-54　图形二

任务 3

复杂几何图形的绘制

任务目标

1. 知识目标

1）掌握圆、圆弧、椭圆的绘制方法；
2）掌握带属性的块的创建、应用及表面粗糙度的标注方法；
3）掌握图案填充、镜像、延伸、夹点编辑等图形编辑命令及编辑方法的使用；
4）掌握较复杂几何图形的绘制方法。

2. 技能目标

1）能够正确使用绘图和编辑命令及绘图工具绘制圆弧连接类的图形；
2）能够综合应用编辑命令绘制和修改图形。

任务分析

通过操作，能熟练绘制圆、圆弧、椭圆；能创建带属性的块并运用；能掌握图案填充、镜像、延伸、夹点编辑等图形编辑命令及编辑方法的使用。任务的重点、难点为熟练绘制复杂几何图形的方法。

任务实施

一、绘制曲线对象

1. 绘制圆

命令："CIRCLE"；菜单："绘图"——"圆"；功能区："默认"选项卡——"绘图"面板——"圆"按钮；快捷键<C>。

单击"圆"按钮，执行"CIRCLE"命令，系统会要求根据提示采用不同的选项绘制圆。绘制圆的选项如图 3-1 所示。常见的几种绘制圆的方式如图 3-2 所示。

图 3-1 绘制圆的菜单

2. 绘制圆弧

命令："ARC"；菜单："绘图"——"圆弧"；功能区："默认"选项卡——"绘图"面板——"圆弧"按钮；快捷键<A>。

任务3 复杂几何图形的绘制

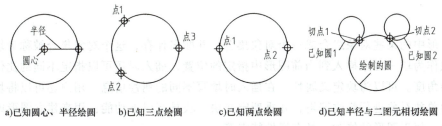

a) 已知圆心、半径绘圆　　b) 已知三点绘圆　　c) 已知两点绘圆　　d) 已知半径与二图元相切绘圆

图 3-2　常见的几种绘制圆的方式

单击"圆弧"按钮，执行"ARC"命令，系统会要求根据提示采用不同的选项绘制圆弧。绘制圆弧的选项如图 3-3 所示。常见的几种绘制圆弧的方式如图 3-4 所示。

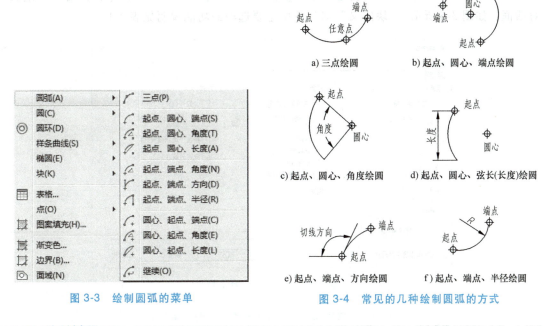

图 3-3　绘制圆弧的菜单　　　　　　　　　　图 3-4　常见的几种绘制圆弧的方式

3. 绘制椭圆

命令："ELLIPSE"；菜单："绘图"——"椭圆"；功能区："默认"选项卡——"绘图"面板——"椭圆"按钮；快捷键<EL>。

单击"椭圆"按钮，执行"ELLIPSE"命令，系统会要求根据提示采用不同的选项绘制椭圆。绘制椭圆的方式如图 3-5 所示。

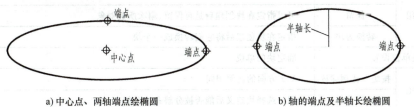

a) 中心点、两轴端点绘椭圆　　　　　　b) 轴的端点及半轴长绘椭圆

图 3-5　绘制椭圆的方式

二、块与属性

将图形中的某些对象组合成一个对象集合，并赋名保存，这个对象集合被称为块。可以随时将块作为单一对象插入到当前图形中指定的位置，插入时还可以指定不同的比例缩放系数和旋转角度。可以为块定义属性，在插入时填写不同的属性信息。用户还可以将块分解为一个个的单独对象进行修改编辑，并重新定义块。块具有以下功能：用来建立图形库、节省存储空间、便于图形的修改、具有属性特点等。

1. 块（创建块、外部块）

命令："BLOCK"；菜单："绘图"——"块"——"创建"；功能区："默认"选项卡——"块"面板——"创建"按钮 创建；快捷键<B/W>。

单击"块"工具栏中的"创建"按钮 创建，执行"BLOCK"命令，弹出"块定义"对话框，如图 3-6 所示。"块定义"对话框中主要选项的功能说明见表 3-1。

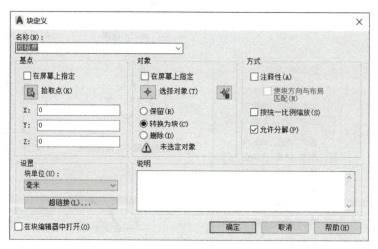

图 3-6 "块定义"对话框

表 3-1 "块定义"对话框中主要选项的功能说明

主要选项		功能说明
"名称"下拉列表		输入块名或从下拉列表中的块名中选择
"基点"选项组		指定块的插入点。插入点是该块插入时的基准点，也是旋转和缩放的基准点。为作图方便，应根据图形的结构特点选择插入点。如果用户不指定插入点，则系统以坐标原点为插入点
"对象"选项组	选择对象	指定所定义块中的对象
	保留	可以指定在块创建后是否保留、删除所选对象
	转换为块	指定在块创建后将它们转换成一个块
块单位设置		确定块的单位
"方式"选项组	按统一比例缩放	X、Y 方向的比例相同
	允许分解	用于选择块定义后能否被分解命令分解
说明区		填写与块相关的描述信息

用"BLOCK"命令定义的块属于内部块,它从属于定义块时所在的图形。AutoCAD 提供了定义外部块的功能,即将块以单独的文件保存,创建外部块的命令为"WBLOCK"。

【例 3-1】 创建名为"粗糙度"的块,块的图形如图 3-7 所示。

操作步骤如下。

1)绘制图形。按图 3-7b 中尺寸绘制图形。

2)创建块。单击"块"工具栏中的"创建"按钮 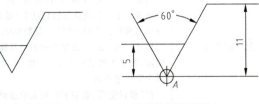,弹出"块定义"对话框。在对话框中进行对应设置,块的名称为"粗糙度",基点为图 3-7b 中的 A 点,图形为图 3-7a 所示图形。

a)粗糙度符号　　b)粗糙度符号的尺寸

图 3-7　块定义示例

3)创建外部块。在命令行输入并执行"WBLOCK"命令,弹出"写块"对话框。在对话框中进行相应设置,其中"目标"选项组用于确定块的保存文件名及保存位置,如图 3-8 所示。

2. 插入块

命令:"INSERT";菜单:"插入"──→"块";功能区:"默认"选项卡──→"块"面板──→"插入块"按钮 。

单击"插入块"按钮 ,执行"INSERT"命令,弹出"插入"对话框,如图 3-9 所示。"插入"对话框中主要选项的功能说明见表 3-2。

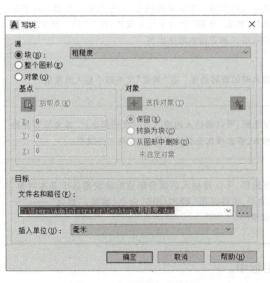

图 3-8　"写块"对话框

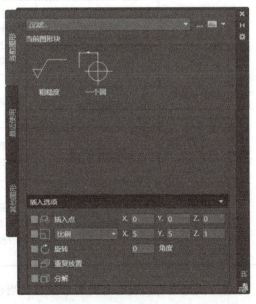

图 3-9　"插入"对话框

表 3-2　"插入"对话框中主要选项的功能说明

主要选项	功能说明
"当前图形"选项卡	当打开了一个文件以后,在"块"面板中,罗列出了当前文件中所有的块。如果需要使用这些块,可以用三种方法完成插入的过程:在块上单击或者双击,然后移动到绘图区域的适当位置进行插入;直接拖拽一个块进入绘图区;在块上单击鼠标右键,在快捷菜单中选择"插入"

61

(续)

主要选项		功能说明
"最近使用"选项卡		当插入了一些块以后,切换到"块"面板的"最近使用"选项卡,刚才插入的块都会被添加到这个选项卡中。让块被添加到这个"最近使用"选项卡的操作有:插入操作、修改操作("BEDIT")、重命名操作("RENAME")、复制粘贴单个图块 相比"当前图形"选项卡中的块只能在当前图纸中使用,"最近使用"选项卡中的块可以跨图纸使用,即在 A 图纸中插入一个块,切换到 B 图纸,然后在"最近使用"选项卡中,可以插入刚才 A 图纸中使用过的块 在"最近使用"选项卡的列表中选择块,单击鼠标右键,选择"删除",可以删除列表中的块
"其他图形"选项卡		单击"插入"对话框右上角按钮 ,浏览一个文件,将这个文件作为块插入当前图形中,选择文件后,会自动切换到"其他图形"选项卡 直接打开这个文件后,在"当前图形"选项卡中看到第一个的位置,是一个用 * 号开头的块,这个就是整个图形了,而直接双击这个块,就能直接将整个图形作为块插入当前图形了。另外,被打开的图形中的其他所有块,都可以直接使用
"插入选项"功能区	插入点 	确定块在图形中的插入位置。可以直接在"X""Y""Z"文本框中输入点的坐标,也可以选中块后,按住鼠标左键拖动到绘图窗口中指定插入点
	缩放比例 	确定块的插入比例。可以直接在"X""Y""Z"文本框中输入块在三个坐标轴方向的比例。需要说明的是,如果在定义块时选择了按统一比例缩放(单击"比例"右边下三角按钮,选择"统一比例"),那么只需要指定沿 X 轴方向的缩放比例
	旋转角度 	确定块插入时的旋转角度。在"角度"文本框中输入角度值
	 重复放置	利用此复选框,可以将插入的块通过一次选择之后,重复放置在绘图的不同地方,省去再次选择的步骤,以提高工作效率
	"分解"复选框 	利用此复选框,可以将插入的块分解成组成块的各个基本对象。此外,插入块后,也可以用"EXPLODE"命令(菜单:"修改"——"分解")将其分解

插入块是指将块或已有的图形插入到当前图形中。

3. 属性

(1) 定义属性　命令:"ATTDEF";菜单:"绘图"——"块"——"定义属性";快捷键<ATT>。

属性是附加在块对象上的各种文本数据,它是一种特殊的文本对象,可包含用户所需的各种信息。

单击"定义属性"按钮,执行命令"ATTDEF";弹出"属性定义"对话框,如图 3-10 所示。"属性定义"对话框中主要选项的功能说明见表 3-3。

任务3 复杂几何图形的绘制

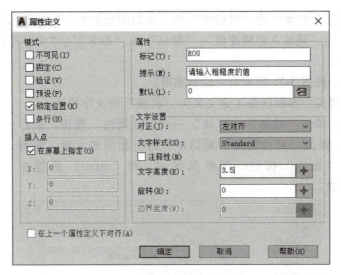

图 3-10 "属性定义"对话框

表 3-3 "属性定义"对话框中主要选项的功能说明

主要选项		功能说明
"模式"选项组	不可见	设置插入块后是否显示属性值。选中复选框表示属性不可见,即属性值不在块中显示,否则在块中显示出对应的属性值
	固定	设置属性是否为固定值。选中复选框表示属性为固定值(此值应通过"属性"选项组中的"默认"文本框给定)。如果将属性设为非固定值,插入块的时候用户可以输入新值
	验证	设置插入块时是否校验属性值。如果选中复选框,插入块时,当用户根据提示输入属性值后,AutoCAD 会再给出一次提示,以便让用户校验所输入的属性值是否正确,否则不要求用户校验
	预设	确定当插入有预设属性值的块时,是否将属性值设成默认值
"属性"选项组	标记	"标记"文本框用于确定属性的标记(用户必须指定该标记)
	提示	"提示"文本框用于确定插入块时 AutoCAD 提示用户输入属性值的提示信息
	默认	"默认"文本框用于设置属性的默认值
"插入点"选项组		确定属性值的插入点,即属性文字排列的参考点。指定插入点后,AutoCAD 以该点为参考点,按照在"文字设置"选项组中"对正"下拉列表确定的文字对齐方式放置属性值。用户可以直接在"X""Y""Z"文本框中输入插入点的坐标,也可以选中"在屏幕上指定"复选框,以便通过绘图窗口指定插入点
"文字设置"选项组	对正	"对正"下拉列表确定属性文字相对于在"插入点"选项组中确定的插入点的排列方式。用户可通过下拉列表在左对齐、调整、中心、中间、右、左上、中上、右上、左中、正中、右中、左下、中下、右下等之间选择
	文字样式	"文字样式"下拉列表确定属性文字的样式,从对应的下拉列表中选择即可
	文字高度	"文字高度"按钮用于指定属性文字的高度,也可以直接在对应的文本框中输入高度值
	旋转	"旋转"按钮用于指定属性文字行的旋转角度,也可以直接在对应的文本框中输入旋转角度值
"在上一个属性定义下对齐"复选框		当定义多个属性时,选中此复选框,表示当前属性将采用前一个属性的文字样式、字高以及旋转角度,并另起一行按上一个属性的对齐方式排列。选中"在上一个属性定义下对齐"复选框后,"插入点"与"文字设置"选项组均以灰色显示,即不能再通过它们确定具体的值

【例 3-2】 定义含有属性的"粗糙度"块,块的图形如图 3-7 所示,属性的"标记"为"ROU","提示"为"请输入粗糙度值","默认"为"Ra3.2","文字样式"为"机械"。

操作步骤如下。

1)绘制图形。按图 3-7b 所示尺寸绘制图形。

2)定义文字样式。参照任务 1 定义名为"机械"的文字样式。

3)定义属性。单击"绘图"→"块"→"定义属性"按钮,执行命令"ATTDEF",弹出"属性定义"对话框并进行相应的设置,如图 3-11 所示;单击"确定"按钮,在绘图区中,将"ROU"放置在图 3-14a 所示的位置。

微课 9. 创建有属性的粗糙度块

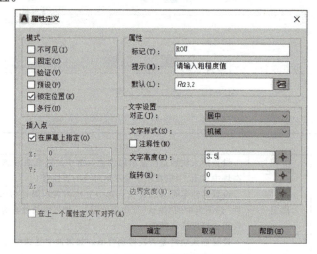

图 3-11 设置"属性定义"对话框

4)创建带有属性的块。单击"块"工具栏中的"创建"按钮 ,弹出"块定义"对话框,如图 3-12 所示。

在对话框中进行相应设置,块的名称为"粗糙度",基点为图 3-7b 中所示的 A 点,图形为图 3-7a 所示图形等,在对话框中单击"确定",弹出图 3-13 所示对话框,输入粗糙度的值,单击"确定",则出现图 3-14b 所示图形。

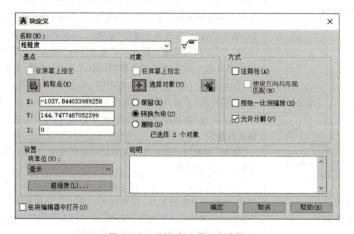

图 3-12 "块定义"对话框

任务3　复杂几何图形的绘制

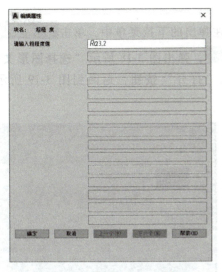

图3-13　"编辑属性"对话框

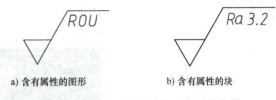

a) 含有属性的图形　　　b) 含有属性的块

图3-14　定义含有属性的"粗糙度"块

（2）编辑块的属性　命令："EATTEDIT"；菜单："修改"──→"对象"──→"属性"──→"单个"。

单击"修改"──→"对象"──→"属性"──→"单个"按钮，执行"EATTEDIT"命令，在AutoCAD提示下选择带有属性的块后，弹出"增强属性编辑器"对话框，如图3-15所示。对话框中有"属性""文字选项""特性"3个选项卡，它们能对块的属性进行编辑。

"属性"选项卡：在该选项卡中，AutoCAD列出了当前块对象中各属性的标记、提示及值。选中某一属性，用户就可以在"值"文本框中修改属性的值。

"文字选项"卡：该选项卡用于修改属性文字的一些特性，如文字样式、字高等，如图3-16所示。

"特性"选项卡：在该选项卡中，用户可以修改属性文字的图层、线型及颜色等。

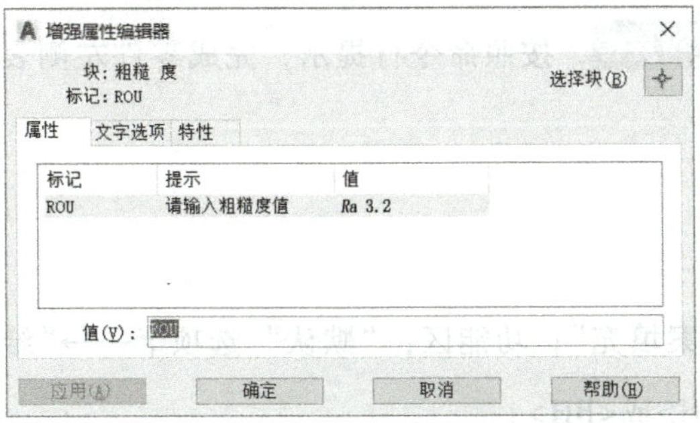

图3-15　"增强属性编辑器"对话框 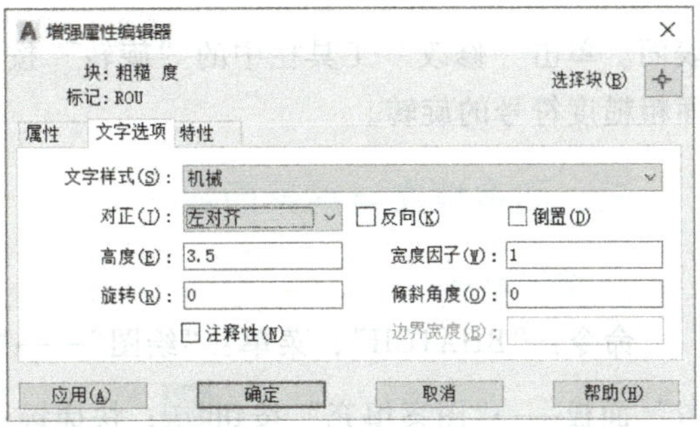　　　图3-16　"文字选项"选项卡

【例3-3】　利用定义的有属性的"粗糙度"块给零件表面添加粗糙度标注，零件上表面粗糙度 Ra 值为 $1.6\mu m$，左侧表面粗糙度 Ra 值为 $3.2\mu m$。添加的粗糙度标注如图3-17所示。

操作步骤如下：

1）单击桌面图标，启动 AutoCAD 2020，

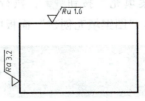

图3-17　给零件表面
添加粗糙度标注

微课10. 插入
块的使用

65

打开零件图。

2）单击"块"工具栏中的"插入"按钮，在弹出的下拉菜单中，单击 最近使用的块…，弹出"插入"对话框，单击对话框右上角的按钮 …，弹出图3-18所示"选择图形文件"对话框，找到有属性的"粗糙度"块文件，单击"打开"按钮，返回到图3-19所示对话框。

图3-18 "选择图形文件"

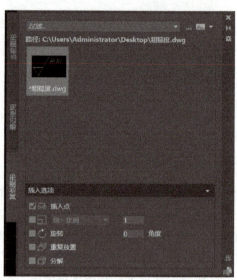

图3-19 "插入"对话框

3）在图3-19所示对话框中，选择"*粗糙度.dwg"文件，按住鼠标左键直接拖动到零件上表面。

4）用同样的方法，选择"*粗糙度.dwg"文件，按住鼠标左键直接拖动到零件左侧表面。单击"修改"工具栏中的"旋转"按钮 旋转，按照命令行提示，完成零件左侧表面粗糙度符号的旋转。

三、图案填充与编辑图案

1. 图案填充

命令："BHATCH"；菜单："绘图"——"图案填充"；功能区："默认"选项卡——"绘图"面板——"图案填充"按钮 ；快捷键：<H>或<BH>。

单击"图案填充"按钮 ，执行"BHATCH"命令，弹出"图案填充创建"面板，如图3-20所示。"图案填充创建"面板中主要选项的功能说明见表3-4。

图3-20 "图案填充创建"面板

表 3-4 "图案填充创建"面板中主要选项的功能说明

主要选项		功能说明
"边界"工具栏	拾取点	通过选择由一个或多个对象形成的封闭区域内的点,确定图案填充边界
	选择边界对象	指定基于选定对象的图案填充边界。使用该选项时,不会自动检测内部对象,必须选择选定边界内的对象,以按照当前孤岛检测样式填充这些对象
	删除边界对象	从边界定义中删除之前添加的任何对象
	重新创建边界	围绕选定的图案填充生成闭合多段线或面域对象,也可以指定将新的边界对象与整个图案填充相关联(可选)
	显示边界对象	选择构成选定关联图案填充对象的边界的对象,使用显示的夹点可修改图案填充边界
	保留边界对象	指定如何处理图案填充边界对象,包括以下几个选项 不保留边界:(仅在图案填充创建期间可用)不创建独立的图案填充边界对象 保留边界——多段线:(仅在图案填充创建期间可用)创建封闭图案填充对象的多段线 保留边界——面域:(仅在图案填充创建期间可用)创建封闭图案填充对象的面域对象 选择新边界集:制定对象的有限集(称为边界集),以便通过创建图案填充时的拾取点进行计算
"图案"工具栏		显示所有预定义和自定义图案的预览图像
"特性"工具栏	图案填充类型	指定是使用纯色、渐变色、图案,还是使用用户定义的填充。图案填充颜色替代实体填充和填充图案的当前颜色
	背景色	指定填充图案背景的颜色
	图案填充透明度	设定新图案填充或填充的透明度,替代当前对象的透明度
	图案填充角度	指定图案填充或填充的角度
	填充图案比例	放大或缩小预定义或自定义填充图案
	相对图纸空间	(仅在布局中可用)相对于图纸空间单位缩放填充图案。使用此选项,可很容易地做到以适合于布局的比例显示填充图案
	双向	(仅当设定"图案填充类型"为"用户定义"时可用)将绘制第二组直线,与原始直线成 90°,从而构成交叉线
	ISO 笔宽	(仅对于预定义的 ISO 图案可用)基于选定的笔宽缩放 ISO 图案
"原点"工具栏	设定原点	直接指定新的图案填充原点
	左下	将图案填充原点设定在图案填充边界矩形范围的左下角
	右下	将图案填充原点设定在图案填充边界矩形范围的右下角
	左上	将图案填充原点设定在图案填充边界矩形范围的左上角
	右上	将图案填充原点设定在图案填充边界矩形范围的右上角
	中心	将图案填充原点设定在图案填充边界矩形范围的中心
	使用当前原点	将图案填充原点设定在 HPORIGIN 系统变量中存储的默认位置
	存储为默认原点	将新图案填充原点的值存储在 HPORIGIN 系统变量中
"选项"工具栏	关联	控制当前用户修改图案填充边界时,是否自动更新图案填充
	注释性	指定图案填充为注释性。此特性会自动完成缩放注释过程,从而使注释能够以正确的大小在图纸上打印或显示

(续)

主要选项		功能说明
"选项"工具栏	特性匹配	使用当前原点:使用选定图案填充对象(除图案填充原点外)设定图案填充的特性 使用源图案填充的原点:使用选定图案填充对象(包括图案填充原点)设定图案填充的特性
	允许的间隙	设定将对象用作图案填充边界时可以忽略的最大间隙。默认值为0时,指定的对象必须为封闭区域且没有间隙
	创建独立的图案填充	控制当指定了几个单独的闭合边界时,是创建单个图案填充对象,还是创建多个图案填充对象
	孤岛检测	普通孤岛检测:从外部边界向内填充。如果遇到内部孤岛,填充将关闭,直到遇到孤岛 外部孤岛检测:从外部边界向内填充。此选项仅填充指定的区域,不会影响内部孤岛 忽略孤岛检测:忽略所有内部的对象,填充图案时将通过这些对象
	绘图次序	为图案填充或填充指定绘图次序。该选项包括不更改、后置、前置、置于边界之后和置于边界之前
"关闭"工具栏	关闭图案填充创建	退出 HATCH 并关闭上下文选项卡。也可以按<Enter>键或<Esc>键退出 HATCH

2. 编辑图案

命令:"BHATCHEDIT";菜单:"修改"——→"对象"——→"图案填充";快捷键:<BH>。

执行"BHATCHEDIT"命令,选择已有的填充图案,弹出"图案填充编辑"对话框,如图 3-21 所示。对话框中只有以正常颜色显示的项才可以操作。利用此对话框,可以对已填充的图案进行更改填充图案、填充比例、旋转角度等操作。

图 3-21 "图案填充编辑"对话框

【例 3-4】 对图 3-22a 所示图形进行图案填充，填充图案均为"ANSI31"，其比例为"1"；上半部分填充图案角度为 0°，下半部分填充图案角度为 90°，填充结果如图 3-22b 所示。

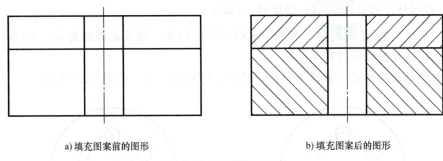

a) 填充图案前的图形　　　　　　　　b) 填充图案后的图形

图 3-22　图案填充示例

操作步骤如下。

1) 单击"图案填充"按钮 ▨，在"图案填充创建"面板中的"图案"工具栏中选择"ANSI31"，在"角度"文本框中输入"1"，"比例"文本框中输入"1"，单击"拾取点"按钮，在图形上半部分左右两个矩形内分别任选一点，再单击"关闭图案填充创建"按钮 ✓。

2) 单击"图案填充"按钮 ▨，在"图案填充创建"面板中的"图案"工具栏中选择"ANSI31"，在"角度"文本框中输入"90"，"比例"文本框中输入"1"，单击"拾取点"按钮，在图形下半部分左右两个矩形内分别任选一点，再单击"关闭图案填充创建"按钮 ✓，结果如图 3-22b 所示。

四、镜像、延伸对象与夹点编辑图形

1. 镜像对象

命令："MIRROR"；菜单："修改"——"镜像"；功能区："默认"选项卡——"绘图"工具栏——"镜像"按钮 ⚠ 镜像；快捷键：<MI>。

单击"镜像"按钮 ⚠ 镜像，执行"MIRROR"命令，根据系统的提示，进行选择镜像对象、指定镜像线等操作。

镜像对象是指将选定的对象相对于镜像线进行镜像复制，如图 3-23 所示。镜像功能特

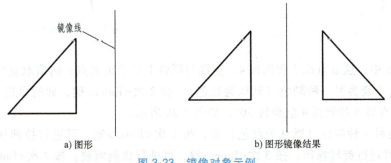

a) 图形　　　　　　　　　　b) 图形镜像结果

图 3-23　镜像对象示例

别适合绘制对称的图形。

2. 延伸对象

命令:"EXTEND";菜单:"修改"——"延伸";功能区:"默认"选项卡——"修改"工具栏——"延伸"按钮 →延伸;快捷键:<EX>。

单击"延伸"按钮 →延伸,执行"EXTEND"命令,根据系统的提示,选择作为边界边的对象,再选择要延伸的对象。

延伸对象是指将指定对象延伸到另一对象(边界边)上,如图3-24所示。

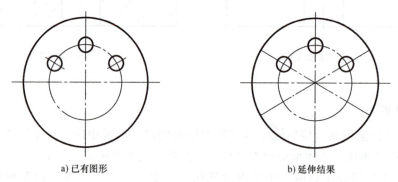

a) 已有图形   b) 延伸结果

图 3-24　延伸对象示例

3. 利用夹点编辑图形

AutoCAD 提供了利用夹点编辑图形对象的功能。如果在没有执行任何命令的时候直接选择图形对象,通常会在被选中图形对象上的某些部位出现实心小方框(默认颜色为蓝色),即夹点。

利用夹点,可以快速实现拉伸、移动、旋转、缩放以及镜像操作。

在图 3-25 中,选取直线 1、2,两直线上显示出夹点;再拾取两直线的交点 A,该点变为另一种颜色(默认为红色,该点称为操作基点),按 1 次<Enter>键,此时可进行拉伸、复制等操作;输入"@5,12"后,按<Enter>键,A 点移动到了 B 点,如图 3-26 所示。

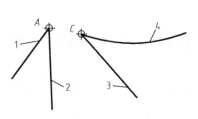

图 3-25　拾取交点

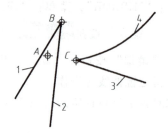

图 3-26　夹点拉伸与旋转

在图 3-25 中,选取直线 3 和圆弧 4,直线与圆弧上显示出夹点;再拾取直线与圆弧的交点 C,该交点 C 变为另一种颜色(默认为红色),按 2 次<Enter>键,此时可进行旋转操作,输入"30",直线 3 和圆弧 4 就旋转 30°,如图 3-26 所示。

夹点变为另一种颜色(默认为红色)后,按 1 次<Enter>键,可进行拉伸操作;按 2 次<Enter>键,可进行旋转操作;按 3 次<Enter>键,可进行比例缩放;按 4 次<Enter>键,可进行镜像操作。

五、绘制复杂几何图形

【任务】利用相关命令绘制手柄状几何图形，如图 3-27 所示。

微课 11：手柄状图形绘制（1）

【要求】图形正确，线型符合国家标准规定。

【实施】其绘图环境的设置：单位为 mm、绘图比例为 1∶1。完成图形绘制的步骤有：打开 A4 样板文件、绘制图形、标注尺寸和保存文件。

1. 打开 A4 样板文件

在 AutoCAD 工作界面，在主菜单栏中单击"文件"—→"新建"按钮，弹出"样板选择"对话框，打开 AutoCAD 主文件夹，在"Template"子文件夹中选择"GB-A4"文件，单击对话框中的"打开"按钮，结果如图 3-28 所示。建立新文件，将新文件命名为"手柄状几何图形.dwg"并保存到指定文件夹。

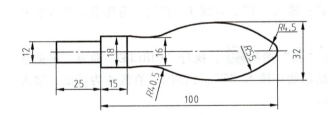

图 3-27 手柄状几何图形

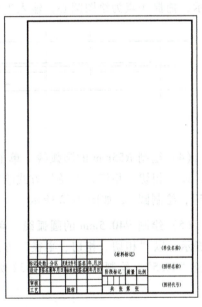

图 3-28 打开 A4 样板文件

2. 绘制图形

绘制图形的外轮廓所用的命令见表 3-5。

表 3-5 绘制图形的外轮廓所用的命令

命令	图标	下拉菜单位置	命令	图标	下拉菜单位置
"LINE"	直线	"绘图"—→"直线"	"TRIM"	修剪	"修改"—→"修剪"
"OFFSET"		"修改"—→"偏移"	"MIRROR"	镜像	"修改"—→"镜像"
"CIRCLE"		"绘图"—→"圆"	"ERASE"		"修改"—→"删除"

（1）绘制基准线 单击"直线"按钮，执行"LINE"命令，选择适当的起点，绘制

一条水平线和一条竖直线，作为绘图的纵、横基准直线，如图 3-29 所示。

（2）偏移直线　单击"偏移"按钮 ，执行"OFFSET"命令，以水平线为起始，分别向上绘制直线，偏移量分别为 6mm、8mm、9mm、16mm，如图 3-30 所示；以竖直线为起始，分别向右绘制直线，偏移量分别为 25mm、15mm、80.5mm，如图 3-31 所示。

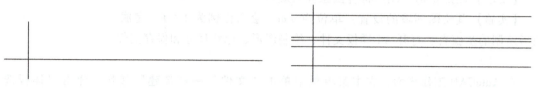

图 3-29　绘纵、横基准直线　　　　　　图 3-30　偏移直线

（3）绘制 R4.5mm 的圆弧线　单击"圆"按钮 ，执行"CIRCLE"命令，根据系统提示，捕捉 A 点为绘图圆心，输入半径"4.5"，绘制图 3-31 所示圆。

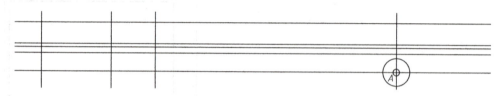

图 3-31　绘制半径为 4.5mm 的圆弧线

（4）绘制 R55mm 的圆弧线　单击"圆"按钮 ，执行"CIRCLE"命令，根据系统提示，以"相切、相切、半径"方式绘制圆；输入"T"，以圆 1、直线 2 为切点，输入半径"55"，绘制圆 3，如图 3-32 所示。

（5）绘制 R40.5mm 的圆弧线　单击"圆"按钮 ，执行"CIRCLE"命令，根据系统提示，以"相切、相切、半径"方式绘制圆；输入"T"，以圆 3、直线 4 为切点，输入半径"40.5"，绘制圆 5，如图 3-32 所示。

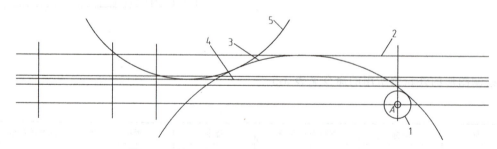

图 3-32　绘制半径为 55mm、40.5mm 的圆弧线

（6）编辑图形

1）删除直线。单击"删除"按钮 ，执行"ERASE"命令，根据系统提示，选择图 3-32 中的直线 2、直线 4，删除所选直线。

2）修剪直线。单击"修剪"按钮 ，执行"TRIM"命令，选择所有圆、圆弧及相关直线，修剪圆弧，如图 3-33 所示。

微课 12. 手柄状图形绘制（2）

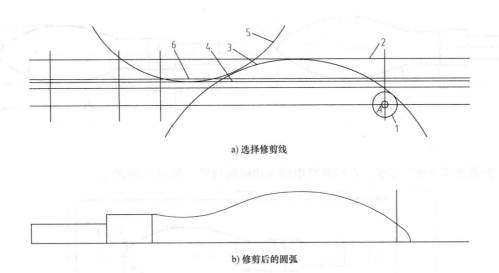

a) 选择修剪线

b) 修剪后的圆弧

图 3-33 编辑图形

（7）镜像轮廓线　单击"镜像"按钮 ，执行"MIRROR"命令，选择水平中心线以上所有图线为镜像对象，以水平中心线为镜像线，镜像结果如图 3-34 所示。

选择所有轮廓线，将其图层设置为"01 粗实线"图层；选择水平线，将图层设置为"05 中心线"图层，结果如图 3-35 所示。

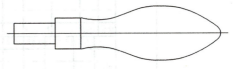

图 3-34 镜像轮廓线

3. 标注尺寸

（1）圆弧尺寸标注

1）单击"标注"——"半径"按钮，执行"DIMRADIUS"命令，选取 $R4.5$mm 圆弧，标注手柄状图形右端部的圆弧尺寸，如图 3-36 所示。

2）按 <Enter> 键，继续执行"DIMRADIUS"命令，分别选取 $R40.5$mm、$R55$mm 圆弧，标注尺寸，如图 3-36 所示。

微课 13. 手柄状图形绘制（3）

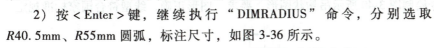

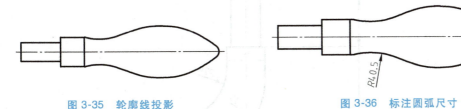

图 3-35 轮廓线投影　　　　图 3-36 标注圆弧尺寸

（2）水平方向尺寸标注　单击"标注"——"线性"按钮，执行"DIMLINEAR"命令，选取各标注线段的两个端点，分别标注"25""15""100"三个水平方向的尺寸，如图 3-37 所示。

（3）竖直方向尺寸标注　单击"标注"——"线性"按钮，执行"DIMLINEAR"命令，选取各标注线段的两个端点，分别标注"12""18""16""32"四个竖直方向的尺寸，如图 3-38 所示。

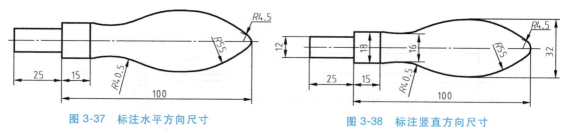

图 3-37　标注水平方向尺寸　　　　　图 3-38　标注竖直方向尺寸

4. 填写标题栏

根据图样管理的要求，在标题栏中填入相应的内容，如图 3-39 所示。

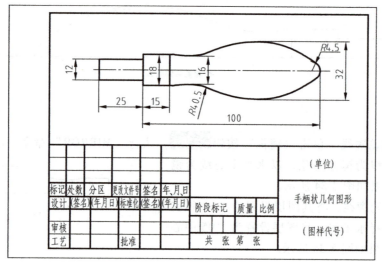

图 3-39　手柄状几何图形

技能训练

1. 利用相关命令绘制图 3-40 所示吊钩状图形。要求：图形正确，线型符合国家标准规定。

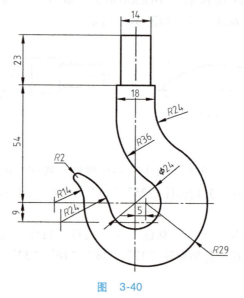

图 3-40

2. 利用相关命令绘制图 3-41 所示固定扳手状图形。要求：图形正确，线型符合国家标准规定。

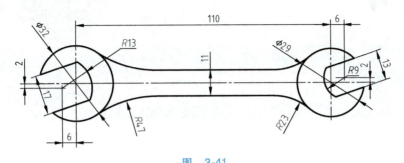

图 3-41

任务 4

平面图形的尺寸标注

任务目标

1. 知识目标

1）掌握"标注样式管理器"对话框的使用方法；
2）掌握设置尺寸标注样式的方法；
3）掌握线性尺寸、对齐尺寸、基线尺寸、连续尺寸、半径、直径、圆心、角度等尺寸标注的方法；
4）掌握编辑标注对象的方法。

2. 技能目标

1）能够正确使用"标注样式管理器"对话框设置尺寸标注样式；
2）正确应用尺寸标注命令对平面图形进行尺寸标注。

任务分析

通过操作，掌握"标注样式管理器"对话框的使用方法；会使用尺寸标注样式和线性尺寸、对齐尺寸、基线尺寸、连续尺寸、半径、直径、圆心、角度等尺寸标注的方法。任务的重点、难点为熟练标注平面图形尺寸。

任务实施

一、尺寸标注的类型

AutoCAD 2020 提供了十余种标注命令用于标注图形对象的尺寸，使用它们可以进行角度、直径、半径、线性、对齐连续、圆心及基线等尺寸标注，如图 4-1 所示。

二、尺寸标注的设置

1. 创建尺寸标注的图层

在 AutoCAD 中编辑、修改工程图样时，由于各种图线与尺寸混在一起，使得其操作不方便，为便于控制尺寸标注对象的显示与隐藏，在 AutoCAD 中应为尺寸标注创建独立的图层，运用图层技术使其与图形的其他信息分开，以便于操作。具体操作方法详见任务 2。

2. 创建尺寸标注的文字样式

为方便在尺寸标注时修改所标注的各种文字，应创建专用于尺寸标注的文字样式。文字

任务4 平面图形的尺寸标注

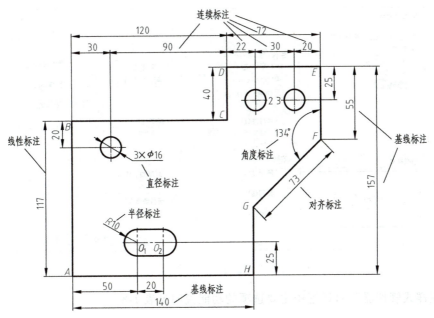

图 4-1 标注类型

样式的创建通过"文字样式"对话框完成。

（1）设置新建文字样式名称　命令："STYLE"；菜单："格式"——→"文字样式"；功能区："默认"选项卡——→"注释"工具栏——→"注释"按钮右边下三角形按钮 注释▼ ——→"文字样式"按钮 A 。

在菜单中单击"格式"——→"文字样式"按钮，打开"文字样式"对话框。单击"新建"按钮，系统弹出"新建文字样式"对话框。在"样式名"文本框中输入文字样式的名称"机械文字"，单击"确定"按钮，返回"文字样式"对话框。

（2）设置文字样式　在"文字样式"对话框的"样式"列表中已经增加了"机械文字"样式名，在"SHX 字体"下拉列表中选用"gbeitc.shx"，在"高度"文本框中输入"0"（如果文字类型的默认高度值不为0，则"标注样式管理器"对话框中的"文字"选项卡中的"文字高度"设置将不起作用），其他选项采用默认值，如图4-2所示。

3. 创建尺寸标注样式

通过创建的尺寸标注样式，可以控制尺寸标注的格式和外观，有利于执行相关的绘图标准。在 AutoCAD 中，如果在绘图时选择公制单位，则系统自动提供一个默认的 ISO-25（国际标准化组织）标注样式，但 ISO-25 标准与我国的标准不尽相同，需要用户建立自己的标注样式，具体设置步骤如下。

（1）创建新标注样式　命令："DIMSTYLE"；菜单："标注"——→"标注样式"；"默认"选项卡——→"注释"工具栏——→"注释"按钮右边下三角形按钮 注释▼ ——→"标注样式"按钮 。

单击"标注样式"按钮 ，执行"DIMSTYLE"命令，弹出"标注样式管理器"对话框，如图4-3所示。

77

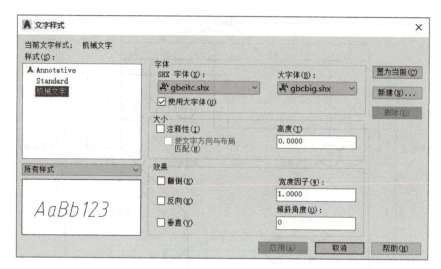

图 4-2 "文字样式"对话框

"标注样式管理器"对话框中主要选项的功能说明见表 1-8。

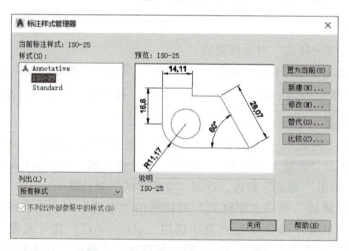

图 4-3 "标注样式管理器"对话框

在"标注样式管理器"对话框中单击"新建"按钮,打开图 4-4 所示的"创建新标注样式"对话框。在"新样式名"文本框中输入新样式的名称"机械";在"基础样式"中选择一种基础样式"ISO-25",新样式将在此基础样式的基础上进行修改。在"用于"下拉列表中指定新建标注样式的适用范围,包括"所有标注""线性标注""角度标注""半径标注""直径标注""坐标标注"和"引线和公差"等选项。单击该对话框中的"继续"按钮,将打开"新建标注样式"对话框,可以在其中设置线、符号和箭头、文字、主单位、公差等内容,如图 4-5 所示。

(2)"新建标注样式"对话框中各选项卡的设置

1)设置"线"。在"新建标注样式"对话框中选择"线"选项卡,可以设置尺寸线和尺寸界线的格式、位置,如图 4-5 所示。该对话框中"线"选项卡主要选项组功能说明见表 1-9。

"超出标记"文本框:当尺寸线的箭头采用倾斜、建筑标记、小点、积分或无标记等样式时，使用该文本框可以设置尺寸线超出尺寸界线的长度，"超出标记"设置为"0"和"5"的效果比较如图4-6所示。

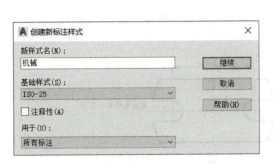

图4-4 "创建新标注样式"对话框

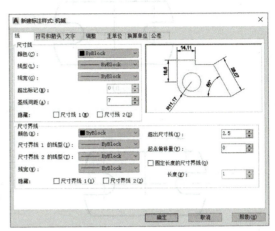

图4-5 "新建标注样式"对话框中的"线"选项卡

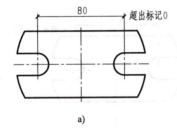

a)

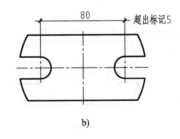

b)

图4-6 "超出标记"设置为"0"与"5"的效果对比

"基线间距"文本框：进行基线尺寸标注时可以设置各尺寸线之间的距离，具体情况如图4-7所示。

"隐藏"（尺寸线）选项组：通过选择"尺寸线1"或"尺寸线2"复选框，可以隐藏第1段或第2段尺寸线及其相应的箭头，如图4-8所示。

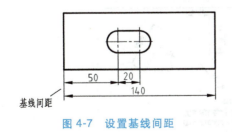

图4-7 设置基线间距

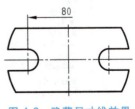

图4-8 隐藏尺寸线效果

"超出尺寸线"文本框：用于设置尺寸界线超出尺寸线的距离，机械制图中设置为"2"或"3"，如图4-9所示。

"起点偏移量"文本框：设置尺寸界线的起点与标注定义点的距离，机械制图中设置为"0"，如图4-10所示。

"隐藏"（尺寸界线）选项组：通过选中"尺寸界线1"或"尺寸界线2"复选框，可以隐藏尺寸界线，这两种情况的比较如图4-11所示。

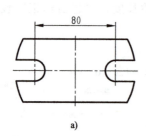
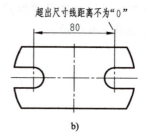

图 4-9 "超出尺寸线"设置为"0"与不为"0"的效果对比

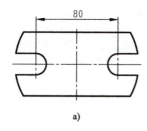
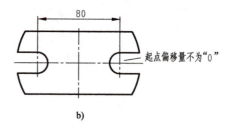

图 4-10 "起点偏移量"设置为"0"与不为"0"的效果对比

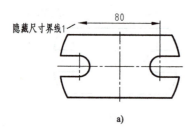
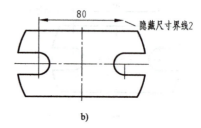

图 4-11 隐藏尺寸界线效果

2）设置"符号和箭头"。在"新建标注样式"对话框中选择"符号和箭头"选项卡，如图 4-12 所示。该选项卡中的具体功能说明见表 1-10。

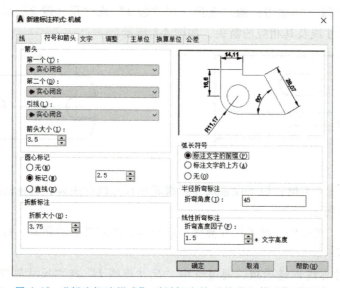

图 4-12 "新建标注样式"对话框中的"符号和箭头"选项卡

图 4-13 所示为选择"圆心标记"为"标记""直线"的效果比较。

图 4-14 所示为"弧长符号"选项组中的"标注文字的前缀""标注文字的上方"和"无"三种方式。

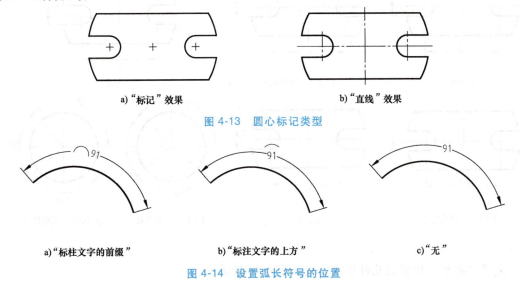

图 4-13　圆心标记类型

图 4-14　设置弧长符号的位置

3) 设置"文字"。"新建标注样式"对话框中的"文字"选项卡如图 4-15 所示，其具体功能说明见表 1-11。

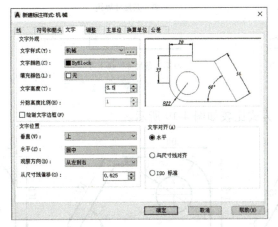

图 4-15　"新建标注样式"对话框中的"文字"选项卡

"绘制文字边框"复选框的功能是设置是否给标注文字加边框，如图 4-16 所示。

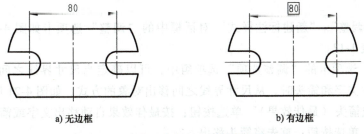

图 4-16　文字无边框与有边框的效果对比

文字"垂直"位置的几种形式比较如图4-17所示。

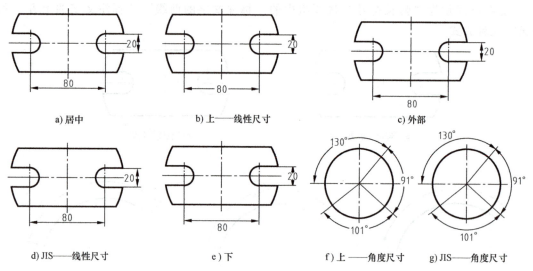

图 4-17 文字"垂直"位置的形式

文字"水平"位置的几种形式比较如图4-18所示。

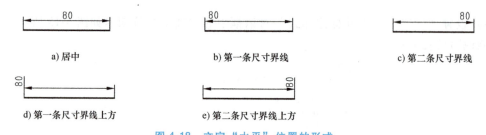

图 4-18 文字"水平"位置的形式

三种"文字对齐"方式比较如图4-19所示。

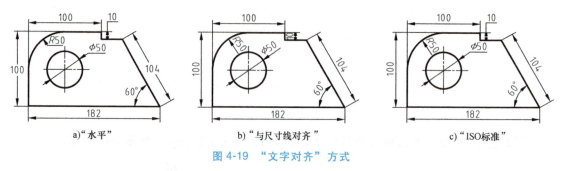

图 4-19 "文字对齐"方式

4)设置"调整"。"新建标注样式"对话框中的"调整"选项卡如图4-20所示,其具体功能说明见表1-12。

在"调整"选项卡的"调整选项"选项组中,可以确定当尺寸界线之间没有足够的空间同时放置标注文字和箭头时,从尺寸界线之间移出对象的方式,如图4-21所示。

① "文字或箭头(最佳效果)"单选按钮:按最佳效果自动移出文字或箭头。

② "箭头"单选按钮:首先将箭头移出。

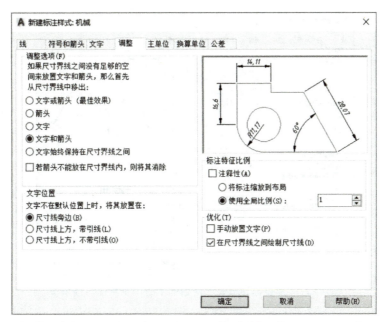

图 4-20 "新建标注样式"对话框中的"调整"选项卡

图 4-21 标注文字和箭头在尺寸界线间的放置

③"文字"单选按钮:首先将文字移出。
④"文字和箭头"单选按钮:将文字和箭头都移出。
⑤"文字始终保持在尺寸界线之间"单选按钮:将文字始终保持在尺寸界线之间。
⑥"若箭头不能放在尺寸界线内,则将其消除"复选框:如果选中该复选框,则抑制箭头显示。

图 4-22 所示为当文字不在默认位置上时的三种设置效果。

图 4-22 标注文字的位置

5)设置"主单位"。"新建标注样式"对话框中的"主单位"选项卡如图 4-23 所示,其具体功能说明见表 1-13。

6)设置"换算单位"。"新建标注样式"对话框中的"换算单位"选项卡如图 4-24 所示,其具体功能说明见表 1-14。

7)设置"公差"。"新建标注样式"对话框中的"公差"选项卡如图 4-25 所示,其具体功能说明见表 1-15。

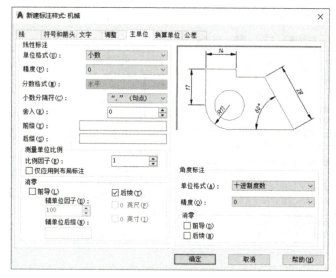

图 4-23 "新建标注样式"对话框中的"主单位"选项卡

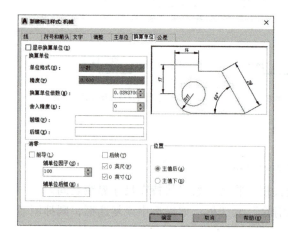

图 4-24 "新建标注样式"对话框中的"换算单位"选项卡

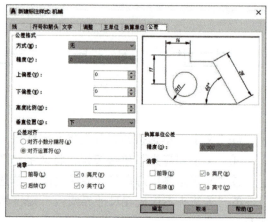

图 4-25 "新建标注样式"对话框中的"公差"选项卡

三、尺寸标注的方法

1. 线性标注

线性标注是指标注图形对象在水平方向、垂直方向或指定方向的尺寸，分为水平标注、垂直标注和旋转标注三种类型。水平标注用于标注对象在水平方向的尺寸，即尺寸线沿水平方向放置；垂直标注用于标注对象在垂直方向的尺寸，即尺寸线沿垂直方向放置；旋转标注则标注对象沿指定方向的尺寸。线性标注用于标注用户坐标系 XY 平面上两个点之间距离的测量值，通过指定点或选择对象来实现。

命令："DIMLINEAR"；菜单"标注"——"线性"；功能区："默认"选项卡——"注释"工具栏——"线性"按钮 线性。

(1) 指定点 单击"注释"工具栏中的"线性"按钮 ┣┥线性，执行"DIMLINEAR"命令，在命令行提示下直接指定第一条尺寸界线和第二条尺寸界线的原点后，命令行提示："指定尺寸线位置或[多行文字(M)/文字(T)/角度(A)/水平(H)/垂直(V)/旋转(R)]："这时，可以直接确定尺寸线的位置，也可以选择其他选项来指定标注的文字内容或标注文字的旋转角度。

如果直接指定了尺寸线的位置，系统将按自动测量出的两条尺寸界线起始点间的相应距离标注尺寸。

如果选择其他选项，可指定标注的文字内容或标注文字的旋转角度。其他各选项的功能说明如下：

1) "多行文字（M）"：指定尺寸线的位置前选择该选项，将进入多行文字编辑模式，可以使用"文字格式"编辑器输入并设置标注文字。

2) "文字（T）"：指定尺寸线的位置前选择该选项，将以单行文字的形式输入标注文字，此时将显示"输入标注文字<1>："提示信息，要求输入标注文字。

3) "角度（A）"：指定尺寸线的位置前选择该选项，可以设置标注文字的旋转角度。

4) "水平（H）"和"垂直H（V）"：指定尺寸线的位置前选择该选项，可以标注水平尺寸和垂直尺寸。

5) "旋转（R)"：指定尺寸线的位置前选择该选项，可以设置旋转标注对象的尺寸线，即标注沿指定方向的尺寸。

(2) 选择对象 单击"注释"工具栏中的"线性"按钮 ┣┥线性，执行"DIMLINEAR"命令，如果在线性标注的命令行提示下直接按<Enter>键，则要求选择要标注尺寸的对象。当选择了对象以后，系统将该对象的两个端点作为两条尺寸界线的起点，标注方法和选项设置同前。

2. 对齐标注

对齐标注指所标注尺寸的尺寸线与两条尺寸界线起始点间的连线平行。对齐标注是线性标注尺寸的一种特殊形式。在对直线段进行标注时，如果该直线段的倾斜角度未知，那么使用线性标注方法将无法得到准确的测量结果，这时可以使用对齐标注。

命令："DIMALIGNED"；菜单"标注"——"对齐"；功能区："默认"选项卡——"注释"工具栏——"对齐"按钮 ╲ 对齐 。

单击"注释"工具栏中的"对齐"按钮 ╲ 对齐 ，执行"DIMALIGNED"命令，对对象进行对齐标注。

【例4-1】 用"对齐标注"完成图4-26中 AB、CD、EF 倾斜直线段长度尺寸标注。

操作步骤如下：

1) 单击"注释"工具栏中的"对齐"按钮 ╲ 对齐 ，执行"DIMALIGNED"命令。

2) 捕捉点 A 和点 B，再拖动鼠标指针至合适处单击确定尺寸线的位置后，结果如图 4-26 所示。使用同样的方法，可标注 CD、EF 倾斜直线段的长度，结果如图 4-27 所示。

3. 角度尺寸的标注

角度标注命令可以测量圆上某段圆弧和圆弧的包含角、两条直线间的角度或三点间的角度，如图 4-28 所示。

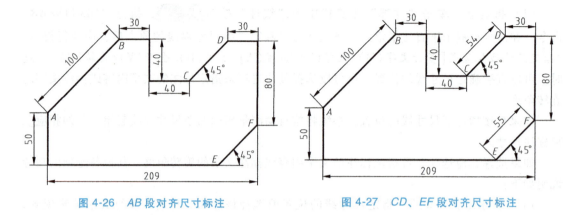

图 4-26　AB 段对齐尺寸标注　　　　　图 4-27　CD、EF 段对齐尺寸标注

命令："DIMANGULAR"；菜单"标注"——"角度"；功能区："默认"选项卡——"注释"工具栏——"角度"按钮 角度。

单击"注释"工具栏中的"角度"按钮 角度，此时命令行提示："选择圆弧、圆、直线或<指定顶点>:"

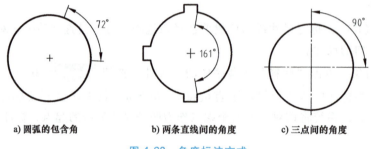

a) 圆弧的包含角　　　b) 两条直线间的角度　　　c) 三点间的角度

图 4-28　角度标注方式

在该提示下，可以选择需要标注的对象，其功能说明如下。

（1）标注圆弧的包含角　当选择圆弧时，命令行显示："指定标注弧线位置或［多行文字(M)/文字(T)/角度(A)/象限点(Q)］:"。此时，如果直接确定标注弧线的位置，系统会按实际测量值标注出角度。

（2）标注圆上某段圆弧的包含角　当选择圆时，命令行显示："指定角的第二个端点:"。要求确定另一点作为角的第二个端点。该点可以在圆上，也可以不在圆上，然后确定标注弧线的位置。这时，将以圆心为角度的顶点，以所选择的两个点作为尺寸界线标注出角度值。

（3）标注两条不平行直线之间的夹角　需要选择这两条直线，然后确定标注弧线的位置，系统将自动标注出这两条直线的夹角。

（4）根据三个点标注角度　这时首先需要确定角的顶点，然后分别指定角的两个端点，最后指定标注弧线的位置即可标注出角度值。

4. 弧长标注

命令："DIMARC"；菜单"标注"——"弧长"；功能区："默认"选项卡——"注释"工具栏——"弧长"按钮 弧长。

弧长标注命令可为圆弧标注长度尺寸。可以标注圆弧或多段线圆弧部分的弧长。

单击"注释"工具栏中的"弧长"按钮 弧长，此时命令行提示："选择弧线段或多段线圆弧段："。当选择需要的标注对象后，命令行提示："指定弧长标注位置或 [多行文字(M)/文字(T)/角度(A)/部分(P)/引线(L)]："。

当指定了尺寸线的位置后，系统将按实际测量值标注出圆弧的长度。也可以利用"多行文字（M）""文字（T）"或"角度（A）"选项，确定尺寸文字或尺寸文字的旋转角度，另外，如果选择"部分（P）"选项，可以标注选定圆弧某一部分的弧长，如图4-29所示。

5. 半径标注

命令："DIMRADIUS"；菜单"标注"——"半径"；功能区："默认"选项卡——"注释"工具栏——"半径"按钮 半径。

半径标注命令可为圆或圆弧标注半径尺寸。

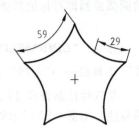

图 4-29　弧长标注

单击"注释"工具栏中的"半径"按钮 半径，选择要标注半径的圆弧或圆，此时命令行提示："指定尺寸线位置或 [多行文字(M)/文字(T)/角度(A)]："。

当指定了尺寸线的位置后，系统将按实际测量值标注出圆或圆弧的半径。也可以利用"多行文字（M）""文字（T）"或"角度（A）"选项，确定尺寸文字或尺寸文字的旋转角度。具体操作方法同线性标注。

6. 折弯标注

命令："DIMJOGGED"；菜单"标注"——"折弯"；功能区："默认"选项卡——"注释"工具栏——"折弯"按钮 折弯。

折弯标注命令可以折弯标注圆和圆弧的半径，如图4-30所示。该标注方式与半径标注方法基本相同，但需要指定一个代替圆或圆弧圆心的位置和尺寸线的折弯位置。

单击"注释"工具栏中的"折弯"按钮 折弯，在命令行显示的"选择圆弧或圆"提示下，选择要标注半径的圆弧或圆；在命令行显示的"指定图示中心位置："提示下，单击圆内适当位置，确定用于替代圆心的点，此时将显示标注的尺寸数字和尺寸线；在命令行显示的"指定尺寸线位置或 [多行文字(M)/文字(T)/角度(A)]："提示下，单击圆内适当位置，确定尺寸线位置；在命令行显示的"指定折弯位置："提示下，指定尺寸线的折弯位置即可。

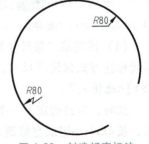

图 4-30　创建折弯标注

7. 直径标注

命令："DIMDIAMETER"；菜单"标注"——"直径"；功能区："默认"选项卡——"注释"工具栏——"直径"按钮 直径。

单击"注释"工具栏中的"直径"按钮 直径，可以标注圆和圆弧的直径。

直径标注的方法与半径标注的方法相同。当选择了需要标注直径的圆或圆弧后,直接确定尺寸线的位置,系统将按实际测量值标注出圆或圆弧的直径。

8. 圆心标注

命令:"DIMCENTER";菜单:"标注"——"圆心标记";功能区:"注释"选项卡——"中心线"工具栏——"圆心标记"按钮。

圆心标注命令可为圆或圆弧绘制圆心标记或中心线。

单击"圆心标记"按钮,在命令行显示的"选择圆弧或圆:"提示下,选择待标注圆心的圆弧或圆即可标记其圆心或中心线,如图4-31所示。

9. 基线标注

命令:"DIMBASELINE";菜单:"标注"——"基线";功能区:"注释"选项卡——"标注"工具栏——"基线"按钮。

基线标注指各尺寸线从同一条尺寸界线处引出,创建一系列由相同的标注原点测量出来的标注,如图4-32所示的尺寸"30"和"150"。

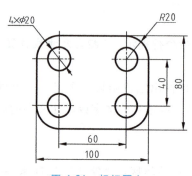

图 4-31 标记圆心

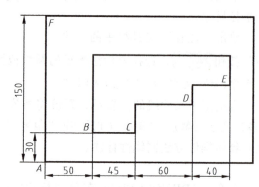

图 4-32 基线标注和连续标注

在进行基线标注之前必须先创建(或选择)一个线性、坐标或角度标注作为基准标注。单击"基线"按钮,此时命令行提示:"指定第二条尺寸界线原点或[放弃(U)/选择(S)]<选择>:"。

(1)指定第二条尺寸界线原点 确定下一个尺寸的第二条尺寸界线的起点后,系统按基线标注方式标注出尺寸,而后继续提示:"指定第二条尺寸界线原点或[放弃(U)选择(S)]<选择>:"。

此时,可再确定下一个尺寸的第二条尺寸界线起点位置。用此方式标注出全部基线尺寸后,按<Enter>键或空格键,结束命令的执行。

(2)选择(S) 该选项用于指定基线标注时作为基线的尺寸界线。执行该选项,系统提示:"选择基准标注:"。在该提示下选择尺寸界线,系统继续提示:"指定第二条尺寸界线原点或[放弃(U)选择(S)]<选择>:"。在该提示下标注出的各尺寸均从指定的基线引出。执行基线尺寸标注时,有时需要先执行"选择(S)"选项来指定引出基线尺寸的尺寸界线。

【例4-2】 用"基线标注"命令完成图4-32中点A与点B、点F间的垂直线性尺寸标注。

操作步骤如下：

1）首先启动"线性标注"命令，创建点 A 与点 B 之间的垂直线性标注。

单击"线性"按钮 线性，再依次单击图 4-32 中的点 A 和点 B，垂直向左移动鼠标指针，在距线段 AF 约 10mm 处单击，完成 A、B 间的垂直线性尺寸标注。

2）单击"基线"按钮 基线，在命令行中输入"S"，按<Enter>键，按命令行提示，单击 A、B 间线性标注的最下边的尺寸界线，再选择点 F，完成 AF 直线长度尺寸标注。

10. 连续标注

命令："DIMCONTINUE"；菜单："标注"——"连续"；功能区："注释"选项卡——"标注"工具栏——"连续"按钮 连续。

连续标注指在标注出的尺寸中，相邻两尺寸线共用同一条尺寸界线，并创建一系列箭头对箭头放置的标注，如图 4-32 所示图形中的尺寸"50""45""60""40"。

与基线标注一样，在进行连续标注之前，必须先创建（或选择）一个线性、坐标或角度标注作为基准标注，以确定连续标注所需要的前一尺寸标注的尺寸界线。

单击"连续"按钮 连续，此时命令行提示："指定第二条尺寸界线原点或［放弃(U)/选择(S)]<选择>："。

（1）指定第二条尺寸界线原点 当确定了下一个尺寸的第二条尺寸界线起点后，系统按连续标注方式标注出尺寸，即把上一个尺寸的第二条尺寸界线作为新尺寸标注的第一条尺寸界线标注尺寸，然后系统继续提示："指定第二条尺寸界线原点或［放弃(U)/选择(S)]<选择>："。此时，可再确定下一个尺寸的第二条尺寸界线的起点位置。当用此方式标注出全部连续尺寸后，按<Enter>键或空格键，结束命令的执行。

（2）"选择（S）" 该选项用于指定连续标注将从哪一个尺寸的尺寸界线引出，执行该选项后，系统提示："选择连续标注："。在该提示下选择尺寸界线后，系统会继续提示："指定第二条尺寸界线原点或［放弃(U)选择(S)]<选择>："。在该提示下，当确定了下一个尺寸的第二条尺寸界线起点后，系统将按连续标注方式标注出尺寸。当标注完成后，按<Enter>键即可结束该命令。执行连续尺寸标注时，有时需要先执行"选择（S）"选项来指定引出连续尺寸的尺寸界线。

【例 4-3】 用"连续标注"命令完成图 4-32 中 AB、BC、CD、DE 水平线性尺寸标注。

操作步骤如下：

1）首先启动"线性标注"命令，创建点 A 与点 B 之间的水平线性标注。

单击"线性"按钮 线性，再依次单击图 4-32 中的点 A 和点 B，竖直向下移动鼠标指针，在距底边约 10mm 处单击，完成 A、B 间的水平线性尺寸的标注。

2）单击"连续"按钮 连续，在命令行中输入"S"，按<Enter>键，按命令行提示，单击 A、B 间水平线性标注的右边的尺寸界限，依次单击点 C、点 D、点 E，然后按<Enter>键结束标注，标注结果如图 4-32 所示。

11. 坐标标注

命令："DIMORDINATE"；菜单：执行"标注"——"坐标"；功能区："默认"选项卡——"注释"工具栏——"坐标"按钮 坐标。

单击"坐标"按钮 ⊢坐标 ，标注相对于用户坐标原点的坐标，此时命令行提示："指定点坐标:"。在该提示下确定要标注坐标尺寸的点，而后系统将提示："指定引线端点或 [X基准(X)/Y基准(Y)/多行文字(M)/文字(T)/角度(A)]:"。默认情况下，指定引线的端点位置后，系统将在该点标注出指定点坐标。

四、编辑尺寸标注的方法

在 AutoCAD 2020 中，编辑尺寸标注及其文字的主要方法如下。

1. 用文字编辑命令修改尺寸文字

命令："TEXTEDIT"；菜单："修改"──→"对象"──→"文字"──→"编辑"；功能区：双击要编辑的文字区，功能区弹出"文字编辑器"工具栏，通过此工具栏可以编辑文字。

双击选择尺寸后，弹出"文字编辑器"工具栏，并将所选择尺寸的尺寸文字设置为编辑状态。用户可以直接对其进行修改，如修改尺寸数值或添加公差等。

2. 用编辑标注文字命令调整文字位置

命令："DIMTEDIT"；菜单："标注"──→"对齐文字"──→"对齐文字"子菜单中相应命令；功能区："注释"选项卡──→"标准"工具栏──→"标注"按钮右边下三角形按钮 标注▼──→"左对正" ⊢⊢ 等一系列按钮。

利用编辑标注文字命令可以移动或旋转标注文字，如图 4-33 所示。

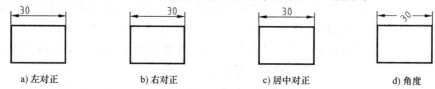

a) 左对正　　b) 右对正　　c) 居中对正　　d) 角度

图 4-33　编辑标注文字

单击"注释"选项卡中的"标注"工具栏中的"文字角度"按钮 ⊗ 、"左对正"按钮 ⊢⊢ 、"居中对正"按钮 ⊢⊗⊣ 、"右对正"按钮 ⊣⊢ 中某一个按钮，再单击图中要编辑的标注文字，则完成相对应的文字位置的调整。

3. 利用编辑标注命令编辑尺寸标注

命令："DIMEDIT"；菜单："标注"──→"倾斜"；功能区："注释"选项卡──→"标注"工具栏──→"标注"按钮右边下三角形按钮 标注▼──→"倾斜"按钮 ⊢/ 。

利用编辑标注命令可以修改选定对象的文字内容，能将标注文字按指定角度旋转以及指定尺寸界线倾斜角度，如图 4-34 和图 4-35 所示。

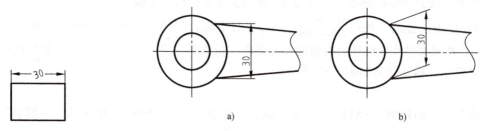

图 4-34　文字旋转 30°　　　　图 4-35　尺寸界线倾斜前与倾斜 20°

单击"标注"——"倾斜"按钮,根据命令行提示,单击要倾斜的标注,按<Enter>键,命令行提示:"输入标注编辑类型 [默认(H)/新建(N)/旋转(R)/倾斜(O)]<默认>:"。

其中,"默认(H)"选项会按默认位置和方向放置尺寸文字;"新建(N)"选项用于修改尺寸文字;"旋转(R)"选项可将尺寸文字旋转指定的角度;"倾斜(O)"选项可使非角度标注的尺寸界线旋转一定角度。

4. 利用"标注"的选项菜单编辑尺寸标注

AutoCAD 提供有"标注"的选项菜单,用户选择了需要编辑的标注对象后,将鼠标指针停留在不同的夹点上时将弹出不同的选项菜单,选择相应选项可编辑标注文字的位置及是否翻转箭头等,如图 4-36 所示。翻转箭头形式如图 4-37 所示。选择了需要编辑的标注对象后右击,将弹出快捷菜单,选择相应选项可更改所选对象的标注样式,修改标注文字的精度等,如图 4-38 和图 4-39 所示。

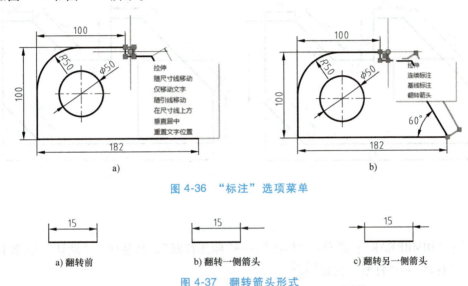

图 4-36 "标注"选项菜单

图 4-37 翻转箭头形式

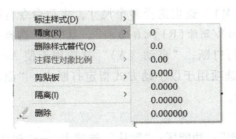

图 4-38 标注文字精度的快捷菜单

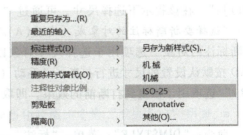

图 4-39 标注样式的快捷菜单

5. 使用"标注间距"命令调整平行尺寸线之间的距离

命令:"DIMSPACE";菜单:"标注"——"标注间距";功能区:"默认"选项卡——"标注"工具栏——"调整间距"按钮。

单击"调整间距"按钮,命令行提示:"选择基准标注:"。单击选择作为基准的尺寸，命令行提示："选择要产生间距的标注："。依次单击选择要调整间距的尺寸，按<Enter>键结束选择，命令行提示："输入值或［自动（A）］<自动>："。如果输入距离值后按<Enter>键，AutoCAD 调整各尺寸线的位置，使它们之间的距离值为指定的值。如果直接按<Enter>键，AutoCAD 会自动调整尺寸线的位置。

6. 使用"折弯线性"命令在尺寸线上添加折弯线

命令："DIMJOGLINE"；菜单："标注"——"折弯线性"；功能区："默认"选项卡——"标注"工具栏——"折弯标注"按钮。

单击"折弯标注"按钮，命令行提示："选择要添加折弯的标注或［删除（R）］："。单击图 4-40a 所示图形中"209"的尺寸线，命令行提示："指定折弯位置（或按<Enter>键）："。在尺寸线上的适当位置单击即可添加折弯线，单击图 4-40a 所示图形中"209"的尺寸线中点偏左位置，结果如图 4-40b 所示。"删除（R）"选项用于删除已有的折弯符号。

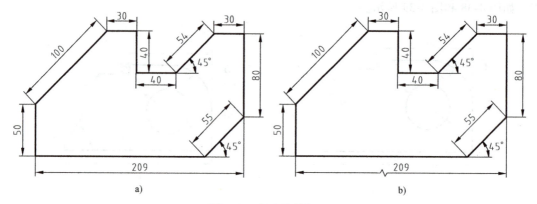

图 4-40 折弯线性标注

7. 使用"折断标注"命令在线重叠处打断标注或延伸

命令："DIMBREAK"；菜单："标注"——"标注打断"；功能区："默认"选项卡——"标注"工具栏——"打断"按钮。

单击"打断"按钮，命令行提示："选择要添加/删除折断的标注或［多个（M）］："。在该提示下选择尺寸，可通过"多个（M）"选项选择多个尺寸，之后命令行提示："选择要折断标注的对象或［自动（A）/手动（M）/删除（R）］<自动>："。其中，"选择要折断标注的对象"选项用于选择尺寸对象以便进行打断；"自动（A）"选项用于使 AutoCAD 按默认设置的尺寸进行打断；"手动（M）"选项用于以手动方式指定打断点；"删除（R）"选项用于恢复到打断前的效果，即取消打断。

8. 使用"标注更新"命令将图形中已标注的尺寸样式更新为当前尺寸样式

命令："DIMSTYLE"；菜单："标注"——"更新"；功能区："默认"选项卡——"标注"工具栏——"更新"按钮。

单击"更新"按钮，命令行提示："选择对象："。在图形中单击需要修改标注的部分并按<Enter>键，可将已标注的尺寸样式更新为当前尺寸样式。

9. 使用"标注样式管理器"对话框编辑尺寸样式

命令："DIMSTYLE"；菜单："标注"——"标注样式"；功能区："默认"选项卡——

任务4　平面图形的尺寸标注

"注释"工具栏——→"注释"按钮右边下三角形按钮 注释▼ ——→"标注样式"按钮。

单击"标注样式"按钮，执行"DIMSTYLE"命令，用户可以在弹出的"标注样式管理器"对话框中，通过单击"修改"按钮来修改当前尺寸样式中的设置（图4-41）；或单击"标注样式管理器"对话框中的"替代"按钮，设置临时的尺寸标注样式（图4-42），用来替代当前尺寸标注样式的相应设置。

10. 利用夹点快速调整尺寸标注的位置

使用夹点可以非常方便地移动尺寸线、尺寸界线和标注文字的位置。在夹点编辑模式下，可以通过调整尺寸线两端或标注文字所在处的夹点来调整尺寸标注的位置，也可以通过调整尺寸界线夹点来调整尺寸标注长度。

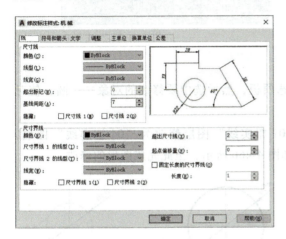

图4-41　"修改标注样式"对话框

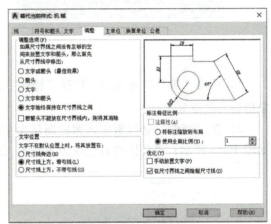

图4-42　"替代当前样式"对话框

五、"特性"选项板

命令："PROPERTIES"；菜单："修改"——→"特性"，或"工具"——→"选项板"——→"特性"；功能区："视图"选项卡——→"选项板"工具栏——→"特性"按钮。

对象特性包含一般特性和几何特性，一般特性包括对象的颜色、线型、图层及线宽等，几何特性包括对象的尺寸和位置。对象特性可以通过"特性"选项板进行设置和修改。

单击"特性"按钮，执行"PROPERTIES"命令，可打开"特性"选项板。

如果未选中任何对象，"特性"选项板将显示整个图形的特性及它们的当前设置，如图4-43a所示；如果事先选择了一个对象，"特性"选项板将显示所选对象的全部特性及当前设置，如图4-43b所示；如果选择了同类型的多个对象，"特性"选项板将显示它们的共有特性。"特性"选项板默认处于浮动状态。在"特性"选项板的标题栏上右击，将弹出一个图4-44所示的快捷菜单。可通过该快捷菜单确定是否隐藏"特性"选项板，是否在"特性"选项板内显示特性的说明部分，以及是否将"特性"选项板锁定在主窗口中。

【例4-4】　利用"特性"选项板将图4-45a所示的图形修改为图4-45b所示的图形。操作步骤如下：

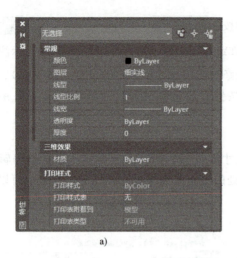

a)   b)

图 4-43 "特性"选项板

1)单击"特性"按钮，打开"特性"选项板，然后选中要修改的对象——圆，使对象呈夹点状态显示。

2)在"特性"选项板中将圆的图层由"01 粗实线"图层修改为"04 细虚线"图层，如图 4-46a 所示；再将圆的直径改为 30mm，如图 4-46b 所示，至此完成图形的修改。

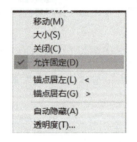
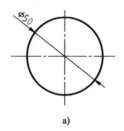
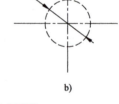

图 4-44 "特性"选项板快捷菜单   图 4-45 修改图形

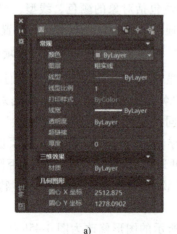

a)   b)

图 4-46 用"特性"选项板修改图层与直径

六、绘制平面图形并按要求标注尺寸

【任务】绘制图 4-1 所示的几何图形并标注图形的尺寸。

【要求】图样中的文字与尺寸标注应符合相应的国家标准。

【实施】完成工作任务的步骤为:打开 AutoCAD,设置图层,定义文字样式、尺寸标注样式,按要求绘制平面图形,标注尺寸和保存图形。

1. 创建新图形文件,设置图形单位和图形界限

(1) 创建新图形文件　单击"文件"——"新建"命令,弹出"选择样板"对话框,选择"acadiso.dwt"样板文件,单击"打开"按钮。然后,单击"文件"——"另存为"按钮,弹出"图形另存为"对话框。在"文件类型"下拉列表中选择"AutoCAD 2020 图形(*.dwg)",输入文件名为"平面图形的尺寸标注",单击"保存"按钮。

(2) 设置图形单位　单击"格式"——"单位"按钮,打开"图形单位"对话框,将"长度"选项组中的"类型"设置为"小数","精度"设置为"0";将"角度"选项组中的"类型"设置为"十进制度数","精度"设置为"0",单击"确定"按钮。

(3) 设置图形界限

1) 单击"格式"——"图形界限"按钮,在命令行窗口中输入图形界限的两个对角点的坐标"0,0"和"297,210"。

2) 在命令行窗口中输入"Z",按<Enter>键,再输入"A",按<Enter>键(即选择"全部(A)"选项);单击状态栏中的"显示图形栅格"按钮 ▦,显示图形界限。

2. 设置图层

新建"粗实线层""中心线层""尺寸线层"图层。

3. 绘制图 4-1 所示的平面图形

因方法与步骤较简单,此处省略。

4. 创建尺寸标注的文字样式

单击"格式"——"文字样式"按钮,系统弹出图 4-47 所示的"文字样式"对话框。在该对话框中单击"新建"按钮,系统弹出图 4-48 所示的"新建文字样式"对话框;在"样式名"文本框中输入文字样式的名称"机械文字 1",单击"确定"按钮,返回"文字样

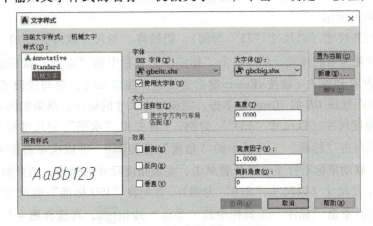

图 4-47 "文字样式"对话框

式"对话框。在"字体"下拉列表中选择"gbeitc.shx"字体,勾选"使用大字体"复选框,并在"大字体"下拉列表中选择"gbcbig.shx"字体,其他选项采用默认值,单击"置为当前"按钮,再单击"关闭"按钮,关闭该对话框。

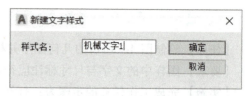

图 4-48 "新建文字样式"对话框

5. 创建尺寸标注的样式

本任务需要创建三种尺寸标注的样式:第一种是标注角度的"水平"样式;第二种是标注线性尺寸的"与尺寸线对齐"样式;第三种是标注直径与半径的"ISO 标准"样式,如图 4-15 所示。

6. 调用"标注"工具栏并打开"对象捕捉"功能

(1) 调用"标注"工具栏 单击"工具"——→"工具栏"——→"AutoCAD"——→"标注"按钮,弹出图 4-49 所示的"标注"工具栏。

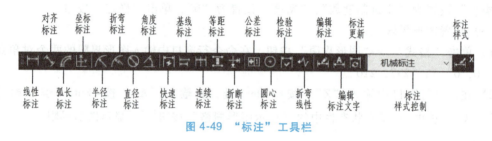

图 4-49 "标注"工具栏

(2) 打开"对象捕捉"功能 单击状态栏中的"显示捕捉参照线"按钮,打开"对象捕捉追踪"功能(图标显示为蓝色即为打开状态)。

7. 标注尺寸

(1) 标注线性尺寸(以尺寸"40"为例) 首先将"与尺寸线对齐"的尺寸标注样式设置为当前样式,然后单击"标注"工具栏中的"线性"按钮,再依次单击图 4-50 中的点 C 和点 D,水平向左移动鼠标指针,在距线段 CD 约 10mm 处单击,完成线性尺寸的标注。同理完成其他线性尺寸的标注,结果如图 4-50 所示。

微课 14. 平面图形的尺寸标注

(2) 标注对齐尺寸(以尺寸"73"为例) 仍然将"与尺寸线对齐"的尺寸标注样式设置为当前样式,然后单击"标注"工具栏中的"对齐"按钮,再依次单击图 4-50 中的点 G 和点 F(或按<Enter>键后直接选择线段 GF),向与线段 GF 垂直方向移动鼠标指针。在距线段 GR 约 10mm 处单击,完成对齐尺寸的标注,结果如图 4-51 所示。

(3) 标注角度尺寸(以尺寸"134°"为例) 首先将"水平"的尺寸标注样式设置为当前样式,然后单击"标准"工具栏中的"角度"按钮,再依次单击图 4-51 中的线段 GF 和线段 EF,移动鼠标指针至合适位置单击,完成角度尺寸的标注,结果如图 4-52 所示。

(4) 标注半径尺寸(以尺寸"R10"为例) 首先将"ISO 标准"的尺寸标注样式设置为当前样式,然后单击"标注"工具栏中的"半径"按钮,再选择图 4-52 中以 O_1 点为圆心的圆弧,移动鼠标指针至合适位置单击,完成半径尺寸的标注,结果如图 4-53 所示。

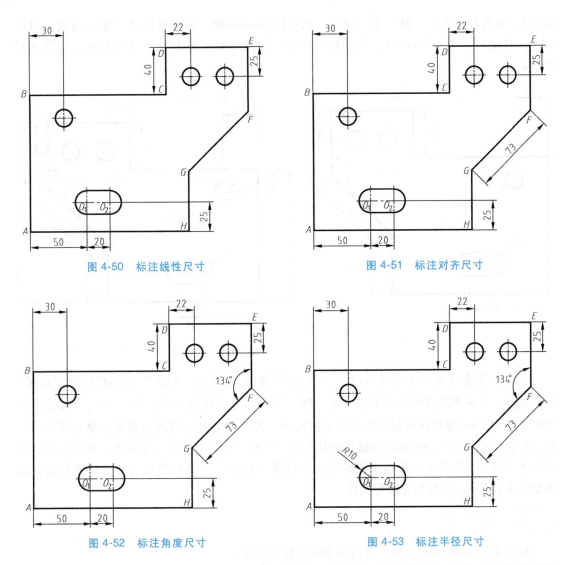

图 4-50　标注线性尺寸

图 4-51　标注对齐尺寸

图 4-52　标注角度尺寸

图 4-53　标注半径尺寸

（5）标注直径尺寸（以尺寸"3×Φ16"为例）　仍然将"ISO标准"的尺寸标注样式设置为当前样式，然后单击"标注"工具栏中的"直径"按钮，再选择图4-54中的圆1，输入"M"，按<Enter>键，打开"文字编辑器"。在自动标注数字前输入"3×"，移动鼠标指针至合适位置单击，完成直径尺寸标注，结果如图4-54所示。

（6）标注基线尺寸（以图4-55中右侧尺寸"55"和"157"为例）　首先将"与尺寸线对齐"的尺寸标注样式设置为当前样式，然后启动"基线标注"命令。

1）单击"标注"工具栏中的"基线标注"按钮，在命令行输入"S"，按<Enter>键（执行"选择（S）"选项）。

2）选择图4-55中点E与圆3的圆心之间的垂直线性标注"25"的靠上边一侧的尺寸界线，并依次单击点F和点H，然后按<Enter>键，结束基线标注。

3）单击"标注"工具栏中的"等距标注"按钮，根据命令行提示"选择基准标准"，单击点E与圆3的圆心之间的垂直线性标注"25"，命令行提示"选择要产生间距的标注",单击尺寸数字"55"和"157",然后按<Enter>键,命令行提示"输入值或[自动(A)]<自动>",按<Enter>键,自动标注间距,同理完成其他基线尺寸的标注,如图4-55所示。

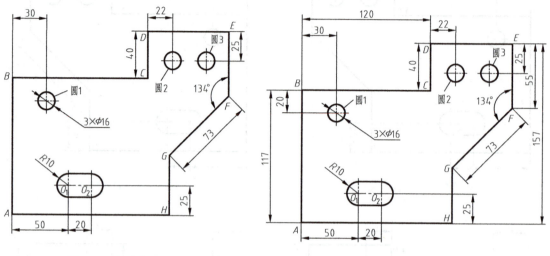

图 4-54　标注直径尺寸　　　　　图 4-55　标注基线尺寸

(7)标注连续尺寸(以图4-1所示平面图形为例)　单击"标注"工具栏中的"连续"按钮，选择腰形孔的水平定位尺寸"50"的右尺寸界线为基准,单击点 O_2,标注尺寸"20";按<Enter>键后选择圆2的水平定位尺寸"22"的右尺寸界线为基准,单击圆3的圆心,标注尺寸"30";按<Enter>键后选择尺寸"120"的右尺寸界线为基准,单击点 E,标注尺寸"72",按<Enter>键结束连续标注。利用"标注"工具栏编辑尺寸文字的位置,结果如图4-1所示。最后保存图形文件。

技能训练

1. 绘制图4-56所示图形,并按图中样式标注尺寸。

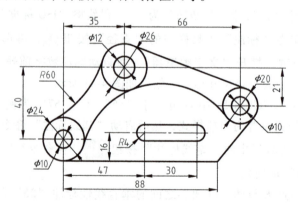

图 4-56　图形尺寸标注示例(一)

2. 绘制图4-57所示图形,并按图中样式标注尺寸。

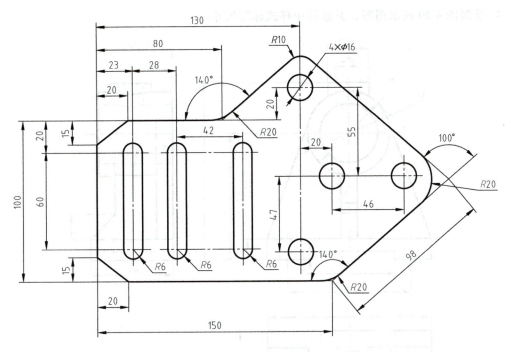

图 4-57　图形尺寸标注示例（二）

3. 绘制图 4-58 所示图形，并按图中样式标注尺寸。

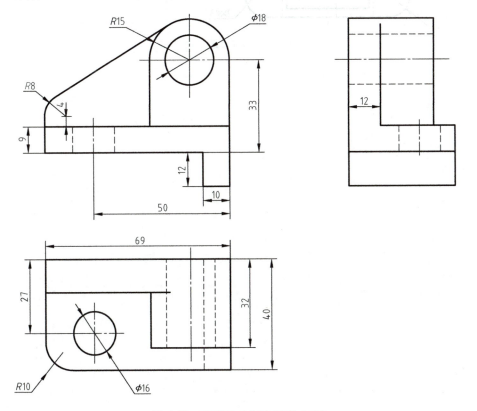

图 4-58　图形尺寸标注示例（三）

4. 绘制图 4-59 所示图形，并按图中样式标注尺寸。

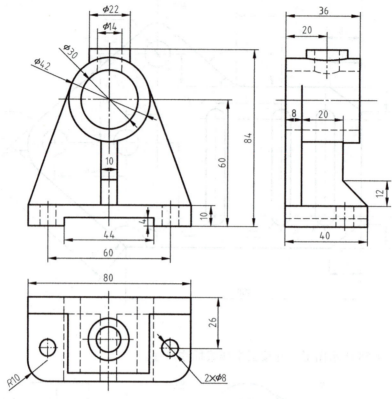

图 4-59　图形尺寸标注示例（四）

任务 5

标准件与常用件的绘制

任务目标

1. 知识目标

1) 掌握复制、阵列、旋转、移动、打断等编辑命令的使用方法;
2) 掌握创建圆角和倒角的方法;创建表格、定义表格样式和使用表格的方法;
3) 掌握标注尺寸公差和几何公差的方法;螺栓和直齿圆柱齿轮工作图的绘制方法。

2. 技能目标

1) 能够正确使用"表格样式"对话框设置表格样式;
2) 能够正确使用绘图和 AutoCAD 编辑命令绘制六角头螺柱(图 5-55)和直齿圆柱齿轮(图 5-71)工作图形;
3) 能够综合应用 AutoCAD 编辑命令绘制和修改图形。

任务分析

通过操作,掌握复制、阵列、旋转、移动、打断等编辑命令的使用;创建圆角和倒角的方法;创建表格、定义表格样式和使用表格的方法;标注尺寸公差和几何公差的方法。任务的重点、难点为综合运用以上掌握的知识和技能,完整绘制螺栓和直齿圆柱齿轮工作图。

任务实施

一、复制、阵列与旋转对象

1. 复制对象

复制对象是指将选定的对象复制到其他位置。

命令:COPY;菜单:"修改"→"复制";功能区:"默认"选项卡→"修改"工具栏→"复制"按钮 _{复制};快捷键:<CO>。

单击"复制"按钮 _{复制},执行"COPY"命令,根据系统的要求提示,选择复制的对象、指定基点和第二个点,连续选择第二点可进行多次复制。

【例 5-1】 将图 5-1a 所示的圆和六边形进行三次复制,分别放在 B、C、D 的位置,如图 5-1b 所示。

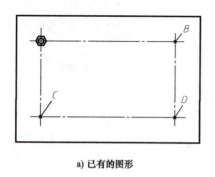 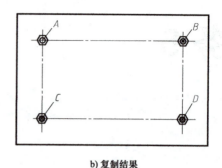

a) 已有的图形　　　　　　　　b) 复制结果

图 5-1　复制对象示例

操作步骤如下：

1) 单击"复制"按钮 复制，执行"COPY"命令，根据系统的要求提示，选择图 5-1a 所绘的圆和六边形作为复制的对象。

2) 选择了复制的对象后，选 A 点为基点，分别选 B、C、D 为第二至四个点，连续进行复制，完成的图形如图 5-1b 所示。

2. 阵列对象

阵列对象是指将选定的对象以矩阵、路径或环形方式进行多重复制。

命令："ARRAYCLASSIC"；菜单："修改——阵列"；功能区："默认"选项卡——"修改"工具栏——"阵列"按钮 阵列 （单击该按钮右边下三角形按钮可以选择"矩形阵列""环形阵列"和"路径阵列"）；快捷键：<AR>。

(1) 方法一

1) 矩形阵列。单击"修改"工具栏中的"矩形阵列"按钮 阵列，根据系统提示，单击要阵列的对象，按<Enter>键，出现图 5-2 所示的"阵列创建"功能面板。

图 5-2　矩形阵列"阵列创建"功能面板

在"列"面板中，"列数"：输入阵列的列数；"介于"：指定列与列之间的距离；"总计"：指定第一列与最后一列之间的距离。"行"面板、"层级"面板与"列"面板类似。"关联"命令控制阵列后的对象之间是否关联，不选择该命令，则列相互之间不关联。"基点"命令可以重新定义阵列的基点。"关闭阵列"为退出阵列命令。

2) 环形阵列。单击"修改"工具栏中"环形阵列"按钮 环形阵列，单击要阵列的对象，按<Enter>键，按提示要求指定阵列的中心点，出现图 5-3 所示的"阵列创建"功能面板。

在"项目"面板中，"项目数"：指定阵列中的项目数；"介于"：指定项目间的角度；"填充"：指定第一项与最后一项之间的角度。"行"面板、"层级"面板与"项目"面板类似。在"特性"面板中，"关联"命令控制阵列后的对象之间是否关联，不选择该命令，则

图 5-3 环形阵列"阵列创建"功能面板

对象相互之间不关联;"基点"可以重新定义基点和阵列中夹点的位置;"旋转项目"指定在阵列项目时是否旋转项目;"方向"指定顺时针或逆时针阵列。"关闭阵列"为退出阵列命令。

3) 路径阵列。单击"修改"工具栏中的"路径阵列"按钮 ,单击要阵列的对象,按<Enter>键,按提示要求选定路径曲线,出现图 5-4 所示的"阵列创建"功能面板。

图 5-4 路径阵列"阵列创建"功能面板

在"项目"面板中,"项目数":指定阵列中的项目数;"介于":指定项目间的距离;"总计":指定第一项与最后一项之间的距离。"行"面板、"层级"面板与"项目"面板类似。在"特性"面板中,"关联"命令控制阵列后的对象之间是否关联,不选择该命令,则对象相互之间不关联;"基点"命令能重新定义基点,即可以重新定位相对于路径曲线起点的阵列的第一个项目;"切线方向"命令能指定阵列中的项目如何相对于路径的起始方向对齐;"定距等分"指沿路径长度平均定数等分;"定数等分"将指定数量的项目沿路径的长度均匀分布;"对齐项目"指定是否对齐每个项目以与路径的方向相切。"Z 方向"控制是否保持项目的原始 Z 方向或沿三维路径自然倾斜项目。"关闭阵列"为退出阵列命令。

(2) 方法二 执行"ARRAYCLASSIC"命令,系统弹出"阵列"对话框,如图 5-5 所示。"阵列"对话框中主要选项的功能说明见表 5-1。

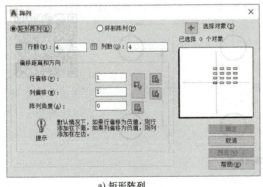

a) 矩形阵列

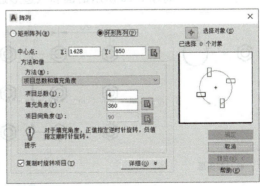

b) 环形阵列

图 5-5 "阵列"对话框

表 5-1 "阵列"对话框中主要选项的功能说明

主要选项		功能说明
矩形阵列	"行数"文本框	用于指定矩形阵列的行数,在文本框中输入对应的值即可
	"列数"文本框	用于指定矩形阵列的列数,在文本框中输入对应的值即可
	"偏移距离和方向"选项组	设置偏移的行间距、列间距以及阵列角度(阵列时还可以旋转指定的角度)。可直接在对应的文本框中输入数值,也可以单击对应的按钮,用指定点的方式确定
	"选择对象"按钮	选择阵列对象。单击该按钮,AutoCAD 临时切换到绘图区,并提示选择要阵列的对象后按<Enter>键或空格键,AutoCAD 又会返回到"阵列"对话框,并在"选择对象"按钮下显示"已选择 n 个对象"
	"预览"按钮	显示满足对话框当前设置的阵列的预览图像。当用户在对话框中修改某一阵列参数后,预览图像会动态更新
	"确定"按钮	"确定"按钮用于确认阵列设置,即执行阵列
环形阵列	"中心点"文本框	确定环形阵列时的阵列中心点。可直接在文本框中输入坐标值,也可以单击对应的按钮,从绘图区中指定
	"方法和值"选项组	确定环形阵列的项目总数以及阵列角度范围。 ①"方法"下拉列表:设置定位对象所用的方法。可通过下拉列表在"项目总数和填充角度""项目总数和项目间角度"以及"填充角度和项目间角度"之间选择。其中项目总数表示环形阵列后的对象个数(包括源对象) ②"项目总数"文本框:用于设置阵列后所显示的对象数目(包括源对象) ③"填充角度"文本框:用于设置环形阵列的阵列范围 ④"项目间角度"文本框:用于设置环形阵列后相邻两对象之间的夹角 这 3 个文本框并不同时起作用,其有效性取决于在"方法"下拉列表框中选择的阵列方式
	"复制时旋转项目"复选框	确定环形阵列对象时对象本身是否绕其基点旋转
	"选择对象"按钮	"选择对象"按钮用于确定要阵列的对象
	"预览"按钮	"预览"按钮用于预览阵列效果
	"确定"按钮	"确定"按钮用于确认阵列设置,即执行阵列

【例 5-2】 将图 5-6a 所示的圆和六边形进行阵列,结果及相关尺寸如图 5-6b 所示。

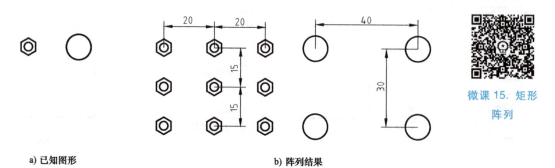

a) 已知图形　　　　　　　　　　b) 阵列结果

图 5-6　矩形阵列示例

微课 15. 矩形阵列

操作步骤如下。

1)阵列圆。执行"ARRAYCLASSIC"命令,系统弹出"阵列"对话框,设置阵列为"矩形阵列",选择图 5-6a 所示的圆为阵列对象,设置阵列的"行数"为"2","列数"为"2","行偏移"为"-30"(向下偏移),"列偏移"为"40",单击"确定"按钮,完成圆的阵列,如图 5-7a 所示。其"阵列"对话框的设置如图 5-7b 所示。

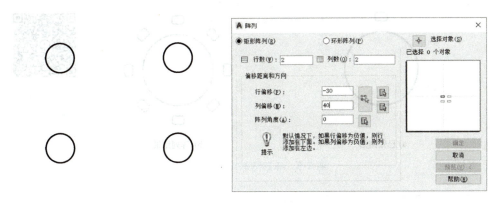

a)圆阵列结果　　　　　　　　　　　b)圆"阵列"对话框设置

图 5-7　圆的阵列

2)阵列六边形。完成圆的阵列后,按<Enter>键,继续执行"ARRAYCLASSIC"命令,系统弹出"阵列"对话框,设置阵列为"矩形阵列",选择图 5-6a 所示的六边形(含内部的圆)为阵列对象,设置阵列的"行数"为"3","列数"为"3","行偏移"为"-15"(向下偏移),"列偏移"为"-20"(向左偏移),单击"确定"按钮,完成六边形的阵列,如图 5-8a 所示。其"阵列"对话框的设置如图 5-8b 所示。

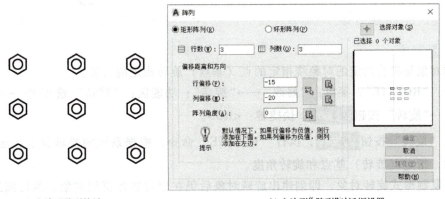

a)六边形阵列结果　　　　　　　　　b)六边形"阵列"对话框设置

图 5-8　六边形的阵列

【例 5-3】　将图 5-9a 所示的矩形进行环形阵列,中心点为圆的圆心,总个数为 8,旋转项目,其结果如图 5-9b 所示。

操作步骤如下。

1)执行"ARRAYCLASSIC"命令,系统弹出"阵列"对话框,设置阵列为"环形阵列",选择图 5-9a 所示的矩形为阵列对象,捕捉圆的圆心为阵列中心点,"方法"为"项目总数和填充角度","项目总数"为"8","填充角度"为"360",选择"复制时旋转项目"

复选框，单击"确定"按钮，完成环形阵列，如图 5-9b 所示。其"阵列"对话框的设置如图 5-10 所示。

2）当不选择"复制时旋转项目"复选框，"详细"选项中的基点为矩形的中心时，其阵列结果如图图 5-11 所示。

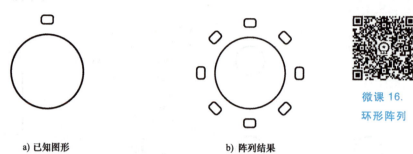

a) 已知图形　　　　b) 阵列结果

图 5-9　环形阵列示例

微课 16. 环形阵列

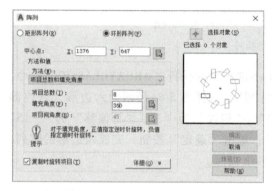

图 5-10　环形"阵列"对话框

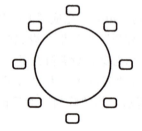

图 5-11　环形阵列时不旋转项目

3. 旋转对象

旋转对象是指将选定的对象绕指定的点（基点）旋转指定的角度。

命令："ROTATE"；菜单："修改"——"旋转"；功能区："默认"选项卡——"修改"工具栏——"旋转"按钮 ；快捷键：<RO>。

单击"旋转"按钮 ，执行"ROTATE"命令，根据系统的要求提示，选择要旋转的对象，指定（旋转）基点和旋转角度。

如以复制形式旋转对象，即创建出旋转对象后仍在原位置保留原对象。执行该选项后，根据提示指定旋转角度即可。

在默认设置下，角度为正时沿逆时针方向旋转，反之沿顺时针方向旋转。

二、创建圆角和倒角

1. 创建圆角

创建圆角是指在两个对象（直线或曲线）之间绘制出圆角。

命令："FILLET"；菜单："修改"——"圆角"；功能区："默认"选项卡——"修改"工具栏——"圆角"按钮 圆角；快捷键：<F>。

微课 17. 创建圆角

单击"圆角"按钮 圆角，执行"FILLET"命令，根据系统的要求提示，输入圆角半径，确定修剪模式，选择两相交的对象等，即可绘制出圆角，如图 5-12 所示。

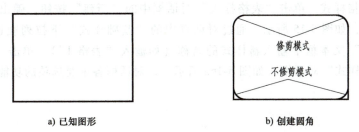

a) 已知图形　　　　　　　　　b) 创建圆角

图 5-12　创建圆角示例

2. 创建倒角

创建倒角是指在两个对象（直线或曲线）之间绘制出倒角。

命令："CHAMFER"；菜单："修改"——"倒角"；功能区："默认"选项卡——"修改"工具栏——"倒角"按钮 倒角；快捷键：<CHA>。

单击"倒角"按钮 倒角，执行"CHAMFER"命令，根据系统的要求提示，输入倒角距离（两个对象的可不相同）或角度，确定修剪模式，选择两相交的对象等，即可绘制出倒角，如图 5-13 所示。

微课 18. 创建倒角

a) 已知图形　　　　　　　　　b) 创建倒角

图 5-13　创建倒角示例

三、创建表格与编辑表格

1. 定义表格样式

与文字样式一样，用户也可以为表格定义样式。

命令："TABLESTYLE"；菜单："格式"——"表格"；功能区："默认"选项卡——"注释"工具栏——"注释"按钮右边下三角形按钮 注释——"表格样式"按钮 ；快捷键：<TS>。

单击"格式"——"表格"，执行"TABLESTYLE"命令，弹出"表格样式"对话框，如图 5-14 所示。在此对话框中，"样式"列表框中列出了满足条件的表格样式（图 5-14 中只有一个样式"Standard"），可通过"列出"下拉列表确定要列出哪些样式；"预览"图片框中显示表格的预览图像；"置为当前"和"删除"按钮分别用于将在"样式"列表框中选中的表格样式置为当前样式或删除对应的表格样式;"新建"和"修改"按钮分别用于新建表格样式和修改已有的表格样式。

(1) 新建表格样式　单击"表格样式"对话框中的"新建"按钮,弹出"创建新的表格样式"对话框,如图 5-15 所示。通过对话框中的"基础样式"下拉列表选择基础样式,并在"新样式名"文本框中输入新样式的名称(如输入"表格 1"),单击"继续"按钮,弹出"新建表格样式"对话框,如图 5-16a 所示。该对话框各主要选项的功能说明见表 5-2。

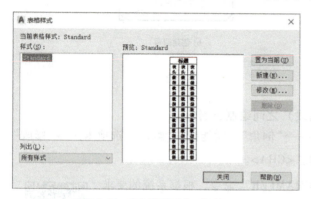

图 5-14　"表格样式"对话框

图 5-15　"创建新的表格样式"对话框

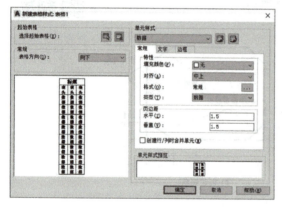

a)"新建表格样式"对话框

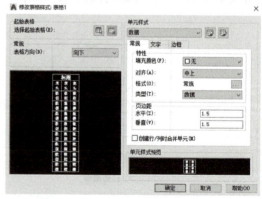

b)"修改表格样式"对话框

图 5-16　新建与修改表格样式

表 5-2　"新建表格样式"对话框主要选项的功能说明

主要选项		功能说明
"常规"选项组		确定表格的方向是向下还是向上
"单元样式"选项组	数据	①在"常规"选项卡的"特性"选项组中,可确定表格的填充颜色、表格单元中文字的对正和对齐方式、"列标题"或"标题"行中的数据类型和格式,将单元样式指定为标签或数据。在"页边距"中,可控制单元边界和单元内容之间的间距。"页边距"设置应用于表格中的所有单元。"水平"是设置单元中的文字或块与左右单元边界之间的距离。"垂直"是设置单元中的文字或块与上下单元边界之间的距离
	标题	②在"文字"选项卡的"特性"选项组中设置文字高度、文字颜色和文字角度
	表头	③在"边框"选项卡的"特性"选项组中确定线宽、线型、颜色、双线、间距等,其单元样式预览显示当前表格样式设置效果的样例

（2）修改表格样式　在图 5-14 所示对话框中的"表格样式"列表框中选择要修改的表格样式后，单击"修改"按钮，系统会弹出图 5-16b 所示"修改表格样式"对话框，利用此对话框可修改已有表格的样式。

【例 5-4】　定义新表格样式，其中的表格样式名为"表格 2"，此表格没有标题行和列标题行，数据单元的文字样式采用已定义的"机械"样式，表格数据均居中，表格水平页边距为 1mm，表格垂直页边距为 0.5mm。

操作步骤如下。

微课 19. 创建表格样式

1）单击"格式"——"表格样式"按钮，执行"TABLESTYLE"命令，弹出"表格样式"对话框。单击对话框中的"新建"按钮，弹出"创建新的表格样式"对话框。在"新样式名"文本框中输入"表格 2"，如图 5-17 所示。

2）单击"继续"按钮，弹出"新建表格样式"对话框。在"数据"单元样式的"常规"选项卡中，"对齐"特性为"中上"，表格水平页边距为 1mm，表格垂直页边距为 0.5mm，其余采用默认设置；在"数据"单元样式的"文字"选项卡中，选择"文字样式"为"机械"，如图 5-18 所示。

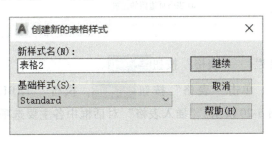

图 5-17　"创建新的表格样式"对话框（表格 2）

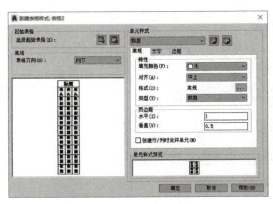

a）表格页边距的设置　　　　b）确定文字样式

图 5-18　"数据"单元样式

3）在"新建表格样式"对话框中，选择"标题"单元样式，在"标题"单元样式的"常规"选项卡中，设置"对齐"特性为"正中"，表格水平页边距为 1mm，表格垂直页边距为 0.5mm；取消勾选"创建行/列时合并单元"复选框；在"标题"单元样式的"文字"选项卡中，选择文字样式为"机械"，其余采用默认设置，如图 5-19 所示。

4）单击对话框中的"确定"按钮，返回"表格样式"对话框。单击"表格样式"对话框中的"关闭"按钮，完成表格样式的创建。

2. 创建表格

命令："TABLE"；菜单："绘图"——"表格"；功能区："默认"选项卡——"注释"工

a) 表格页边距的设置 b) 确定文字样式

图5-19 "标题"单元样式

具栏──"表格"按钮 ▦ 表格。

单击"表格"按钮 ▦ 表格，执行"TABLE"命令，弹出"插入表格"对话框，如图5-20所示。"插入表格"对话框中各主要选项的功能说明见表5-3。

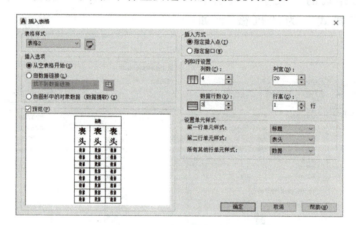

图5-20 "插入表格"对话框

表5-3 "插入表格"对话框中各主要选项的功能说明

主要选项	功能说明
"表格样式"选项	选择所使用的表格样式。用户可通过"表格样式"下拉列表选择对应的样式，还可通过单击下拉列表旁边的按钮 进行新的表格样式设置
"插入选项"选项组	指定插入表格的方式。"从空表格开始"是指创建可以手动填充数据的空表格。"自数据链接"是从外部电子表格中的数据创建表格。"自图形中的对象数据（数据提取）"可启动数据提取向导"数据提取"向导
"插入方式"选项组	确定将表格插入到图形时的插入方式，其中，"指定插入点"单选按钮表示将通过在绘图窗口指定一点作为表的一角点位置的方式插入表格。如果表格样式将表的方向设置为由上而下读取，插入点为表的左上角点；如果表格样式将表的方向设置为由下而上读取，则插入点位于表的左下角点。"指定窗口"单选按钮表示将通过指定一个窗口来确定表的大小与位置

(续)

主要选项	功能说明
"列和行设置"选项组	该选项组用于设置表格中的行数、列数以及行高和列宽。通过"插入表格"对话框确定表格数据后,单击"确定"按钮,而后根据提示确定表格的位置,即可将表格插入到图形,且插入后系统弹出"文字格式"工具栏,并将表格中的第一个单元格亮显示,此时就可以向表格中输入文字
"设置单元样式"选项组	对于那些不包含起始表格的表格样式,应指定新表格中行的单元格式。"第一行单元样式"是指定表格中第一行的单元样式;"第二行单元样式"是指定表格中第二行的单元样式。"所有其他行单元样式"指定表格中所有其他行的单元样式。上述 3 种情况在默认情况下,使用数据单元样式

插入表格后,单击表格会显示出夹点。可以通过拖动夹点的方式更改行高和列宽,还可以通过对应的快捷菜单进行插入行、删除行、插入列、删除列、合并单元格、更改单元格中数据的对齐方式等操作,这些操作与在 Microsoft Word 中对表格的同名操作相似,此处不再介绍。

微课 20. 创建并编辑表格

【例 5-5】 在例 5-4 中定义的表格样式"表格 2"的基础上创建表格,其表格内容如图 5-21 所示。

操作步骤如下。

1) 单击"表格"按钮 ![表格], 执行"TABLE"命令,弹出"插入表格"对话框。在"表格样式"下拉列表中选择"表格 2","插入选项"设置为从"空表格开始","插入方式"设置为"指定插入点",如图 5-20 所示。

序号	名称	件数	备注
1	螺栓	4	GB/T 27—2013
2	螺母	4	GB/T 41—2016
3	压板	2	发蓝
4	压板	2	发蓝

图 5-21 表格内容

2) 单击"确定"按钮,根据提示确定表格的位置,并填写表格,如图 5-22 所示。

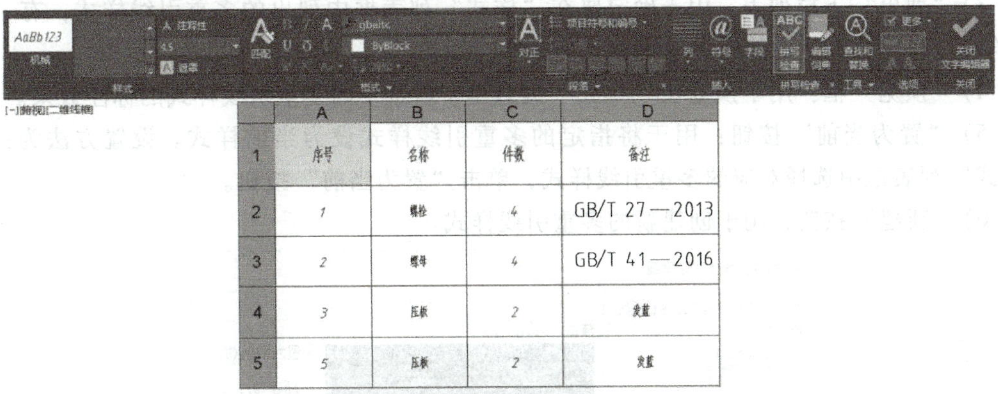

图 5-22 填写表格

3. 编辑表格

用户既可以修改已创建表格中的数据,也可以修改已有表格的格式,如更改行高、列宽、合并单元格等。

(1) 编辑表格数据 编辑表格数据的方法很简单,双击绘图区中已有表格的某一单元格,系统会弹出"文字编辑器"面板,并将表格显示成编辑模式,同时将所双击的单元格亮显示,其效果与图 5-22 类似。在编辑模式下修改表格中的各数据后,单击"关闭文字编辑器"按钮，即可完成表格数据的编辑。

（2）修改表格　利用夹点功能可以修改已有表格的列宽和行高。更改方法为：选择对应的单元格，系统会在该单元格的4条边上各显示出一个夹点，通过拖动夹点，就能够改变表格对应行的高度或对应列的宽度。

利用"表格单元"工具栏也可以修改表格。更改方法：单击表格对应单元格，在工具栏区出现"表格单元"工具栏，单击工具栏中的相关按钮，可完成行、列的插入和删除等操作。

利用快捷键也可以修改表格。具体方法为：选定对应的单元格（或几个单元格、某列单元格、某行单元格等），右击，系统弹出快捷菜单，利用快捷菜单可以执行各种编辑操作，如插入行、插入列、删除行、删除列、合并单元格等。

四、创建多重引线

1. 定义多重引线样式

与标注样式一样，用户也可以为多重引线定义样式。

命令："MLEADERSTYLE"；菜单："格式"——"多重引线样式"；功能区："默认"选项卡——"注释"工具栏——"注释"按钮右边下三角形按钮 注释▼ ——"多重引线样式"按钮 ；快捷键：<MLS>。

 微课 21. 设置引线样式及标注引线

单击"多重引线样式"按钮 ，弹出"多重引线样式管理器"对话框，如图 5-23 所示。在此对话框中，各选项功能介绍如下：

1)"当前多重引线样式"标签：用于显示当前多重引线样式的名称。

2)"样式"列表框：用于列出已有的多重引线样式的名称。

3)"列出"下拉列表：用于确定要在"样式"列表框中列出的多重引线样式，有"所有样式"和"正在使用的样式"两种选择。

4)"预览"框：用于预览在"样式"列表框中所选中的多重引线样式的标注效果。

5)"置为当前"按钮：用于将指定的多重引线样式设为当前样式。设置方法为：在"样式"列表框中选择对应的多重引线样式，单击"置为当前"按钮。

6)"新建"按钮：用于创建新的多重引线样式。

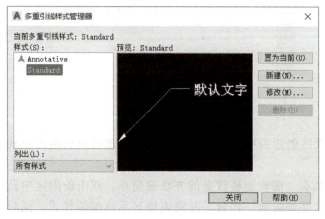

图 5-23　"多重引线样式管理器"对话框

（1）新建多重引线样式　单击"多重引线样式管理器"对话框中的"新建"按钮，弹出"创建新多重引线样式"对话框，如图5-24所示。

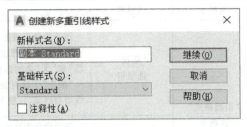

通过对话框中的"基础样式"下拉列表选择基础样式，并在"新样式名"文本框中输入新样式的名称（如输入"多重引线1"），单击"继续"按钮，弹出"修改多重引线样式"对话框，如图5-25所示。图5-26所示为"修改多重引线样式"对话框中的"引线结构"选项卡，图5-27所示为"修改多重引线样式"对话框中的"内容"选项卡。

图5-24　"创建新多重引线样式"对话框

图5-25所示的"修改多重引线样式"对话框中各主要选项的功能说明见表5-4。

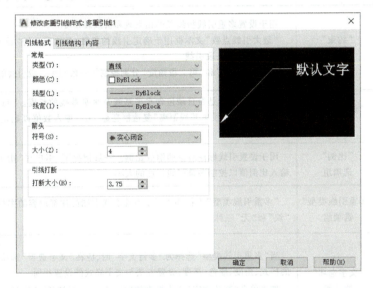

图5-25　"修改多重引线样式"对话框中的"引线格式"选项卡

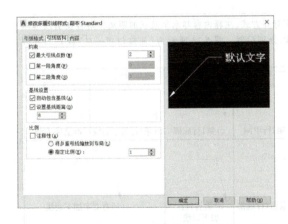

图5-26　"修改多重引线样式"对话框中的"引线结构"选项卡

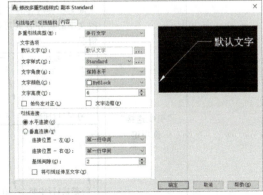

图5-27　"修改多重引线样式"对话框中的"内容"选项卡

表 5-4 "修改多重引线样式"对话框中主要选项的功能说明

选项卡	选项组	功能说明
"引线格式"选项卡	"常规"选项组	用于设置引线的类型、颜色、线型和线宽 "类型"下拉列表用于确定引线的类型。用户可通过下拉列表在"直线""样条曲线"和"无"之间选择 "颜色"下拉列表、"线型"下拉列表、"线宽"下拉列表分别用于选择引线的颜色、线型和线宽,一般不做修改
	"箭头"选项组	用于设置引线箭头的符号和大小 "符号"下拉列表用于选择引线的符号 "大小"文本框用于确定多重引线的符号的大小
	"引线打断"选项组	用于设置打断标注命令打断多重引线时的断开间距 "打断大小"文本框用于确定多重引线的断开间距
"引线结构"选项卡	"约束"选项组	用于设置多重引线折线段的顶点数和折线段角度 "最大引线点数"文本框用于确定引线的段数,系统默认的"最大引线点数"最小为"2",仅绘制一段引线 "第一段角度"和"第二段角度"分别控制第一段与第二段引线的角度
	"基线设置"选项组	用于设置引线是否自动包含水平基线及水平基线的长度。当选中"自动包含基线"复选框后,"设置基线距离"复选框亮显,用户输入数值以确定引线包含水平基线的长度
	"比例"选项组	用于设置引线标注对象的缩放比例。一般情况下,用户在"指定比例"文本框中输入比例值以控制多重引线标注的大小
"内容"选项卡	"多重引线类型"选项组	"多重引线类型"下拉列表用于设置引线末端的注释内容的类型,有"多行文字""块"和"无"三种
	"文字选项"选项组	当"多重引线类型"选择为"多行文字"时,应在"文字选项"选项区设置注释文字的样式、角度、颜色、高度,设置方法与文字样式的设置相同 如果单击"默认文字"文本框右侧的按钮,可打开"文字编辑器",输入默认文字后,即可显示在"默认文字"文本框中
	"引线连接"选项组	确定注释内容的文字对齐方式、注释内容与水平基线的距离。附着在引线两侧的文字的对齐方式可以分别设置。图 5-28 所示为"连接位置—左"设置的九种情况 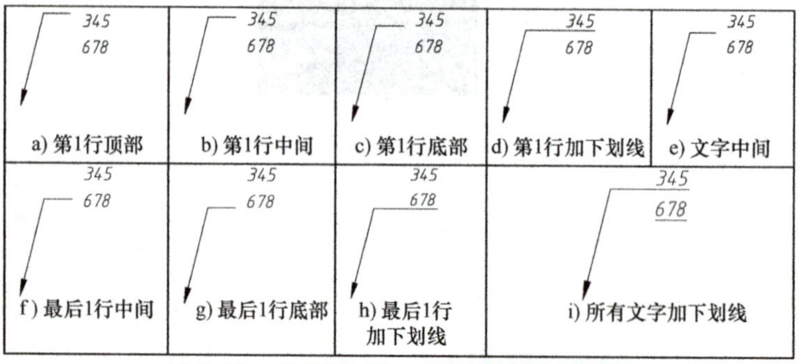 a) 第1行顶部 b) 第1行中间 c) 第1行底部 d) 第1行加下划线 e) 文字中间 f) 最后1行中间 g) 最后1行底部 h) 最后1行加下划线 i) 所有文字加下划线 图 5-28 "连接位置—左"设置的九种情况

如果在"多重引线类型"下拉列表中选择"块",则"内容"选项卡如图 5-29 所示。对话框中主要选项的功能如下。

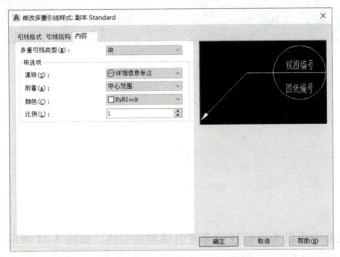

图 5-29 "修改多重引线样式"对话框中的"内容"选项卡("多重引线类型"设置为"块")

1)"源块"下拉列表:用来设置"块"的内容,若选择"用户块"选项,则可使用用户自己定义的块。

2)"附着"下拉列表:用来控制"块"附着到多重引线的方式,有"插入点"和"中心范围"(中心范围块的中心)两种方式。

(2) 修改多重引线样式 在"多重引线样式管理器"对话框中的"样式"列表框中选择要修改的多重引线样式,单击"修改"按钮,打开"修改多重引线样式"对话框。通过"引线格式""引线结构"和"内容"选项卡修改引线的具体形式即可。

2. 多重引线标注的步骤

1) 设置当前多重引线标注的样式。

2) 单击"注释"工具栏中的"引线"按钮 引线,执行"多重引线"命令,命令行提示:"指定引线箭头的位置或 [引线基线优先(L)/内容优先(C)/选项(O)]<选项>:"。其中,"指定引线箭头的位置"选项用于确定引线的箭头位置;"引线基线优先(L)"和"内容优先(C)"选项,分别用于确定将首先确定引线基线的位置还是首先确定标注内容,用户根据需要选择即可;"选项(O)"选项用于多重引线标注的设置。

如果用户在上面给出的提示下指定一点,即指定引线的箭头位置后,命令行提示:"指定下一点:"。在引线的第二点位置单击,确定引线第二点位置。这时,命令行提示:"指定下一点:"。在引线的第三点位置单击,确定引线第三点位置。在该提示下依次指定引线的各点,然后按<Enter>键,弹出"文字编辑器",如图 5-30 所示。

提示:如果设置了最大引线点数,在将要到达该点数时,命令行的提示为"指定引线基线的位置:",在该提示下指定引线的最后一点位置后即达到了设置的最大点数,系统会自动显示"文字编辑器"。通过"文字编辑器"输入对应的多行文字后,在绘图区单击,即可完成引线标注。

图 5-30 文字编辑器

3. 添加多重引线

添加多重引线命令可以为已标注的多重引线添加引线,如图 5-31 所示。

命令:"MLEADEREDIT";功能区:"默认"选项卡——"注释"工具栏——"添加引线"按钮 。

微课 22. 添加、删除和对齐多重引线

操作步骤如下。

1)单击"注释"工具栏中的"添加引线"按钮 ,命令行提示:

"选择多重引线:"

2)单击图 5-31a 中的多重引线 1,命令行提示:

"找到 1 个"

"指定引线箭头位置或 [删除引线(R)]:"

3)单击 5-31a 中的点 2,指定引线箭头的位置,按<Enter>键,结束添加引线,结果如图 5-31b 所示。

4. 删除多重引线

删除多重引线命令可以删除已标注的多重引线,如图 5-32 所示。

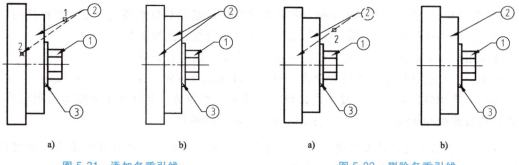

图 5-31 添加多重引线　　图 5-32 删除多重引线

命令:"MLEADEREDIT";功能区:"默认"选项卡——"注释"工具栏——"删除引线"按钮 。

操作步骤如下：

1）单击"注释"工具栏中的"删除引线"按钮 ![删除引线]，命令行提示：

"选择多重引线："

2）单击图5-32a中的多重引线2，命令行提示：

"找到1个"

"指定要删除的引线或［添加引线（A）］："

3）单击5-32a所示中的引线2，指定要删除的引线，按<Enter>键，删除引线，结果如图5-32b所示。

5. 对齐多重引线

对齐多重引线命令可以使已标注的多个多重引线对齐，并按指定的间距排列，如图5-33所示。

命令："MLEADERALIGN"；功能区："默认"选项卡——"注释"工具栏——"对齐"按钮 ![]。

操作步骤如下：

1）单击"注释"工具栏中的"对齐"按钮 ![]，命令行提示：

"选择多重引线："

2）单击图5-33a中的多重引线1~3，按<Enter>键，结束选择多重引线，命令行提示：

"选择要对齐到的多重引线或［选项（O）］："

单击图5-33b中的多重引线4，确定要对齐到的多重引线，命令行提示：

"指定方向："

垂直移动鼠标指针，然后单击确定（本例按竖直方向对齐），如图5-33b所示。

> **提示**：如果在"选择要对齐到的多重引线或［选项（O）］："提示下，选择"选项（O）"，则下一级的提示为：
>
> "输入选项［分布（D)/使引线线段平行（P）/指定间距（S）/使用当前间距(U)］<使用当前间距>："。
>
> 输入的选项不同，后续提示也不同，下面仅说明上面提示中各选项的含义：
>
> ① 分布（D）：指定两点，使所选多重引线的文字内容按两点间距离等距分布。
>
> ② 使引线线段平行（P）：使所选多重引线的引线线段相互平行。
>
> ③ 指定间距（S）：指定一个间距值后，使所选多重引线的文字内容按指定的间距分布。
>
> ④ 使用当前间距（U）：使所选多重引线的文字内容按当前指定的间距分布。

6. 合并多重引线

合并多重引线命令可以使已标注的多个多重引线的块集中在同一条基线上，如图5-34所示。但特别说明的是所选多重引线的注释内容必须是块。

命令："MLEADERCOLLECT"；功能区："默认"选项卡——"注释"工具栏——"合并"按钮 ![]。

操作步骤如下：

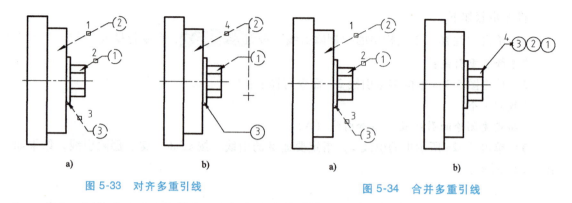

图 5-33 对齐多重引线　　　　图 5-34 合并多重引线

1) 单击"注释"工具栏中的"合并"按钮 ，命令行提示："选择多重引线:"

2) 单击图 5-34a 中的多重引线 1~3，按<Enter>键结束选择，命令行提示："指定收集的多重引线位置或[垂直(V)/水平(H)缠绕(W)]<水平>:"

单击图 5-34b 中的点 4，指定多重引线的合并位置，结果如图 5-34b 所示。

五、标注尺寸公差与几何公差

利用 AutoCAD 2020，不仅可以标注尺寸，而且还可以标注尺寸公差和几何公差。

1. 标注尺寸公差

利用"新建标注样式"对话框中的"公差"选项卡，可进行尺寸公差标注的各种设置。在"公差"选项卡中，"公差格式"选项组用于确定公差的标注格式，可确定以何种方式标注公差（对称、上下极限偏差、极限尺寸等）、尺寸公差的精度以及设置尺寸上极限偏差和下极限偏差等。通过此选项组进行相应的设置后再标注尺寸，就会标注出对应的公差。

实际上，常用的是通过"文字编辑器"实现公差的标注（利用堆叠功能实现）。下面举例说明。

【例 5-6】 现有图 5-35a 所示图形，为其标注尺寸与公差，结果如图 5-35b 所示。

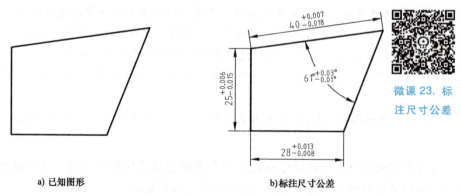

a) 已知图形　　　　b) 标注尺寸公差

图 5-35 公差标注示例

微课 23. 标注尺寸公差

操作步骤如下。

（1）标注线性尺寸"28"的公差

1)单击"标注"——"线性"按钮,执行"DIMLINEAR"命令,根据系统的提示,选择第一条、第二条尺寸界线,输入"M"(多行文字),弹出"文字编辑器"功能面板,如图5-36所示。

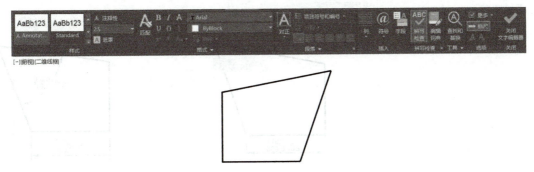

图5-36 "文字编辑器"功能面板

2)在文字编辑器中输入对应的尺寸文字"28+0.013^-0.008",用鼠标指针选中"+0.013^-0.008",单击"文字编辑器"中"格式"工具栏中的按钮 ![] (堆叠),实现堆叠,如图5-37所示。

3)单击"文字编辑器"中的"关闭文字编辑器"按钮 ![],拖动鼠标指针,使尺寸线位于适当位置后单击,标注结果如图5-38所示。

图5-37 实现文字堆叠　　　　　　图5-38 堆叠线性公差

(2)标注角度尺寸"61°"的公差

1)单击"标注"——"角度"按钮,执行"DIMANGULAR"命令,根据系统的提示,选择第一条、第二条尺寸界线,输入"M"(多行文字),弹出"文字编辑器"功能面板,如图5-24所示。

2)在文字编辑器中输入对应的尺寸文字"60°+0.03°^-0.01°",用鼠标指针选中"+0.03°^-0.01°",单击"格式"工具栏中的按钮 ![] (堆叠),实现堆叠,如图5-39a所示。

3)单击"文字编辑器"中的"关闭文字编辑器"按钮 ![],拖动鼠标,使尺寸线位于适当位置后单击,标注结果如图5-39b所示。

用类似的方法可完成线性尺寸"$25^{+0.006}_{-0.015}$"、对齐尺寸"$40^{+0.007}_{-0.018}$"的公差标注。

2. 标注几何公差

命令:"TOLERANCE";菜单:"标注"——"公差";功能区:"默认"选项卡——"注释"工具栏——"注释"按钮右边下三角形按钮 ![注释▼] ——"公差"按钮 ![];快捷键:<TOL>。

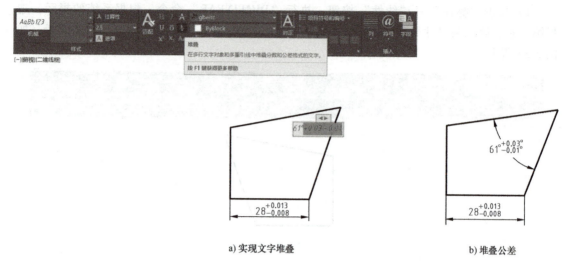

a) 实现文字堆叠　　　　　　　　　　　　　b) 堆叠公差

图 5-39　角度公差标注示例

单击"标注"——→"公差"按钮，执行"TOLERANCE"命令，弹出"形位公差"对话框，如图 5-40 所示。对话框中主要选项的功能说明见表 5-5。

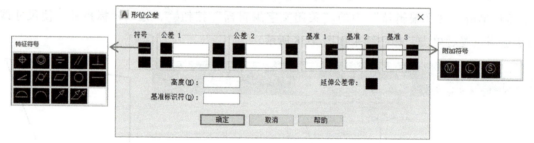

图 5-40　"形位公差"对话框

表 5-5　"形位公差"对话框中主要选项的功能说明

主要选项	功能说明
"符号"选项组	确定几何公差的符号。单击选项组中的小方框(黑颜色框)，弹出"特征符号"对话框，如图 5-40 所示。从中选择某一符号后，返回"形位公差"对话框，并在"符号"选项组中的对应位置显示出该符号
"公差1"选项组	确定公差。在对应的文本框中输入公差值即可。此外，可通过单击位于文本框前边的小方框确定是否在该公差值前加直径符号；单击位于文本框后边的小方框，可从弹出的"包容条件"对话框中确定包容条件
"公差2"选项组	
"基准1"选项组	确定基准和对应的包容条件
"基准2"选项组	
"基准3"选项组	

通过"形位公差"对话框确定要标注的内容后，单击对话框中的"确定"按钮，转换到绘图区，并提示指定所标注公差的位置。

用"TOLERANCE"命令标注几何公差时，并不能自动生成引出几何公差的指引线，用"QLEADER"命令（引线标注命令）标注几何公差，则可同时引出对应的指引线。

输入"QLEADER"命令，执行命令；再输入"S"，弹出"引线设置"对话框，如图 5-41 所示；在"注释类型"中选择"公差"，单击"确定"按钮，即可进行有指引线的几何公差标注。

六、绘制螺栓

【任务】绘制标注为"螺栓 GB/T 5782 M12×80"的螺栓视图。

【要求】在各种设备和机器中，经常大量使用螺栓、螺柱、螺钉、螺母、键、销和滚动轴承等连接件。国家标准对它们的结构、尺寸和成品质量都做了明确的规定，这些完全符合标准的零件称为标准件。国家标准还规定了标准件中标准结构要素的画法，在制图过程中，应按规定画法绘制标准件和标准结构要素。常用的螺栓、螺母、垫圈、螺钉及双头螺柱等均已标准化，其形式、结构和尺寸可从有关标准中查得。在应用这些螺纹紧固件时，只需在技术文件上注明其规定标记。螺纹紧固件通常由专业化工厂成批生产，使用时按所需规格购买，无须单独制造。对于非标准化的螺栓、螺母、垫圈、螺钉及双头螺柱等，就需自行绘制图样，并进行加工制造。

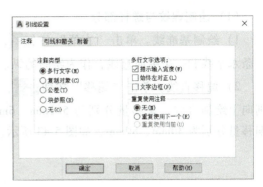

图 5-41 "引线设置"对话框

标注"螺栓 GB/T 5782 M12×80"包含的内容有：螺纹的规格 M12、公称长度为 80mm、性能等级 8.8 级、表面不经处理、产品等级为 A 级的六角头螺栓。依据 GB/T 5782—2016，螺栓具体尺寸详见表 5-6。

表 5-6 M12×80 六角头螺栓的绘图尺寸

项目	螺纹规格 d	螺纹长度 b	对角宽度	对边宽度 s	头部高度 k
尺寸/mm	M12	30	20.03	18	7.5

【实施】根据 M12×80 六角头螺栓的外形尺寸，选用 A4 图幅绘图，即使用"A4.dwt"样板文件。绘图单位为"mm"，绘图比例为 1∶1。根据 GB/T 5782—2016 中的图例及相关结构要素，采用规定的简化画法完成视图的绘制。绘制 M12×80 六角头螺栓零件图的步骤有：打开 A4 样板文件、绘制图形、标注尺寸和保存文件。

1. 打开 A4 样板文件

在 AutoCAD 工作界面，单击主菜单栏中的"文件"──→"新建"按钮，弹出"样板选择"对话框，选择"Template"子文件夹中的"GB-A4"文件，单击对话框中的"打开"按钮，建立新文件；将新文件命名为"六角头螺栓（M12×80）.dwg"，并保存到指定文件夹。

2. 绘制图形

绘制主视图的外轮廓所用到的命令见表 5-7。

表 5-7 绘制主视图的外轮廓所用到的命令

命令	图标	下拉菜单位置	命令	图标	下拉菜单位置
LINE	直线	"绘图"──→"直线"	CHAMFER	倒角	"修改"──→"倒角"
OFFSET		"修改"──→"偏移"	MIRROR	镜像	"修改"──→"镜像"
CIRCLE		"绘图"──→"圆"	POLYGON		"绘图"──→"正多边形"
TRIM	修剪	"修改"──→"修剪"	ERASE		"修改"──→"删除"

（1）绘制螺纹与螺杆部分

1）绘制基准线。单击"直线"按钮，执行"LINE"命令，选择适当的起点，绘制一条水平线和一条纵向直线，作为绘图的纵、横基准直线，如图5-42所示。

2）偏移直线。单击"偏移"按钮，执行"OFFSET"命令，以水平线为起始，分别向上绘制直线，偏移量分别为5.1mm、6mm；以纵向直线为起始，分别向左绘制直线，偏移量分别为30mm、80mm，如图5-43所示。

图5-42　绘制基准线　　　　　　　图5-43　偏移直线

3）修剪直线。单击"修剪"按钮，执行"TRIM"命令，选择所有直线作为剪切对象进行修剪，结果如图5-44所示。

4）镜像图线。单击"镜像"按钮，执行"MIRROR"命令，选择水平中心线以上所有图线为镜像对象，以水平中心线为镜像线，结果如图5-45所示。

图5-44　修剪直线　　　　　　　图5-45　镜像图线

5）倒端角。单击"倒角"按钮，执行"CHAMFER"命令，对右端面外轮廓倒 $C1$ 的角；单击"直线"按钮，执行"LINE"命令，绘出倒角处的投影直线，如图5-46所示。

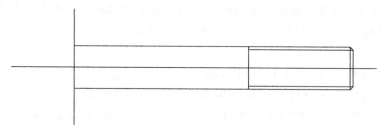

图5-46　倒端角

（2）绘制六角头部分

1）绘制六角头部分的左视图中心线。单击"直线"按钮，执行"LINE"命令，绘制一条原有的水平线延伸线和一条纵向直线（选择适当的位置），作为绘图的纵、横中心线，如图5-47所示。

2）绘制内接圆。单击"圆"按钮，执行"CIRCLE"命令，根据系统提示，以中心线交点为圆心、半径为9mm绘制圆，如图5-48所示。

3）绘制六边形。单击"正多边形"按钮，执行"POLYGON"命令，根据系统提示,输入"6",以中心线交点为圆心,输入"C",绘制六边形,如图 5-48 所示。

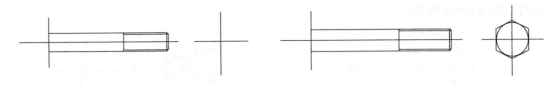

图 5-47　绘制左视图中心线　　　　图 5-48　绘制外切圆六边形

4) 偏移直线。单击"偏移"按钮 ，执行"OFFSET"命令,以纵向直线 1 为起始,分别向左绘制直线,偏移量分别为 0.8mm、7.5mm,如图 5-49 所示。

5) 绘制六边形投影线。单击"直线"按钮 ，执行"LINE"命令,打开正交模式,分别以左视图中的四个角点向主视图绘投影直线,如图 5-49 所示。

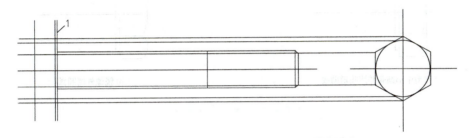

图 5-49　绘制偏移直线和投影线

6) 修剪直线。单击"修剪"按钮 ，执行"TRIM"命令,选择主视图中所有直线作为剪切对象进行修剪,结果如图 5-50 所示。

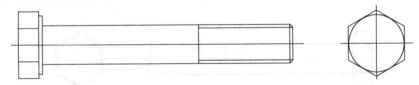

图 5-50　修剪直线

7) 绘制六角头圆弧。

① 偏移直线。单击"偏移"按钮 ，执行"OFFSET"命令,以最左边的纵向直线为起始,向右绘制直线,偏移量为 18mm,如图 5-51 所示。

② 绘制圆。单击"圆"按钮 ，执行"CIRCLE"命令,根据系统提示,以上步偏移直线与中心线交点为圆心,绘制半径为 18mm 的圆,如图 5-51 所示。

③ 作辅助直线。单击"直线"按钮 ，执行"LINE"命令,打开正交模式,过圆弧和直线的交点作辅助直线 2。

④ 绘制圆弧。单击"绘图"→"圆弧"→"三点"按钮,以交点、中点、交点三点绘图弧,如图 5-52 所示。

⑤ 修剪中部圆弧并删除辅助线。单击"修剪"按钮 ，执行"TRIM"命令,修

剪六角头中部圆弧；单击"删除"按钮 ![erase], 执行"ERASE"命令, 删除偏移直线及辅助相线, 如图 5-53a 所示。

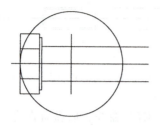
图 5-51 绘制六角头中部圆弧

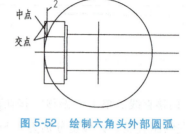
图 5-52 绘制六角头外部圆弧

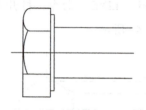

a) 修剪中部圆弧并删除辅助线

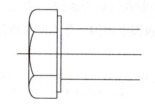

b) 镜像外侧圆弧

图 5-53 绘制六角头圆弧

⑥ 单击"镜像"按钮 ![镜像], 执行"MIRROR"命令, 选择六角头外部圆弧为镜像对象, 以水平中心线为镜像线, 并进行修剪, 结果如图 5-53b 所示。

选择所有轮廓线, 将其图层设置为"01 粗实线"图层；选择螺纹线, 将图层设置为"02 细实线"图层；选择水平中心线, 将图层设置为"05 中心线"图层, 结果如图 5-54 所示。

图 5-54 六角头螺栓的视图

3. 标注尺寸

参照 GB/T 5782—2016《六角头螺栓》进行尺寸标注, 其标注尺寸为所有的绘图尺寸, 如图 5-55 所示。

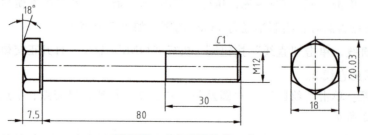

图 5-55 六角头螺栓的尺寸

七、绘制直齿圆柱齿轮工作图

【任务】绘制齿数为 82、模数为 6mm 的标准渐开线直齿圆柱齿轮的工作图。

【要求】工业设备中常用的传动件，如齿轮、蜗轮、蜗杆、弹簧等，它们在结构和尺寸上都有相应的国家标准。凡重要结构符合国家标准的零件称为常用件，其符合国家标准的结构，称为标准结构要素。国家标准还规定了常用件中标准结构要素的画法，在制图过程中，应按规定画法绘制标准结构要素。齿轮一般由轮体及轮齿两部分组成，轮体部分根据设计要求有实体式、腹板式、轮辐式等，轮齿部分的轮廓曲线可以是渐开线、摆线、阿基米德螺旋线或圆弧，目前我国最常用的为渐开线齿形。轮齿按齿形分为直齿、斜齿、人字齿等。

轮齿有标准与变位之分，具有标准轮齿的齿轮称标准齿轮。

齿轮的轮齿部分，一般不按真实投影绘制，而是按规定画法绘制工程图。

齿数为 82、模数为 6mm 的标准渐开线直齿圆柱齿轮的分度圆直径为 492mm，齿顶圆直径为 504mm，查阅机械设计手册，齿轮的结构形式为平辐板锻造齿轮，结构各部分的尺寸由设计手册和生产要求确定。该渐开线直齿圆柱齿轮工作图中的主要结构尺寸见表 5-8。

表 5-8 渐开线直齿圆柱齿轮（齿数 82、模数 6mm）的主要结构尺寸

代号	轴孔直径 d	齿根圆直径 d_f	齿轮槽直径 D_1	辐板圆孔中心距 D_2	辐板圆孔径 d_0	齿宽 b	齿高 h
尺寸/mm	70	440	120	280	80	128	13.5

【实施】根据齿数为 82、模数为 6mm 的标准渐开线直齿圆柱齿轮的齿顶圆直径为 504mm 厚度为 128mm，选用 A3 图幅绘图，即使用"A3.dwt"样板文件。绘图单位为"mm"，绘图比例为 1∶4。该直齿圆柱齿轮工作图用两个视图表达，主视图半剖以表达平辐板的结构形状，左视图表达主体结构的形状，其主要参数与精度用参数表在右上角表达。完成直齿圆柱齿轮工作图的步骤有：打开 A3 样板文件，设置绘图比例，绘制图形，填写参数表，标注尺寸和技术要求，填写标题栏并保存文件。

1. 打开 A3 样板文件

在 AutoCAD 工作界面，单击主菜单栏中的"文件"→"新建"按钮，弹出"样板选择"对话框，选择"Template"子文件夹中的"GB-A3"文件，单击对话框的"打开"按钮，建立新文件；将新文件命名为"直齿圆柱齿轮（Z82、m6）.dwg"，并保存到指定文件夹。

2. 设置绘图比例

绘图环境在样板文件中已设置，现要将标准渐开线直齿圆柱齿轮的工作图绘制在 A3 图纸上，绘图比例为 1∶4，而在 AutoCAD 中绘图都是以实际尺寸来绘图，具体的做法是将 A3 图纸的幅面放大 4 倍，绘制完成后以 1∶4 输出至绘图机。

单击"修改"→"缩放"按钮，执行"SCALE"命令，选择 A3 图幅，以坐标原点为基点，输入"4"，将 A3 图幅放大 4 倍。

3. 绘制图形

绘制直齿圆柱齿轮的工作图所用到的命令见表 5-9。

表 5-9　绘制直齿圆柱齿轮的工作图所用到的命令

命令	图标	下拉菜单位置	命令	图标	下拉菜单位置
LINE	直线	"绘图"——"直线"	CHAMFER	倒角	"修改"——"倒角"
CIRCLE		"绘图"——"圆"	BREAK		"修改"——"打断"
ARRAY	阵列	"修改"——"阵列"	BHATCH		"绘图"——"图案填充"
OFFSET		"修改"——"偏移"	TABLE	表格	"绘图"——"表格"
ERASE		"修改"——"删除"	MOVE	移动	"修改"——"平移"
FILLET	圆角	"修改"——"倒圆角"	INSERT	插入	"插入"——"块"

（1）绘制绘图基准线

单击"直线"按钮，执行"LINE"命令，选择适当的起点，绘制一条水平线和一条纵向直线，作为绘制主视图的纵、横基准直线；绘制另一条纵向直线与同一条水平线相交，作为绘制左视图的纵、横基准直线，如图 5-56 所示。

（2）绘制左视图

1）绘制同心圆。单击"圆"按钮，执行"CIRCLE"命令，根据系统提示，以中心线交点为圆心，绘制直径为 70mm、120mm、280mm、440mm、492mm 和 504mm 的圆，如图 5-57 所示。

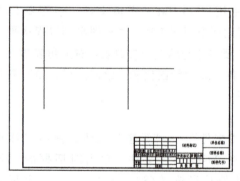

图 5-56　绘制绘图基准线

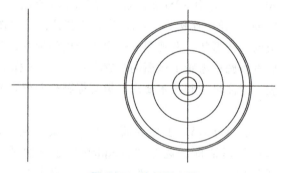

图 5-57　绘制同心圆

2）绘制均布圆。

① 绘制圆。单击"圆"按钮，执行"CIRCLE"命令，根据系统提示，以纵向直线中心线与 Φ280mm 圆的交点为圆心，绘制直径为 80mm 的圆，如图 5-58a 所示。

② 阵列圆。执行"ARRAYCLASSIC"命令，系统弹出"阵列"对话框，设置阵列为"环形阵列"，选择 Φ80mm 的圆为阵列对象，阵列中心点为同心圆的圆心，设置项目数为 6，填充角度为 360°，选择"复制时旋转项目"复选框，单击"确定"按钮，完成环形阵列，结果如图 5-58b 所示。

3）绘制键槽。

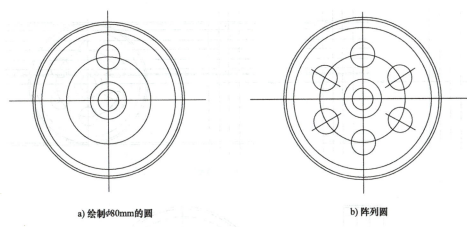

a) 绘制φ80mm的圆　　　　　　　　　　b) 阵列圆

图 5-58　绘制均布圆

① 偏移直线。单击"偏移"按钮 ，执行"OFFSET"命令，以纵向直线中心线为起始，分别向左、向右绘制直线，偏移量都为 10mm；以水平中心线为起始，向上绘制直线，偏移量为 39.9mm，如图 5-59a 所示。

② 修剪直线与圆。单击"删除"按钮 ，执行"ERASE"命令，选择上步偏移直线及 Φ70mm 的圆弧为修剪边，修剪直线与圆，如图 5-59b 所示。

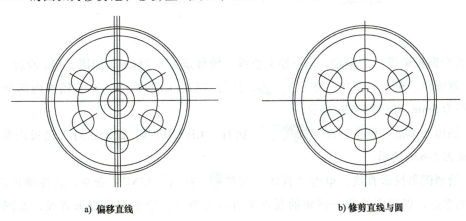

a) 偏移直线　　　　　　　　　　　　b) 修剪直线与圆

图 5-59　绘制左视图键槽

（3）绘制主视图

1）偏移直线。单击"偏移"按钮 ，执行"OFFSET"命令，以主视图纵向基准线为起始，分别向右绘制直线，偏移量分别为 44mm、84mm、128mm；以水平中心线为起始，向上绘制直线，偏移量分别为 35mm、39.9mm、60mm、140mm、220mm、246mm、252mm；以水平中心线为起始，向下绘制直线，偏移量为 246mm、252mm；以偏移量为 140mm 的直线为起始，分别向上、向下绘直线，偏移量都为 40mm，如图 5-60 所示。

2）修剪直线。单击"删除"按钮 ，执行"ERASE"命令，选择上步偏移直线为修剪对象，修剪直线，结果如图 5-61 所示。

3）绘制齿根线。单击"偏移"按钮 ，执行"OFFSET"命令，以主视图中的外轮

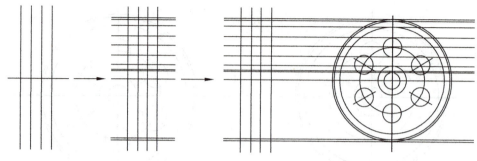

图 5-60　偏移直线

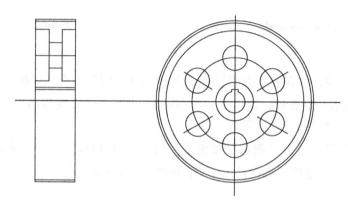

图 5-61　修剪直线

廓线（齿顶圆投影线）为起始，向下绘制直线，偏移量为 8.75mm，如图 5-62a 所示。

4）倒圆角。单击"圆角"按钮 [圆角]，执行"FILLET"命令，对平辐板内部倒圆角，圆角半径为 5mm，如图 5-62a 所示。

5）倒角。单击"倒角"按钮 [倒角]，执行"CHAMFER"命令，对平辐板内部倒 $C5$ 的角，如图 5-62b 所示。

6）绘制倒角投影直线。单击"直线"按钮 [直线]，执行"LINE"命令，选择倒角的拐点为直线的起点，以相应的另一倒角的拐点为直线的终点，绘制倒角投影直线，如图 5-62c 所示。

(4) 修改视图图线

1）打断中心线。单击"打断"按钮 [打断]，执行"BREAK"命令，将水平中心线在两视图中间的适当位置打断，如图 5-63a 所示。

2）夹点编辑。利用夹点，将主视图分度圆投影线向两侧适当延长；将平辐板内的圆孔中心线向内适当缩短，如图 5-63a 所示。

3）修改图线图层。

①选择所有中心线及分度圆投影线，将其所在图层设置为"05 中心线"图层，如图 5-63b 所示。

②选择所有投影轮廓线，将其所在图层设置为"01 粗实线"图层，如图 5-63b 所示。

(5) 绘主视图上的剖面符号

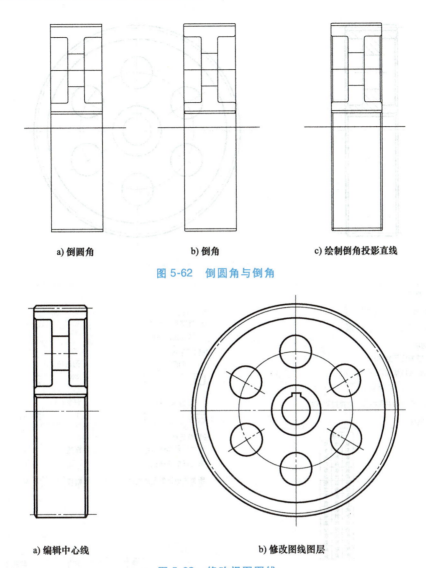

a) 倒圆角　　　　　b) 倒角　　　　　c) 绘制倒角投影直线

图 5-62　倒圆角与倒角

a) 编辑中心线　　　　　　　b) 修改图线图层

图 5-63　修改视图图线

1）将当前图层设为"10 剖面线"图层。

2）单击"图案填充"按钮，执行"BHATCH"命令，弹出"图案填充创建"功能面板，在"图案"工具栏中选择"ANSI31"；在"特性"工具栏中设置"比例"为"4"；在"边界"工具栏中单击"拾取点"按钮，在主视图中的平辐板内的圆孔投影上、下各选一点，再单击"关闭图案填充创建"按钮，结果如图 5-64 所示。

4. 填写参数表

（1）插入表格　单击"表格"按钮，执行"TABLE"命令，弹出"插入表格"对话框。设置"表格样式"为"表格2"，"列数"为"3"，"列宽"为"30"，"数据行数"为"10"，"行高"为"1"，如图 5-65 所示。

（2）填写表格　双击表格中的单元格，填写所绘齿轮的各种基本尺寸参数及精度等，如图 5-66 所示。

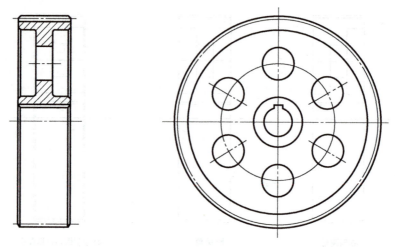

图 5-64　直齿圆柱齿轮投影视图

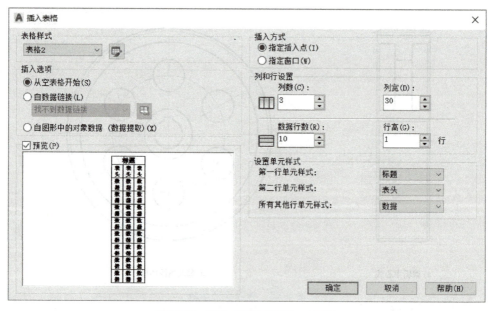

图 5-65　设置"插入表格"对话框

	A	B	C
1	齿数	z	82
2	模数	m	6
3	压力角	α	20°
4	齿顶高系数	h_a^*	1.0000
5	齿高	h	13.5000
6	螺旋角	β	0
7	跨越齿数	k	10.0000
8	公法线长度	w	$175.162_{-0.3}^{-0.2}$

图 5-66　填写表格

（3）表格定位 单击"移动"按钮 ↔ 移动，执行"MOVE"命令，选择表格，以表格右上角为基点，插入到直齿圆柱齿轮视图图样的右上角，如图5-67所示。

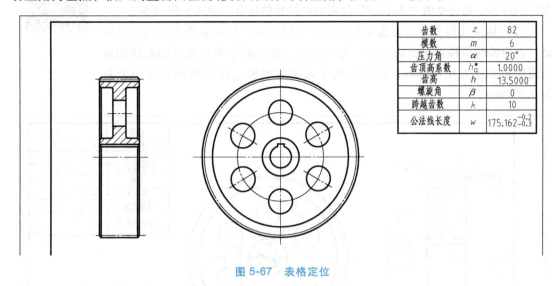

图5-67 表格定位

5. 标注尺寸

1）将当前图层设为"08尺寸线"图层。

2）标注主视图中的尺寸。主视图中标注的尺寸有 Φ120mm 以上圆的直径、齿轮的宽度及平辐板厚度等。单击"标注"——"线性"按钮，选择各个尺寸的端点进行尺寸标注，如图5-68所示。

3）标注左视图中的尺寸。左视图中标注的尺寸有 Φ80mm 以下圆的直径、键槽的尺寸等。单击"标注"——"线性"按钮，选择各个线性尺寸的端点进行尺寸标注；单击"标注"——"直径"按钮，选择圆的轮廓线进行圆的直径标注，如图5-68所示。

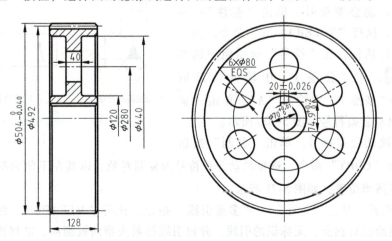

图5-68 标注尺寸

6. 标注技术要求

（1）标注表面粗糙度 单击"插入"按钮，执行"INSERT"命令，在直齿圆柱齿轮主视图中标注四处表面粗糙度,在左视图中标注三处表面粗糙度;粗糙度的标注随该面尺寸线的位置而定,两者不要随意分开;在图样右下角插入表示"其余"的符号、粗糙度值"$Ra12.5$"与粗糙度符号的组合,如图 5-69 所示。

微课 24. 标注表面粗糙度和几何公差

(2)标注几何公差 直齿圆柱齿轮的几何公差一般由制造机床的刚度保证,在检验时应特别提出的几何公差主要有:齿顶圆外表面相对轴心线的径向圆跳动公差为 0.032mm,齿轮的两个端面相对轴心线的轴向圆跳动公差为 0.032mm。

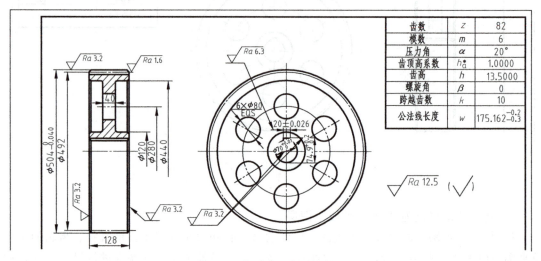

图 5-69 标注表面粗糙度符号

1)绘制公差基准符号。公差基准符号的绘图尺寸如图 5-70a 所示,本例中的字高取为 3.5mm,绘制其基准符号;将所绘基准符号与基准轴线尺寸按规定要求放在一起,如图 5-71 所示。

2)绘制跳动公差符号。单击"标注"——"公差"按钮,执行"TOLERANCE"命令,弹出"形位公差"对话框,在"符号"选项组中选择跳动符号,在"公差 1"中输入公差值"0.032",在"基准 1"中输入"A",单击"确定"按钮,跳动公差符号如图 5-70b 所示。

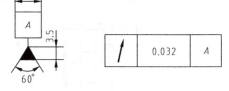

a)公差基准符号   b)跳动公差符号

图 5-70 几何公差与基准符号

3)复制跳动公差符号。单击"复制"按钮,执行"COPY"命令,选择跳动公差符号为复制对象,以其左下角为基点复制到主视图的上、下适当位置,如图 5-71 所示。

4)增加引线。单击"标注"——"多重引线"按钮,执行"MLEADER"命令,进行选项设置,分别绘制有拐点、无标识的引线,并将引线的箭头指向被测面,箭尾连接到跳动公差符号,如图 5-71 所示。

(3)写技术要求 根据零件所选材料进行的热处理工艺、零件表达中的统一规范等写出技术要求。单击"多行文字"按钮,执行"MTEXT"命令,输入"技术要求"

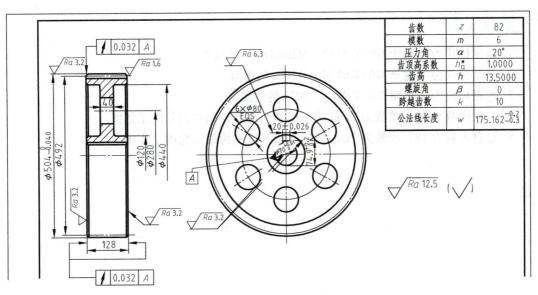

图 5-71 标注形位公差符号

及相关内容并进行编辑,如图 5-72 所示。

7. 填写标题栏

根据标题栏相关标准的要求,在标题栏中填写相应的内容,如图 5-73 所示。

技术要求

1. 材料ZG340-640,正火处理,齿面硬度为170~210HBW;
2. 未注圆角半径为R5;
3. 未注倒角为C2。

图 5-72 技术要求文字内容

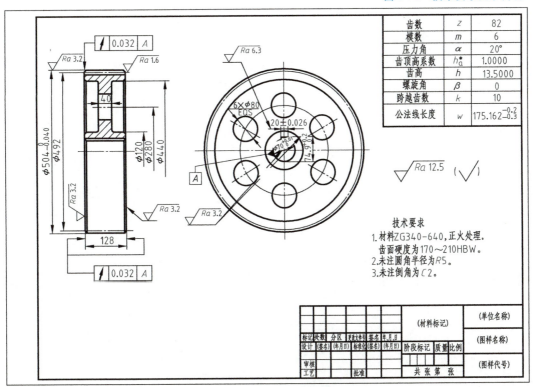

图 5-73 直齿圆柱齿轮工作图

技能训练

1. 绘制标注为"螺栓 GB/T 5782　M20×180"的螺栓。
2. 绘制标注为"螺母 GB/T 6170　M20"的螺母。
3. 绘制标注为"垫圈 GB/T 97.1　20"的垫圈。
4. 绘制齿数为29、模数为2mm的标准渐开线直齿圆柱齿轮的工作图。
5. 绘制齿数为18、模数为7mm的标准渐开线直齿锥齿轮的工作图。

任务 6

轴套类零件图的绘制

📌 任务目标

1. 知识目标

了解轴套类零件图的表达方法及特点,掌握轴套类零件图的绘制方法。

2. 技能目标

重点选择"块""极轴追踪"等方法绘制和标注轴套类零件图。

📌 任务分析

通过操作,熟练掌握使用"块""极轴追踪"等方法绘制和标注轴套类零件图。任务的重点、难点为熟练绘制轴套类零件图的方法。

📌 任务实施

一、传动轴的绘制

【任务】完成传动轴的零件图绘制,该传动轴的结构及相关尺寸如图 6-1 所示。

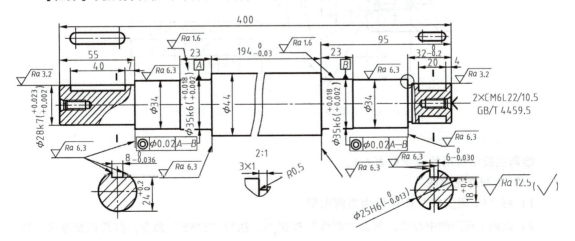

图 6-1 传动轴的视图表达

【要求】轴主要用来支承传动零件和传递转矩。轴有光轴、阶台轴、空心轴等。套则用于支承和保护转动零件或其他零件。它们多数是由共轴线的数段回转体组成。根据设计和工艺要求,它们常有螺纹、销孔、键槽、退刀槽、砂轮越程槽、挡圈槽、中心孔等结构。这类零件的毛坯多是棒料或锻件;机械加工以车削为主,可能要经过铣、钻、磨等工序。在视图表达上,通常按加工位置选择主视图,配以合适的剖视图、断面图、局部放大图。

图 6-1 所示传动轴用了一个主视图表达了轴是阶台轴及其中心孔的结构之外,另有两个断面图表示键槽断面,两个局部视图表示键槽的形状、一个局部放大图表示砂轮越程槽。在轴的两端有中心孔,中心孔的具体尺寸没有直接给出,需查阅《机械设计手册》确定 GB/T 4459.5-CM6L22/10.5 中心孔的尺寸,如图 6-2 所示。轴的长度为 400mm、最大直径为 44mm,由于轴中间段 ϕ44mm 较长,此处采用了折断画法。整个轴表面的加工精度较高,对传动支承的轴段提出了同轴度的要求。

【实施】根据传动轴的整体最大尺寸为 ϕ44mm×400mm,选用 A3 图幅绘图,即使用"A3.dwt"样板文件。绘图单位为"mm"、绘图比例为 1∶1。该传动轴采用一个带有局部剖及折断画法的主视图为基本视图,另采用两个断面图表示键槽断面、两个局部视图表示键槽的形状,一个局部放大图表示砂轮越程槽。完成传动轴零件图的步骤有:打开 A3 样板文件,绘制基本视图,绘辅助视图,标注尺寸和技术要求,填写标题栏并保存文件。

1. 配置绘图环境

根据轴的零件图,选 A3 图幅,绘图比例为 1∶1,绘图单位为"mm"。

在主菜单中单击"文件"──→"打开"按钮,在"选择文件"对话框中选择"Template"(图形样板)──→"A3.dwt",建立新文件,将新文件命名为"轴.dwg"并保存到指定文件夹。

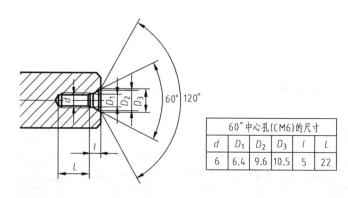

图 6-2 GB/T 4459.5-CM6L22/10.5 中心孔的尺寸

2. 绘制主视图

绘制主视图所用的命令见表 6-1。

(1) 绘制外轮廓线

1) 将"01 粗实线"图层设为当前图层。

2) 绘制主视图的中心线。单击"直线"按钮[直线],执行"LINE"命令,打开正交方式,输入"50,180",按<Enter>键,输入"360,180",按<Enter>键,绘制的中心线如图 6-3 所示。

3) 绘制轮廓边界线。单击"直线"按钮[直线],执行"LINE"命令,捕捉中心线的左端点,打开正交方式,移动鼠标指针,使鼠标光标位于中心线的上方,输入"30",按<Enter>

键；以相同方法绘制右端的轮廓边界线，绘制的边界线如图6-3所示。

表6-1 绘制主视图所用的命令

命令	图标	下拉菜单位置	命令	图标	下拉菜单位置
LINE	直线	"绘图"——"直线"	ERASE		"修改"——"删除"
OFFSET		"修改"——"偏移"	MOVE	移动	"修改"——"平移"
TRIM	修剪	"修改"——"修剪"	SPLINE		"绘图"——"样条曲线"
CHAMFER	倒角	"修改"——"倒角"	XLINE		"绘图"——"构造线"
FILLET	圆角	"修改"——"圆角"	CIRCLE		"绘图"——"圆"
MIRROR	镜像	"修改"——"镜像"	BHATCH		"绘图"——"图案填充"
EXTEND	延伸	"修改"——"延伸"	BREAK		"修改"——"打断"

图6-3 中心线与两端边界线

单击"缩放"按钮和"平移"按钮，将视图调整到易于观察的位置。

4）偏移边界线。单击"偏移"按钮，执行"OFFSET"命令，以直线1为起始，以前一次偏移线为基准依次向右绘制直线3至直线5，偏移增量依次为55mm、33mm、23mm；以直线2为起始，以前一次偏移线为基准依次向左绘制直线6至直线8，偏移增量依次为32mm、40mm、23mm，如图6-4所示。

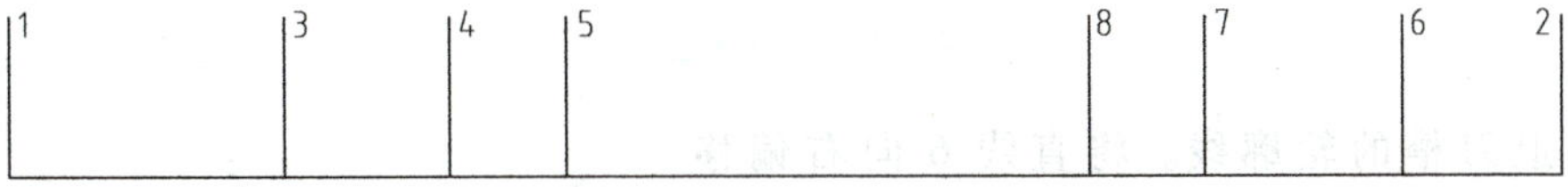

图6-4 偏移边界线

5）偏移中心线。单击"偏移"按钮，执行"OFFSET"命令，以中心线为起始，分别向上绘制直线，偏移量分别为14mm、17mm、17.5mm、22mm，如图6-5所示。

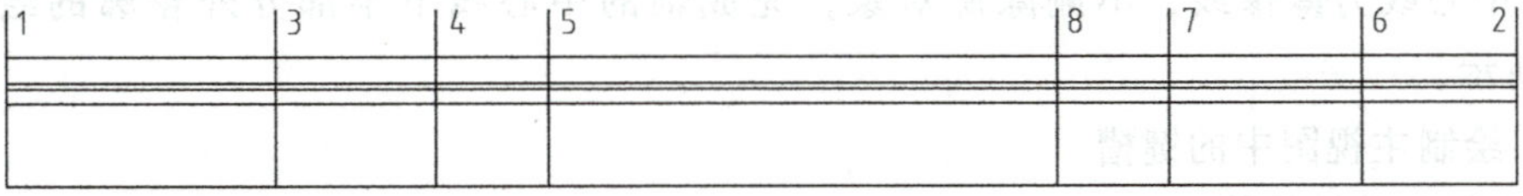

图6-5 偏移中心线

6）修剪纵向直线。单击"修剪"按钮 ，执行"TRIM"命令，以4条横向直线作为剪切边，对8条纵向直线进行修剪，如图6-6所示。

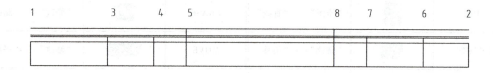

图 6-6　修剪纵向直线

7）修剪横向直线。单击"修剪"按钮 ，执行"TRIM"命令，以8条横向直线作为剪切边，对4条纵向直线进行修剪，如图6-7所示。

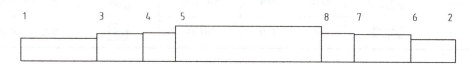

图 6-7　修剪横向直线

8）端面倒角。单击"倒角"按钮 ，执行"CHAMFER"命令，采用修剪、角度、距离模式，两端面倒 $C1$ 的角，如图6-8所示。

9）圆角。单击"圆角"按钮 ，执行"FILLET"命令，采用不修剪、半径模式，圆角半径为1.5mm；单击"修剪"按钮 ，执行"TRIM"命令，修剪倒圆角后多余的边，结果如图6-8所示。

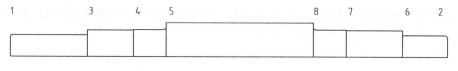

图 6-8　倒角和圆角

10）退刀槽的轮廓线。将直线6向右偏移3mm，直线9向下偏移1mm，并进行修剪，结果如图6-9所示。

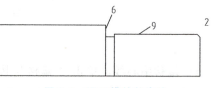

图 6-9　退刀槽的轮廓线

11）镜像成形。单击"镜像"按钮 ，执行"MIRROR"命令，选择中心线上方的所有轮廓线，以中心线为镜像线，不删除源对象，完成轴的中心线下半部分外轮廓的绘制，如图6-10所示。

（2）绘制主视图中的键槽

1）绘制左端键槽线。

① 将"01粗实线"图层设为当前图层。

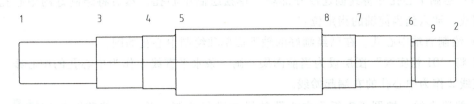

图 6-10 轴的外轮廓线

② 偏移轮廓线。单击"偏移"按钮 ⊂，执行"OFFSET"命令，以线 10 为起始，向上偏移直线，偏移量为 24mm；以线 11 为起始，向左偏移直线，偏移量分别为 7mm、40mm，如图 6-11a 所示。

③ 修剪纵、横直线。单击"修剪"按钮 ✄ 修剪，执行"TRIM"命令，以两条横向直线作为剪切边，对两条纵向直线进行修剪；再以两条纵向直线作为剪切边，对一条横向直线进行修剪，如图 6-11b 所示。

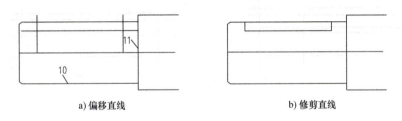

a) 偏移直线　　　　　　　　b) 修剪直线

图 6-11 绘制左端键槽线

2) 绘制右端键槽线。

① 偏移轮廓线。单击"偏移"按钮 ⊂，执行"OFFSET"命令，以中心线为起始，分别向上、向下偏移直线，偏移量均为 9mm；以线 2 为起始，依次向左偏绘制直线，偏移量分别为 4mm、20mm，如图 6-12a 所示。

② 修剪纵、横直线。单击"修剪"按钮 ✄ 修剪，执行"TRIM"命令，以两条横向直线作为剪切边，对纵向直线进行修剪；再以两条纵向直线作为剪切边，对两条横向直线进行修剪，如图 6-12b 所示。

③ 延伸纵向直线。单击"延伸"按钮 → 延伸，执行"EXTEND"命令，以两条横向直线作为剪切边，对两条纵向直线进行延伸，如图 6-12c 所示。

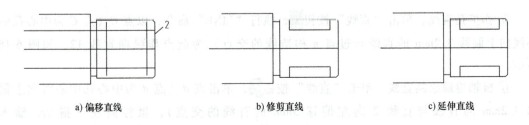

a) 偏移直线　　　　　　b) 修剪直线　　　　　　c) 延伸直线

图 6-12 绘制右端键槽线

(3) 绘制中心孔并将其创建成外部块 单独绘制中心孔,然后将绘制好的中心孔创建成外部块,插入到当前轴的指定位置。

1) 绘制右端中心孔。在已经画好的轴下面单独绘制中心孔的图。

① 将"01 粗实线"图层设为当前图层。画一条水平直线 1 作为中心孔的中心线,画一条竖直线 2 作为中心孔的右端起始线。

② 偏移直线。按图 6-2 所示中心孔的尺寸进行绘制。单击"偏移"按钮 ⬚,执行 "OFFSET"命令,以中心孔中心线为起始,分别向上偏移绘制直线,偏移量分别为 2.55mm(内孔按螺纹大径的 0.85 绘制,6×0.85/2)、3mm、3.2mm、4.8mm、5.25mm,以直线 2 为起始,分别向左偏移 5mm、22mm,如图 6-13 所示。

③ 绘制构造线。单击"构造线"按钮 ⬚,执行"XLINE"命令,输入字母"A",按 <Enter>键后输入构造线的角度 60°,捕捉点 m,绘制与水平方向成 60°的倾斜线;以同样的方法捕捉点 n 绘制与水平方向成 30°的倾斜线,如图 6-14 所示。

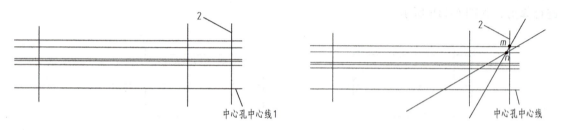

图 6-13 偏移直线　　　　　　　　　　图 6-14 绘制构造线

④ 修剪构造线。单击"修剪"按钮 ⬚,执行"TRIM"命令,对两条构造线进行修剪,如图 6-15 所示。

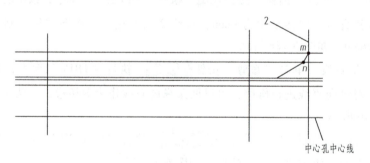

图 6-15 修剪构造线

⑤ 作扩孔直线。单击"直线"按钮 ⬚,执行"LINE"命令,以点 C(点 C 为中心孔中心线向上偏移 3.2mm 的直线与过点 n 构造线的交点)为起点作纵向直线 12,如图 6-16 所示。

⑥ 极轴追踪绘制直线。单击"直线"按钮 ⬚,单击点 d(点 d 为中心孔中心线向上偏移 3.2mm 的直线与直线 2 向左偏移 5mm 的直线的交点),鼠标向左下拖动,输入 "2<-120",按<Enter>键;单击"直线"按钮 ⬚,单击点 f(点 f 为中心孔中心线向上偏移

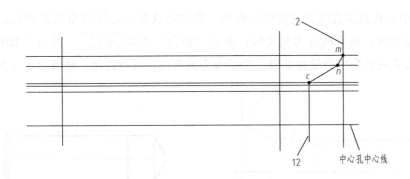

图6-16 扩孔的直线

2.55mm的直线与直线2向左偏移22mm的直线的交点),鼠标向左下拖动,输入"5<-120",按<Enter>键;单击"修剪"按钮 ✂修剪,执行"TRIM"命令,对绘制的两条直线进行修剪,结果如图6-17所示。

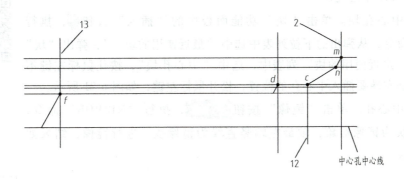

图6-17 极轴追踪绘制直线

⑦ 绘制螺纹的终止线。单击"偏移"按钮 ⊂,执行"OFFSET"命令,以直线13为起始,向右偏移3mm(螺纹终止线与内孔底部的距离按0.5倍螺纹规格绘制)绘制直线;以点d和点n为起始点向下作竖直线,如图6-18所示。

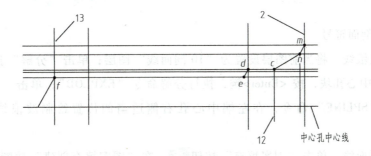

图6-18 绘制螺纹的终止线

⑧ 修剪螺纹及其内孔线。单击"修剪"按钮 ✂修剪,执行"TRIM"命令,以六条横向直线(含中心线)作为剪切边,对五条纵向直线进行修剪,结果如图6-19所示。

⑨ 编辑中心孔投影直线及镜像中心孔线。将中心孔的中心线线型改为细点画线，将内螺纹线改为细实线，剩余线改为粗实线；单击"镜像"按钮 ，执行"MIRROR"命令，选择中心孔的轮廓线为镜像对象，中心线为镜像线，进行镜像，结果如图 6-20 所示。

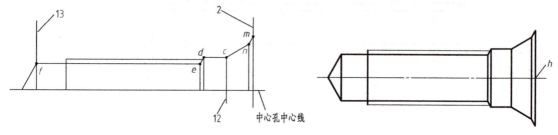

图 6-19 修剪螺纹及其内孔线　　　　　图 6-20 编辑中心孔轮廓线及镜像

⑩ 将图 6-20 所示中心孔图形创建为外部块。块的基点为图 6-20 中点 h，块的文件名为"中心孔块"。具体创建方法见任务 3。

2）绘制左端中心孔。

① 插入中心孔块。单击"块"功能面板中的"插入"按钮，执行"INSERT"命令，从弹出的下拉列表中选中"最近使用的块…"，弹出"块"对话框。在"最近使用的块"列表中，选中"中心孔块"，按住鼠标左键不放，拖动到轴左端要插入中心孔的位置，松开鼠标左键，如图 6-21 所示。

微课 25. 插入中心孔块并绘制剖面线

② 镜像中心孔。单击"镜像"按钮，执行"MIRROR"命令，选择中心孔块为镜像对象，轴最左端竖直线为镜像线，进行镜像，结果如图 6-22 所示。

　　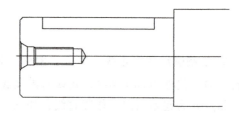

图 6-21 插入"中心孔块"　　　　　图 6-22 镜像中心孔

（4）绘制剖面符号

1）绘制波浪线。将当前图层设置为"10 剖面线"图层；单击"分解"按钮，再单击图 6-22 所示中心孔块，按 <Enter> 键，执行分解命令"EXPLOD"；单击"样条曲线"按钮，执行"SPLINE"命令，在左端中心孔右侧适当的位置绘制波浪线，如图 6-23a 所示。

2）绘制剖面线。单击"图案填充"按钮，在"图案填充创建"功能面板中的"图案"工具栏中选择"ANSI31"，设置"比例"为"1"，单击"拾取点"按钮，在主视图的波浪线内不同位置各选一点，即在中心线的上、下各选一点，还需在上、下螺纹线投影内各选一点，再单击"关闭图案填充创建"按钮，结果如图 6-23b 所示。

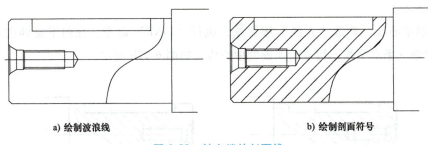

a) 绘制波浪线　　　　　　　　　b) 绘制剖面符号

图 6-23　轴左端的剖面线

3）使用上述方法绘制轴右端的剖面线，如图 6-24 所示。

（5）绘制折断线

1）将当前图层设置为"01 细实线"图层；单击"样条曲线"按钮，执行"SPLINE"命令，在轴投影的中间段适当的位置绘制两条平行波浪线，如图 6-25a 所示。

2）打断轮廓线。单击"修剪"按钮，执行"TRIM"命令，选择波浪线为剪切边，修剪两波浪线中间的轴轮廓线，如图 6-25b 所示。

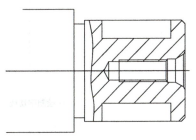

图 6-24　轴右端的剖面线

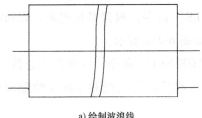
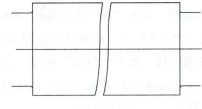

a) 绘制波浪线　　　　　　　　　b) 打断轮廓线

图 6-25　绘制折断线

（6）编辑图线

1）修改图线图层。选择中心线，将其图层设置为"05 中心线"图层；选择左右两端中心孔螺纹大径投影，将其图层设置为"02 细实线"图层。

2）修改剖面线图层。选择所有波浪线和剖面线，将其图层设置为"10 剖面线"图层。

3）利用夹点，将中心线向两侧适当延长；单击"线宽"按钮，结果如图 6-26 所示。

图 6-26　轴的主视图投影

3. 绘制辅助视图

（1）绘制轴左端的断面图

1）绘制剖切线。将当前图层设为绘制图层；单击"直线"按钮，执行"LINE"命令，在轴的左端适当位置绘制剖切线，注意剖切线的位置不通过中心孔，并将其向下延伸，如图 6-27a 所示。

2）绘制中心线。单击"直线"按钮 ![], 执行"LINE"命令, 在向下延伸的剖切线适当位置, 绘制一条水平线, 构成断面图的中心线, 如图 6-27b 所示。

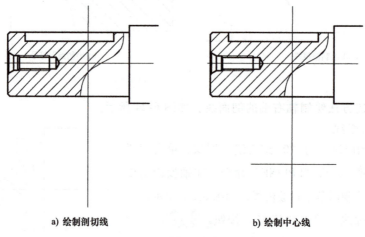

a) 绘制剖切线　　　　　　　　b) 绘制中心线

图 6-27　绘制左轴端的断面图

3）绘制断面图。

① 绘制圆。单击"圆"按钮 ![], 执行"CIRCLE"命令, 根据系统提示, 以所绘断面图中心线的交点为圆心, 绘制直径为 28mm 的圆, 如图 6-28a 所示。

② 偏移直线。单击"偏移"按钮 ![], 执行"OFFSET"命令, 以纵向中心线为起始, 向左、右分别偏移 4mm 绘制直线; 以水平中心线为起始, 向上偏移 10mm 绘制直线, 如图 6-28b 所示。

③ 修剪直线。单击"修剪"按钮 ![], 执行"TRIM"命令, 选择偏移直线、圆为剪切边, 进行相互之间的修剪, 如图 6-28c 所示。

a) 绘制圆　　　　b) 偏移直线　　　　c) 修剪直线

图 6-28　绘制断面图

④ 打断直线。单击"打断"按钮 ![], 将剖切线在适当位置打断成两段。

⑤ 利用夹点, 将主视图中两侧剖切线适当缩短或延长; 将断面图中心线适当缩短, 如图 6-29 所示。

⑥ 修改图线图层。选择断面图的轮廓线, 将其图层设置为"01 粗实线"图层; 选择断面图的中心线, 将其图层设置为"05 中心线"图层, 如图 6-29 所示。

（2）绘制轴右端的断面图　绘制轴右端的断面图与绘制轴左端的断面图略有不同，不同点为剖切线通过轴端中心孔，两对称键槽宽度为 6mm，两键槽底面的距离为 18mm，在断面图中有螺纹孔的投影，结果如图 6-30 所示。

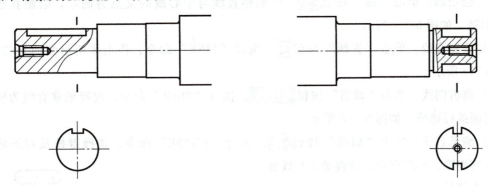

图 6-29　轴左端的断面图　　　　　　　图 6-30　轴右端的断面图

（3）绘制轴左端的键槽局部视图

1）轴左端的键槽局部视图配置在主视图的上方，将当前图层设置为绘制图层。

2）绘制水平中心线。单击"直线"按钮，执行"LINE"命令，在其轴端主视图上方适当位置绘制一条水平线；以长对正的方式确定键槽的长度，如图 6-31a 所示。

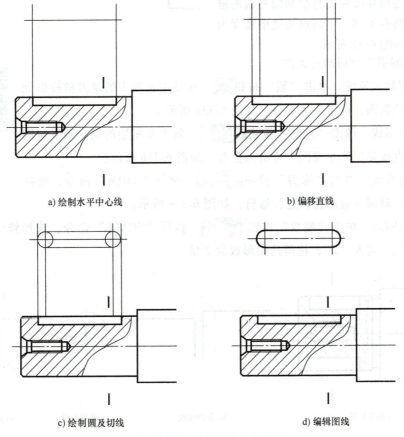

a) 绘制水平中心线　　　　　　　　　　b) 偏移直线

c) 绘制圆及切线　　　　　　　　　　d) 编辑图线

图 6-31　轴左端的键槽局部视图

3）偏移直线。单击"偏移"按钮 ，执行"OFFSET"命令，以两端的纵向直线为起始，分别向内偏移4mm绘制直线，如图6-31b所示。

4）绘制圆。单击"圆"按钮 ，以偏移直线与中心线的交点为圆心，绘制直径为8mm的圆，如图6-31c所示。

5）绘制直线。单击"直线"按钮 ，执行"LINE"命令，作上步所绘圆的外切线，如图6-31c所示。

6）修剪图线。单击"修剪"按钮 ，执行"TRIM"命令，选择偏移直线为剪切边，对圆进行修剪，如图6-31d所示。

7）编辑直线。单击"删除"按钮 ，执行"ERASE"命令，选择键槽长对正的直线，将其删除。利用夹点，将键槽中心线适当缩短或延长。

8）修改图线图层。选择局部视图的轮廓线，将其图层设置为"01粗实线"图层；选择局部视图的中心线，将其图层设置为"05中心线"图层，如图6-31d所示。

（4）绘制轴右端的键槽局部视图 绘制轴右端的键槽局部视图与绘制轴左端的键槽局部视图略有不同，不同点为键槽宽度为6mm，结果如图6-32所示。

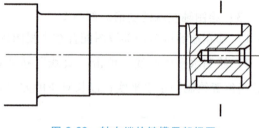

图6-32 轴右端的键槽局部视图

（5）绘制退刀槽局部放大图

1）确定放大位置。单击"圆"按钮 ，在轴主视图中的退刀槽投影处的适当位置绘制圆，确定放大部分，如图6-33a所示。

2）复制图线。单击"复制"按钮 ，将上步所绘的圆、圆所包围及圆穿过的直线复制到主视图下方适当位置，如图6-33b所示。

微课26. 局部放大图的绘制

3）修剪直线。单击"修剪"按钮 ，执行"TRIM"命令，选择圆为剪切边，对圆穿过的直线进行修剪，如图6-33c所示。

4）放大图形。单击"缩放"按钮 ，执行"SCALE"命令，选择修剪后的图形，以圆心为基点，输入"2"，将所选图形放大2倍。

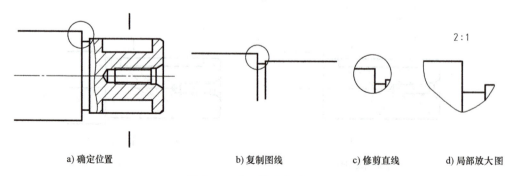

a）确定位置　　　b）复制图线　　　c）修剪直线　　　d）局部放大图

图6-33 退刀槽局部放大图

5）删除圆。单击"删除"按钮 ，执行"ERASE"命令，选择圆并将其删除。

6）补画波浪线。单击"样条曲线"按钮 ，执行"SPLINE"命令，在放大图的直线之间绘制波浪线，并将波浪线设置到"02 细实线"图层，如图 6-33d 所示。

7）标注局部放大图的比例。单击"文字"按钮 ，执行"MTEXT"命令，在局部放大图上方适当位置输入文字"2∶1"，如图 6-33d 所示。

4．标注尺寸

将当前图层设置为"08 尺寸线"图层。

（1）标注主视图中的尺寸　在主视图中标注轴的各阶梯的长度、直径、键槽的定位与长度等尺寸。单击"标注"——"线性"按钮，选择各个尺寸的端点进行尺寸标注，如图 6-34 所示。

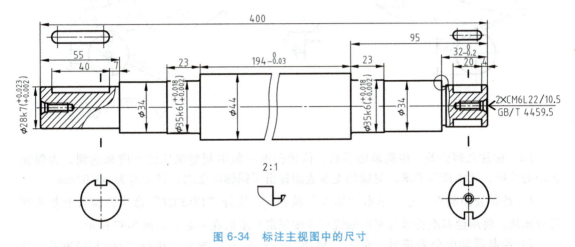

图 6-34　标注主视图中的尺寸

（2）标注各辅助视图中的尺寸　在断面图中标注断面表达的键槽尺寸，在局部放大图中标注退刀槽的尺寸。单击"标注"——"线性"按钮，选择各个线性尺寸的端点进行尺寸标注；单击"标注"——"直径"按钮，选择圆的轮廓线进行圆的直径标注，如图 6-35 所示。

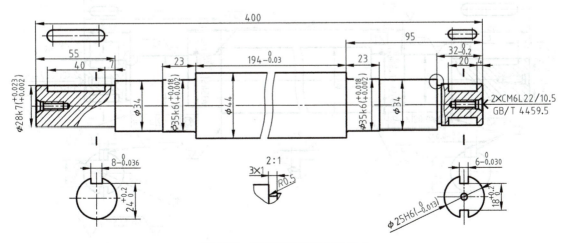

图 6-35　标注辅助视图中的尺寸

5. 标注技术要求

（1）标注表面粗糙度　单击"插入"按钮，执行"INSERT"命令，在传动轴的主视图中标注配合面的表面粗糙度；在断面图中标注键槽面的表面粗糙度；在图幅右下角插入代表"其余"的符号、粗糙度值 $Ra12.5$ 与粗糙度符号的组合，如图6-36所示。

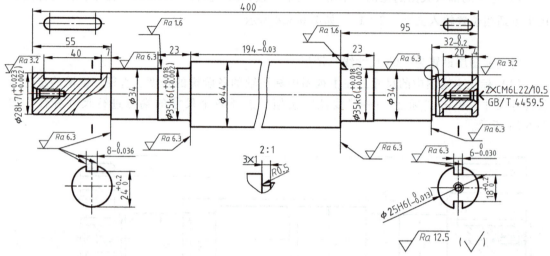

图 6-36　标注表面粗糙度

（2）标注几何公差　传动轴的形状、位置公差一般由制造机床的刚度来达到，为保证传动的平稳、效率高等要求，对轴的支承表面提出了同轴度要求，其公差为 $\phi0.02\text{mm}$。

1）绘制公差基准符号。单击"插入"按钮，执行"INSERT"命令，插入公差基准符号图块；将所绘基准符号与基准轴线尺寸按规定要求放在一起，如图6-37所示。

2）绘制同轴度公差符号。单击"标注"——"公差"按钮，执行"TOLERANCE"命令，弹出"形位公差"对话框。在"符号"选项组中选择同轴度符号，在"公差1"中选择直径符号，输入公差值"0.02"，在"基准1"中输入"A-B"，单击"确定"按钮，同轴度公差符号如图6-37所示。

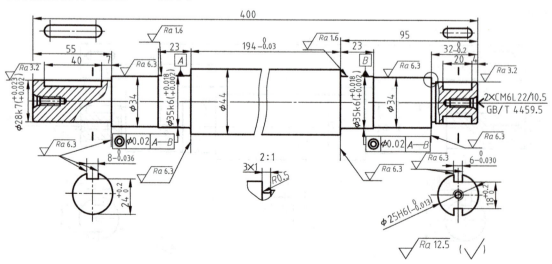

图 6-37　标注几何公差

3）复制同轴度公差符号。单击"复制"按钮 复制，执行"COPY"命令，选择同轴度公差符号为复制对象，以其左下角为基点复制到主视图的适当位置，如图6-37所示。

4）增加引线。单击"标注"——"多重引线"按钮，执行"MLEADER"命令，进行选项设置，分别绘出有拐点、无标识的引线，并将引线的箭头指向被测轴线，箭尾连接到同轴度公差符号，如图6-37所示。

（3）写技术要求　根据零件所选材料进行的热处理工艺、零件表达中的统一规范等写出技术要求。单击"多行文字"按钮 多行文字 ，执行"MTEXT"命令，输入"技术要求"等内容并进行编辑，如图6-38所示。

（4）绘制剖面线　对移出的断面图绘制剖面线，如图6-39所示。

技术要求
1. 热处理：调质220～250HBW。
2. 未注圆角R1.5。
3. 未注倒角C1。

图6-38　技术要求文字内容

6. 填写标题栏

根据图样管理的要求，在标题栏中填写相应的内容，如图6-39所示。

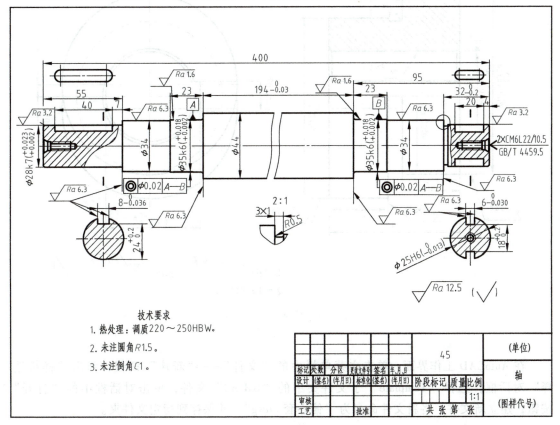

图6-39　轴的零件图

二、偏心套的绘制

【任务】完成偏心套的零件图绘制，该偏心套的结构及相关尺寸如图6-40所示。

【要求】偏心套属于套类零件，其结构、加工方法等与轴类零件相似。在视图上，使用两个基本视图来表达其内外结构与形状，通常按加工位置选择主视图，再配以合适的剖视图、断面图、局部放大图。

该偏心套为 180°方向对称偏心，偏心距为（8±0.05）mm。用两个视图可清楚表达偏心套的形状与结构，主视图采用单一平面的半剖视，既表达了其外形，也表达了内部的结构；左视图主要表达轴线偏心距和键槽。

【实施】根据偏心套的整体最大尺寸（φ120mm×90mm），选用 A3 图幅绘图，即使用"A3.dwt"样板文件。绘图单位为"mm"，绘图比例为 1∶1。该偏心套采用两个基本视图，即带有单一平面半剖切的主视图和左视图，以表达其内部结构和外部形状。完成偏心套零件图的步骤有：打开 A3 样板文件，绘制图形，标注尺寸和技术要求，填写标题栏并保存文件。

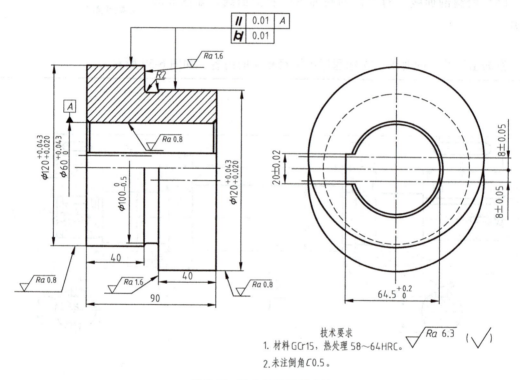

技术要求
1. 材料 GCr15，热处理 58～64HRC。
2. 未注倒角 C0.5。

图 6-40　偏心套的视图表达

1. 打开 A3 样板文件

在 AutoCAD 工作界面，单击主菜单栏中的"文件"——"新建"按钮，弹出"样板选择"对话框，选择"Template"子文件夹中的"GB-A3"文件，单击对话框中的"打开"按钮；建立新文件，将新文件命名为"偏心套.dwg"，并保存到指定文件夹。

2. 绘制图形

绘制偏心套零件图所用的命令见表 6-2。

（1）绘制基准线　将当前图层设置为绘制图层。单击"直线"按钮，执行"LINE"命令，选择适当的起点，绘制一条水平线和一条竖线，作为绘制主视图的纵、横基准线；单击"偏移"按钮，执行"OFFSET"命令，将竖线向右偏移 266mm，如图 6-41 所示。偏移绘制的直线与水平线，作为左视图中心线。

表 6-2　绘制偏心套零件图所用的命令

命令	图标	下拉菜单位置	命令	图标	下拉菜单位置
LINE		"绘图"——"直线"	XLINE		"绘图"——"构造线"
OFFSET		"修改"——"偏移"	MIRROR		"修改"——"镜像"
CIRCLE		"绘图"——"圆"	SPLINE		"绘图"——"样条曲线"
TRIM		"修改"——"修剪"	BHATCH		"绘图"——"图案填充"

（2）偏移直线　单击"偏移"按钮，执行"OFFSET"命令，以水平线为起始，分别向上、向下绘制直线，偏移量都为 8mm；以主视图中的纵向基准线为起始，向右偏移绘制 3 条直线，偏移量分别为 40mm、50mm、90mm，如图 6-42 所示。

图 6-41　绘制纵、横基准线　　　　　　　图 6-42　偏移直线

（3）绘制左端偏心圆柱的轮廓线

1）在左视图中绘圆。单击"圆"按钮，执行"CIRCLE"命令，根据系统提示，捕捉点 A 为圆心，输入半径"60"，绘制圆，如图 6-43a 所示。

2）水平追踪绘制直线 7、8。单击状态栏中的正交按钮，打开正交功能；单击"直线"按钮，执行"LINE"命令，单击左视图中圆与中心线最上方交点，向左拖动鼠标，与直线 6、5、4、3 相交，按<Enter>键确定，绘制直线 7；用类似操作，绘制直线 8，如图 6-43a 所示。

3）修剪直线。单击"修剪"按钮，执行"TRIM"命令，选择绘制的直线 7、8 及直线 3、4 作为修剪边，相互修剪，如图 6-43b 所示。

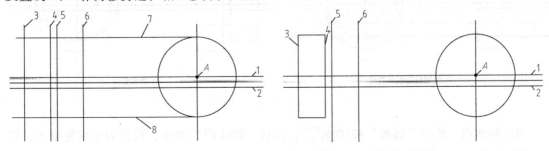

a）绘制圆与偏移直线　　　　　　　　　　b）修剪直线

图 6-43　左端偏心圆柱的轮廓线

(4) 绘制右端偏心圆柱的轮廓线

1) 在左视图中绘圆。单击"圆"按钮 ⊙，执行"CIRCLE"命令，根据系统提示，捕捉点 B 为圆心，输入半径"60"，绘制圆，如图 6-44a 所示。

2) 偏移直线。单击"偏移"按钮 ⊂，执行"OFFSET"命令，以水平直线 2 为起始，分别向上、向下绘制直线 9、10，偏移量都为 60mm，如图 6-44a 所示。

3) 修剪直线。单击"修剪"按钮 ✂ 修剪，执行"TRIM"命令，选择偏移直线 9、10 及直线 5、6 作为修剪边，相互修剪，如图 6-44b 所示。

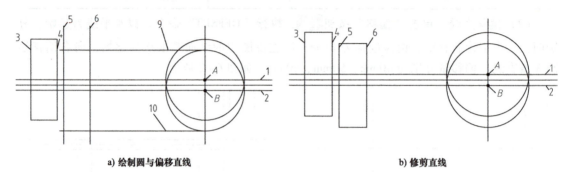

a) 绘制圆与偏移直线　　　　　　　　　　b) 修剪直线

图 6-44　右端偏心圆柱的轮廓线

(5) 绘制连接圆柱的轮廓线

1) 在左视图中绘圆。单击"圆"按钮 ⊙，执行"CIRCLE"命令，根据系统提示，捕捉点 C 为圆心，分别输入半径"30""50"，绘制圆，如图 6-45a 所示。

2) 偏移直线。单击"偏移"按钮 ⊂，执行"OFFSET"命令，以水平中心线为起始，分别向上、向下绘制直线，偏移量分别为 30mm、50mm，如图 6-45a 所示。

3) 修剪直线。单击"修剪"按钮 ✂ 修剪，执行"TRIM"命令，选择上步偏移的直线及直线 3、4、5、6 作为修剪边，直线 4、5 修剪上步偏移量为 50mm 的直线；直线 3、6 修剪上步偏移量为 30mm 的直线，如图 6-45b 所示。

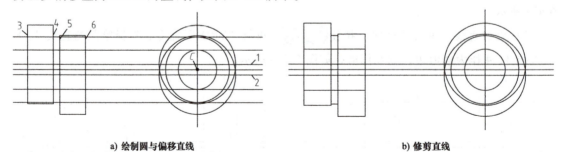

a) 绘制圆与偏移直线　　　　　　　　　　b) 修剪直线

图 6-45　连接圆柱的轮廓线

4) 倒圆角。单击"圆角"按钮 圆角，执行"FILLET"命令，设置为不修剪模式，输入半径"2"，对连接圆柱倒圆角，如图 6-46a 所示。

5) 修剪直线。单击"修剪"按钮 ✂ 修剪，执行"TRIM"命令，选择上步倒圆角的弧线为修剪边，修剪水平直线，如图 6-46b 所示。

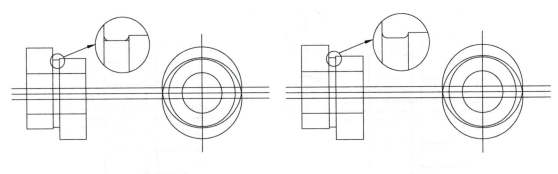

a) 倒圆角　　　　　　　　　　　　b) 修剪直线

图 6-46　倒圆角与修剪直线

(6) 绘制键槽的轮廓线

1) 偏移直线。单击"偏移"按钮 ⊆，执行"OFFSET"命令，以水平中心线为起始，分别向上、向下绘制直线，偏移量均为 10mm；以左视图纵向中心线为起始，向左绘制直线，偏移量为 34.5mm，如图 6-47a 所示。

2) 修剪直线。单击"修剪"按钮 ✂修剪，执行"TRIM"命令，选择上步绘制的偏移直线、主视图中左右轮廓线、左视图中 ϕ60mm 圆弧作为修剪边，修剪偏移直线，如图 6-47b 所示。

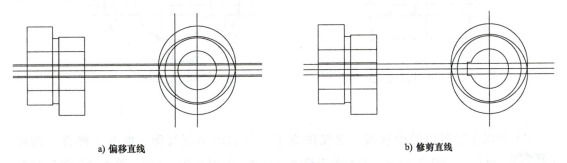

a) 偏移直线　　　　　　　　　　　　b) 修剪直线

图 6-47　键槽的轮廓线

(7) 倒角

1) 倒角。单击"倒角"按钮 倒角，执行"CHAMFER"命令，设置为不修剪模式，输入倒角距离"2"，对左、右偏心圆柱内孔边缘倒角，如图 6-48a 所示。

2) 修剪直线。单击"修剪"按钮 ✂修剪，执行"TRIM"命令，选择上步倒角线为修剪边，修剪水平直线，如图 6-48a 所示。

3) 绘制直线。单击"直线"按钮，执行"LINE"命令，绘制上步所绘倒角在主视图中的投影直线，如图 6-48b 所示。

4) 绘制圆。单击"圆"按钮 ⊙，执行"CIRCLE"命令，绘制倒角在左视图中的投影圆并进行修剪，如图 6-49 所示。

(8) 编辑轮廓线

1) 编辑中心线。单击"打断"按钮，执行"BREAK"命令，将主视图与左视图相

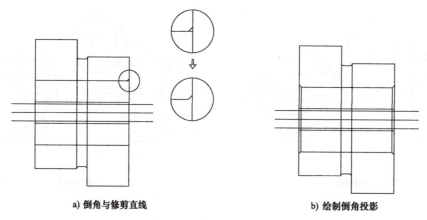

a）倒角与修剪直线　　　　　　b）绘制倒角投影

图 6-48　倒角的轮廓线

连的中心线在适当的位置打断；并利用夹点对中心线的长度进行延长或缩短；将所有中心线所在图层设置为"05 中心线"图层，如图 6-49 所示。

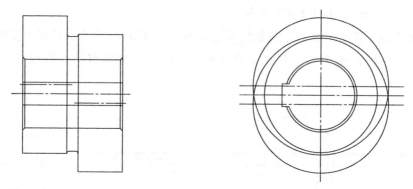

图 6-49　编辑中心线

2）编辑主视图中的轮廓线。主视图为单一平面的半剖视图，单击"修剪"按钮，执行"TRIM"命令，对相关直线进行修剪，如图 6-50a 所示。单击"删除"按钮，执行"ERASE"命令，删除视图中多余的图线，如图 6-50b 所示。将主视图中轮廓线的图层设置为"01 粗实线"图层，如图 6-50c 所示。

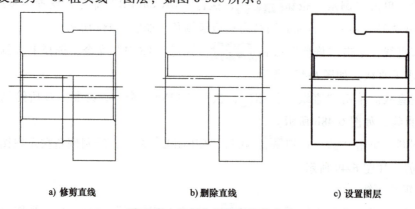

a）修剪直线　　　　　　b）删除直线　　　　　　c）设置图层

图 6-50　编辑主视图中的轮廓线

3）编辑左视图中的轮廓线。单击"修剪"按钮 ，执行"TRIM"命令，对相关圆弧进行修剪，如图 6-51a 所示。将左视图中的轮廓线图层设置为"01 粗实线"图层，将直径为 100mm 圆的图层设置为"04 细虚线"图层，如图 6-51b 所示。

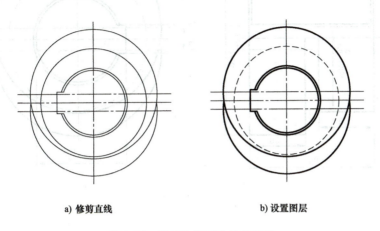

a）修剪直线　　　　　　　　　　b）设置图层

图 6-51　编辑左视图中的轮廓线

（9）绘制剖面线　将"剖面符号"图层设为当前图层。

单击"图案填充"按钮 ，在"图案填充创建"功能面板中的"图案"工具栏中选择"ANSI32"，设置"比例"为"1"，单击"拾取点"按钮，在主视图上部适当位置选一点，再单击"关闭图案填充创建"按钮 ，如图 6-52 所示。

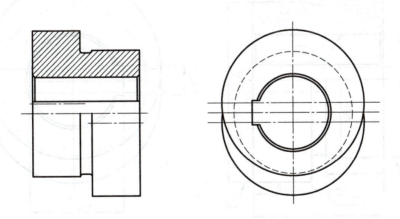

图 6-52　绘制剖面线

3. 标注尺寸

将"08 尺寸线"图层设为当前图层。

（1）标注主视图中的尺寸　在主视图中标注偏心套各圆柱的长度、直径等尺寸。单击"标注"——"线性"按钮，选择各个尺寸的端点进行尺寸标注，如图 6-53 所示。

（2）标注左视图中的尺寸　在左视图中标注偏心距、键槽尺寸等尺寸，单击"标注"——"线性"按钮，选择各个线性尺寸的端点进行尺寸标注，如图 6-53 所示。

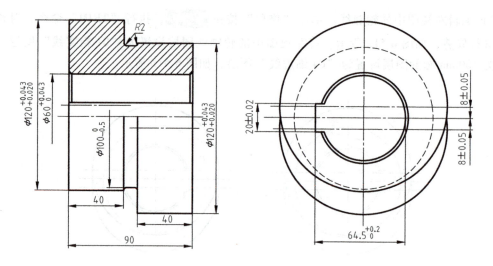

图 6-53 标注尺寸

4. 标注技术要求

（1）标注表面粗糙度　单击"插入"按钮，执行"INSERT"命令，在偏心套主视图中标注配合面的表面粗糙度（共有 5 处）；在图幅右下角插入代表"其余"的符号、粗糙度值"$Ra\ 6.3$"与粗糙度符号的组合，如图 6-54 所示。

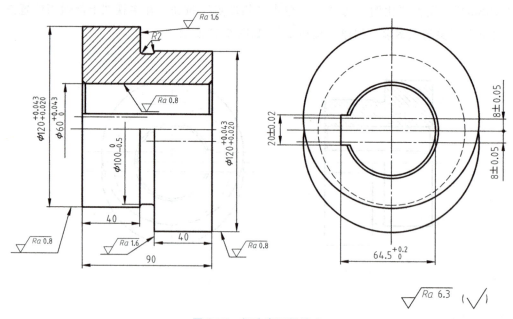

图 6-54 标注表面粗糙度

（2）标注几何公差　为保证偏心套在工作过程中的平稳性，提出了偏心套的左、右偏心圆柱表面素线相对连接圆柱中心线的平行度公差为 0.01mm，偏心套的左、右偏心圆柱的圆柱度公差为 0.01mm。

1）绘制公差基准符号。单击"插入"按钮，执行"INSERT"命令，插入公差基准符号图块；将所绘基准符号与基准轴线尺寸按规定要求放在一起，如图 6-55 所示。

2）绘制几何公差符号。单击"标注"——→"公差"按钮，执行"TOLERANCE"命令，弹出"形位公差"对话框。在"符号"选项组中第一行选择平行度符号，在"公差 1"中输入公差值"0.01"，在"基准 1"中输入"A"；在"符号"选项组中第二行选择圆柱度符号，在"公差 1"中输入公差值"0.01"，如图 6-55a 所示。单击"确定"按钮，几何公差符号如图 6-55b 所示。

3）增加引线。单击"标注"——→"多重引线"按钮，执行"MLEADER"命令，进行选项设置，分别绘出有拐点、无标识的引线，并将引线的箭头指向偏心套的左、右偏心圆柱表面，箭尾连接几何公差符号，如图 6-55b 所示。

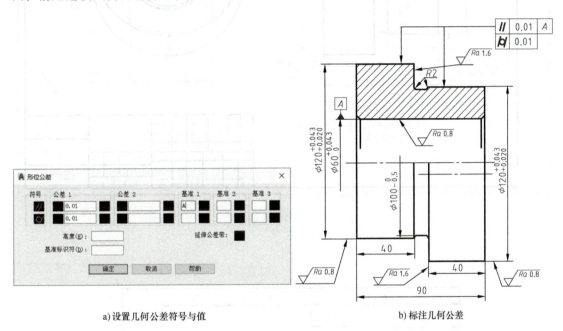

a) 设置几何公差符号与值   b) 标注几何公差

图 6-55　标注左、右偏心圆柱表面几何公差

（3）写出技术要求　根据零件所选材料进行的热处理工艺、零件表达中的统一规范等写出技术要求。单击"多行文字"按钮，执行"MTEXT"命令，输入技术要求的相关内容并进行编辑，如图 6-56 所示。

技术要求
1. 材料 GCr15，热处理 58～64HRC。
2. 未注倒角 C0.5。

图 6-56　技术要求文字内容

5. 填写标题栏

根据图样管理的要求，在标题栏中填写相应的内容，如图 6-57 所示。

技能训练

1. 绘制铜合金整体轴套，该轴套的标记为"轴套 GB/T 18324—C80×90×100Y-CuSn8P"。

2. 完成主轴零件图的绘制，该主轴的结构及相关尺寸如图 6-58 所示。

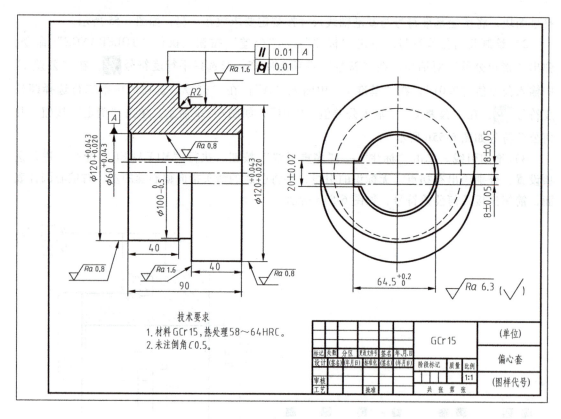

图 6-57 偏心套零件图

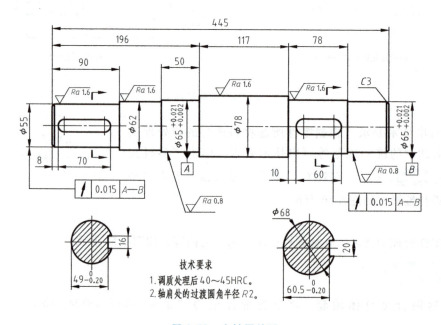

图 6-58 主轴零件图

3. 完成纵轴套零件图的绘制，该纵轴套的结构及相关尺寸如图 6-59 所示。

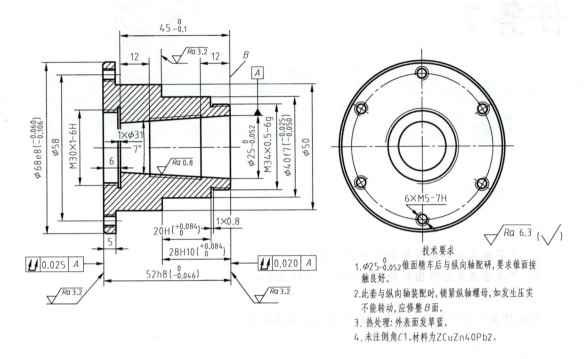

图 6-59　纵轴套零件图

任务 7

盘盖类零件图的绘制

任务目标

1. 知识目标

1) 了解盘盖类零件图的表达方法与特点;
2) 掌握盘盖类零件图的绘制方法和尺寸标注方法。

2. 技能目标

能选择合适的命令与方法绘制和标注盘盖类零件图。

任务分析

通过操作,熟练掌握合适的命令与方法绘制并标注盘盖类零件图。任务的重点、难点为熟练绘制盘类零件图的方法。

任务实施

一、法兰盘的绘制

【任务】完成法兰盘零件图绘制,该法兰盘的结构及相关尺寸如图 7-1 所示。

【要求】盘盖类零件包括手轮、带轮、端盖、法兰盘等,一般用来传递动力和转矩,盘主要起支承、轴向定位以及密封等作用。此类零件的毛坯有铸件、锻件等。机械加工以车削为主。盘盖类零件一般按形状特征和加工位置选择主视图,轴线横放,根据情况采用全剖或半剖。盘盖类零件一般采用两个视图来表达其结构,根据不同的结构还可以采用移出断面图和重合断面图表示。

该法兰盘结构较简单,只需两个视图来表达,主视图主要来表达法兰盘端部孔的分布和外部结构,左视图采用单一平面的半剖视图,主要表达法兰盘的厚度等。

【实施】根据法兰盘的整体最大尺寸(ϕ900mm×35mm),选用 A3 图幅绘图,即使用"A3.dwt"样板文件。绘图单位为"mm"、绘图比例为 1∶5。该法兰盘采用两个基本视图,即主视图和带有单一平面半剖切的左视图来表达其外部形状和内部结构。完成法兰盘零件图的步骤有:创建绘图环境,绘制法兰盘视图,标注尺寸和技术要求,填写标题栏并保存文件。

1. 创建绘图环境

根据法兰盘的零件图,法兰盘的最大线性尺寸为 900mm,如按 1∶1 绘图比例选用 A0 图

任务7　盘盖类零件图的绘制

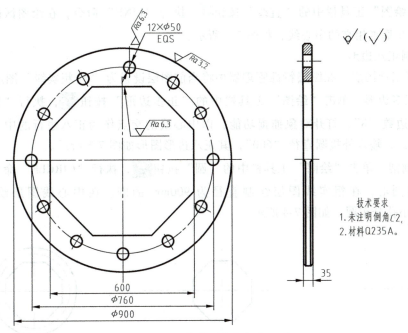

图 7-1　法兰盘的结构及相关尺寸

幅。采用 1∶1 绘图比例，一般有以下两种创建绘图环境的方法。

（1）选择样板文件　单击"文件"——"打开"按钮，在"选择文件"对话框中选择"Template"子文件夹中的"A0.dwt"文件，将新文件命名为"法兰.dwg"并保存到指定文件夹。

（2）修改 A3 图纸幅面　单击"修改"工具栏中的"删除"按钮 ，删除现有 A3 图纸中所有的图形；单击"修改"——"对象"——"文字"——"编辑"按钮，修改标题栏中的文字，最后另存"法兰.dwg"到指定文件夹；单击"修改"工具栏中的"缩放"按钮 缩放 ，选择 A3 图幅框，将其放大 5 倍，再以新文件命名为"法兰.dwg"，并保存到指定文件夹，完成后以 1∶5 输出绘图。

2. 绘制法兰盘视图

绘制法兰盘零件视图所用到的主要命令见表 7-1。

表 7-1　绘制法兰盘零件视图的主要命令

命令	图标	下拉菜单位置	命令	图标	下拉菜单位置
LINE	直线	"绘图"——"直线"	ARRAY	阵列	"修改"——"阵列"
POLYGON		"绘图"——"正多边形"	CHAMFER	倒角	"修改"——"倒角"
CIRCLE		"绘图"——"圆"	BHATCH		"绘图"——"图案填充"

（1）绘制主视图

1）绘制基准线。在图层特性管理器中把"05 中心线"图层设为当前图层，打开正交模

161

式,单击"绘图"工具栏中的"直线"按钮, 执行"LINE"命令,在绘图区的适当位置绘制两条相互垂直相交的中心线,如图 7-2 所示。

2) 绘制正八边形。

① 设置当前图层。在图层特性管理器中将当前图层设置为"01 粗实线"图层。

② 绘正多边形。单击"绘图"工具栏中的"正多边形"按钮, 执行"POLYGON"命令,输入边数"8",打开对象捕捉功能,以中心线的交点作为正八边行的中心点,选择外接于圆模式,输入外接圆直径"600",其正八边形图形如图 7-3 所示。

3) 绘制圆。单击"绘图"工具栏中的"圆"按钮, 执行"CIRCLE"命令,以中心线的交点为圆心,在粗实线图层绘制直径为 900mm 的圆。在中心线图层绘制直径为 ϕ760mm 的小孔分布圆,如图 7-4 所示。

图 7-2 中心线　　　　　图 7-3 正八边形　　　　　图 7-4 外轮廓和小孔分布圆

4) 绘制均布圆。

① 绘制圆。单击"绘图"工具栏中的"圆"按钮, 执行"CIRCLE"命令,以纵向中心线与 ϕ760mm 圆上方的交点作为圆心,绘一个直径为 50mm 的圆,如图 7-5a 所示。

② 阵列圆。单击"修改"工具栏中的"阵列"按钮, 按系统提示,选择绘制的 ϕ50mm 圆为阵列对象,按<Enter>键;选择中心线的交点为阵列中心点,弹出"环形阵列创建"功能面板,在"项目"工具栏中,设置"项目数"为"12","填充"为"360";在"特性"工具栏中选中"旋转项目",单击"关闭阵列"按钮,完成环形阵列,如图 7-5b 所示。

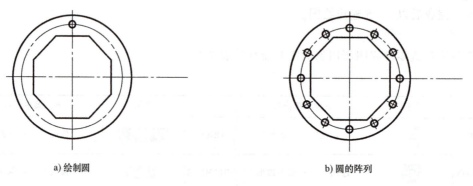

a) 绘制圆　　　　　　　　　　　b) 圆的阵列

图 7-5 绘制均布圆

(2) 绘制左视图

1) 绘制外轮廓。

① 设置绘图状态栏。在状态栏中单击"捕捉"按钮, "正交"按钮, "对象捕捉

追踪"按钮、"对象捕捉"按钮，使对应功能呈开启状态（开启状态为浅蓝色）。在状态栏中，单击按钮右边白色下三角按钮，在弹出的菜单中勾选"端点""交点""圆心"等选项。

② 绘制轮廓线。单击"绘图"工具栏中的"直线"按钮，执行"LINE"命令，把鼠标指针移到主视图中 $\phi900mm$ 的圆与纵向中心线交点附近，让系统自动捕捉到交点，当鼠标指针往右边移动时出现一条追踪线（呈虚线的线）；然后在左视图适当位置单击直线的第一个点，输入法兰盘厚度尺寸"35"；鼠标指针向下移，输入"900"，如图 7-6a 所示；鼠标指针向左移，输入"35"；鼠标指针向上移，输入"900"，绘出法兰左视图外轮廓，如图 7-6b 所示。

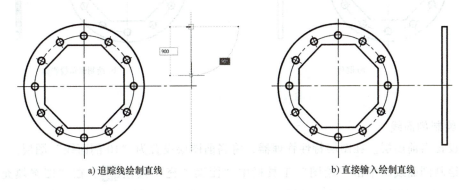

a) 追踪线绘制直线　　　　　　　　b) 直接输入绘制直线

图 7-6　左视图外轮廓

2) 绘制剖切轮廓线。左视图的单一剖切面通过主视图的纵向中心线，单一平面通过内八边形顶边、均布圆等，在左视图中产生相应的投影轮廓线。

① 投影轮廓线。单击"绘图"工具栏中的"直线"按钮，执行"LINE"命令，绘制左视图上半部分剖切的投影轮廓线，如图 7-7a 所示。

② 绘制中心线。将当前图层设置为"05 中心线"图层；单击"绘图"工具栏中的"直线"按钮，执行"LINE"命令，绘制左视图上半部分剖切圆的中心线，如图 7-7b 所示。

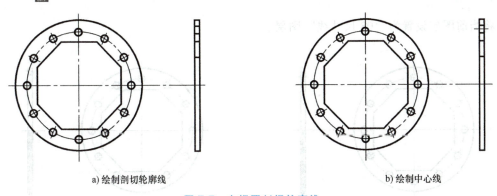

a) 绘制剖切轮廓线　　　　　　　　b) 绘制中心线

图 7-7　左视图剖视轮廓线

3) 倒角。

① 倒角。单击"修改"工具栏中的"倒角"按钮，执行"CHAMFER"命令，

选择角度模式,输入直线倒角长度"2"和倒角角度"45",对左视图上、下拐点进行倒角,如图 7-8a 所示。

② 绘制倒角投影线。单击"绘图"工具栏中的"直线"按钮,执行"LINE"命令,对左视图水平中心线下半部分没有被剖切的部分绘制倒角投影轮廓直线,如图 7-8b 所示。

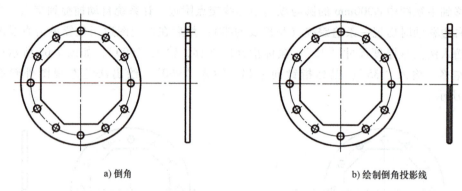

a) 倒角   b) 绘制倒角投影线

图 7-8 左视图倒角轮廓线

4) 绘制剖面线。

① 设置当前图层。在图层特性管理器,将当前图层设置为"10 剖面线"图层。

② 绘制剖面线。单击"绘图"工具栏中"图案填充"按钮,在"图案填充创建"功能面板中的"图案"工具栏中选择"ANSI31",设置"比例"为"1",单击"拾取点"按钮,在左视图上部适当位置选点(有两个位置),再单击"关闭图案填充创建"按钮,对左视图剖切部分绘剖面线,如图 7-9a 所示。

5) 编辑中心线。

① 打断中心线。单击"修改"工具栏中的"打断"按钮,将水平中心线在主视图、左视图中间适当位置打断。

② 利用夹点对各中心线的长度进行延长或缩短,如图 7-9b 所示。

3. 标注尺寸

将当前图层设置为"08 尺寸线"图层。

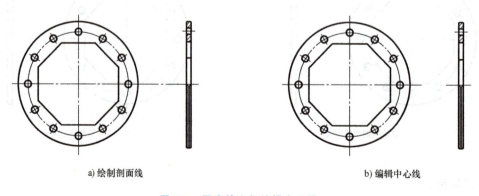

a) 绘制剖面线   b) 编辑中心线

图 7-9 图案填充与编辑中心线

(1) 标注线性尺寸　法兰盘的线性尺寸有八边形的边距 600mm 和厚度 35mm。单击"标注"—→"线性"按钮，打开"对象捕捉"功能，利用捕捉端点的方法，选择各个尺寸的端点进行尺寸标注；在主视图标注八边形的边距"600"、在左视图标注法兰厚度"35"两个线性尺寸，如图 7-10a 所示。

(2) 标注直径尺寸

1) 线性标注直径尺寸。单击"标注"—→"线性"按钮，利用"对象捕捉"功能，标注主视图中的 $\phi760$、$\phi900$ 两个直径尺寸，如图 7-10b 所示。

2) 直径标注。单击"标注"—→"直径"按钮，利用"对象捕捉"功能，捕捉直径为 $\phi50$ 的小圆，输入"M"，用文字编辑器进行标注，如图 7-10b 所示。

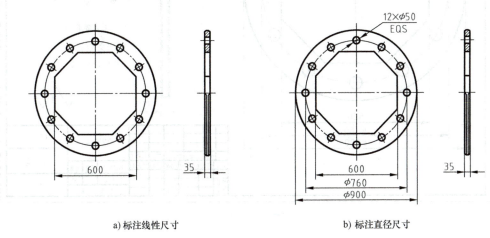

a) 标注线性尺寸　　　　b) 标注直径尺寸

图 7-10　标注尺寸

4. 标注技术要求

(1) 标注表面粗糙度

1) 单击"插入"按钮，选择已有带有属性的外部粗糙度图块，利用对象捕捉最近点作为插入点，标注加工表面的表面粗糙度（在主视图中有三处）。

2) 在图幅右下角插入代表"其余"的符号与不去除材方法的粗糙度符号的组合，如图 7-11 所示。

(2) 写技术要求　根据零件所选材料进行的热处理工艺、零件表达中的统一规范等写出技术要求。单击"多行文字"按钮，输入技术要求的文字内容并进行编辑，如图 7-11 所示。

5. 填写标题栏

根据标题栏相关标准的要求，在标题栏中填写相应的内容，如图 7-11 所示。

二、盘的绘制

【任务】完成盘的零件图绘制，该盘的结构及相关尺寸如图 7-12 所示。

【要求】该盘零件属于盘盖类零件，一般需要两个基本视图，即一个主视图和一个左视图或右视图。若该类零件是空心的，且各视图均具有对称平面，则可取半剖视图；若无对称平面，则可取全剖视图或局部剖视图。

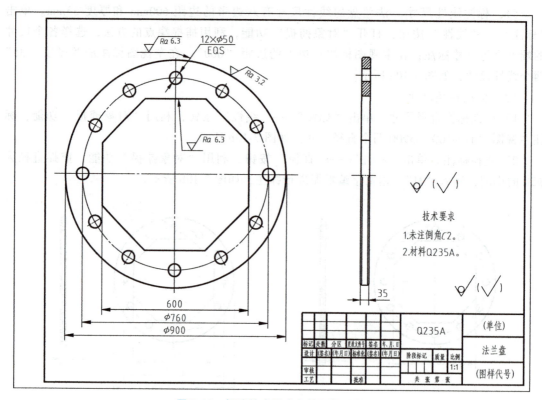

图 7-11　标注技术要求与填写标题栏

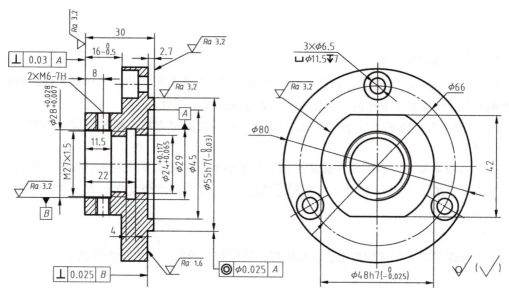

图 7-12　盘的视图表达

该盘的材料为铸件。其主视图是以加工位置和表达轴向结构形状为原则选取的,轴线水平放置;主视图采用了全剖视。左视图采用外形视图,比较完整地表达了该零件的形状,展示了盘的结构情况。

【实施】根据盘的整体最大尺寸为 φ80mm×30mm,选用 A4 图幅绘图,即使用"A4.dwt"样板文件。绘图单位为"mm",绘图比例为 1∶1。该盘采用两个基本视图,即全剖的主视图和左视图来表达其外部形状和内部结构。完成该盘零件图的步骤有:创建绘图环境,绘制图形,标注尺寸和技术要求,填写标题栏并保存文件。

1. 设置绘图环境

根据盘的尺寸与形状,选 A4 图幅,绘图比例设为 1∶1;绘图单位为"mm"。单击主菜单中的"文件"——"打开"按钮,在"选择文件"对话框中选择"Template"子文件夹中的"A4.dwt",建立新文件;将新文件命名为"盘.dwg"并保存到指定文件夹。

2. 绘制零件视图

绘制零件视图所用的主要命令见表 7-2。

表 7-2 绘制零件视图所用的主要命令

命令	图标	下拉菜单位置	命令	图标	下拉菜单位置
LINE		"绘图"——"直线"	ERASE		"修改"——"删除"
CIRCLE		"绘图"——"圆"	OFFSET		"修改"——"偏移"
MTEXT		"绘图"——"多行文字"	BHATCH		"绘图"——"图案填充"
ARRAY		"修改"——"阵列"	BREAK		"修改"——"打断"
MIRROR		"修改"——"镜像"	TRIM		"修改"——"修剪"

(1) 绘制左视图

1) 绘制中心线。在图层特性管理器中把"05 中心线"图层设为当前图层,打开正交模式,单击"直线"按钮,执行"LINE"命令,在绘图区的合适位置绘制两条垂直相交的中心线,如图 7-13 所示。

2) 绘制轮廓圆及中心圆、内螺纹大径圆。

将"01 粗实线"图层设为当前图层,单击"绘图"工具栏中的"圆"按钮,执行"CIRCLE"命令,捕捉中心线交点为圆心,分别绘制 φ80mm、φ66mm、φ48mm、φ28mm、φ27mm、φ23mm 六个同心圆;将 φ66mm 圆的线型改为细点画线;单击"修改"工具栏中的"打断"按钮,将 φ27mm 的圆在左下位置打断 1/4,并将其线型改为细实线,如图 7-14 所示。

图 7-13 绘制中心线

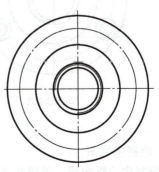

图 7-14 绘制轮廓圆、中心圆、内螺纹大径圆

3）绘制均布圆。

① 绘制圆。单击"圆"按钮，执行"CIRCLE"命令，根据系统提示，以纵向直线中心线与 $\phi 66$mm 圆的交点为圆心，绘制 $\phi 6.5$mm、$\phi 11.5$mm 两个同心圆，如图 7-15a 所示。

② 阵列圆。执行"ARRAYCLASSIC"命令，系统弹出"阵列"对话框，设置阵列为"环形阵列"，选择 $\phi 6.5$mm、$\phi 11.5$mm 两个同心圆及其纵向中心线为阵列对象，阵列中心点为同心圆的圆心，设置"项目总数"为"3"，"填充角度"为"360"，选择"复制时旋转项目"复选框，单击"确定"按钮，完成环形阵列，修剪阵列后的圆的中心线，如图 7-15b 所示。

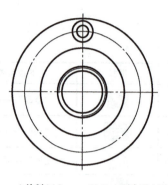 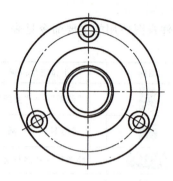

a) 绘制 $\phi 6.5$mm、$\phi 11.5$mm 两个同心圆　　　　b) 阵列圆

图 7-15　绘制均布圆

4）绘制 $\phi 48$mm 圆上的轮廓线。

① 偏移直线。单击"修改"工具栏中的"偏移"按钮，执行"OFFSET"命令，以水平中心线为起始，向上、向下绘制偏移直线，偏移量均为 21mm，如图 7-16a 所示。

② 修剪直线。单击"修改"工具栏中的"修剪"按钮，执行"TRIM"命令，选择上步偏移直线及 $\phi 48$mm 圆为修剪对象进行修剪，并将偏移修剪后的线的线型改为粗实线，如图 7-16b 所示。

a) 偏移直线　　　　b) 修剪直线

图 7-16　绘制 $\phi 48$mm 圆上的轮廓线

（2）绘制主视图

1）绘制定位纵向线。关闭状态栏中的线宽，打开正交模式；单击"绘图"工具栏中的

"直线"按钮，执行"LINE"命令，在绘图区的合适位置绘制一条纵向线（与水平中心线垂直相交的直线），如图7-17所示。

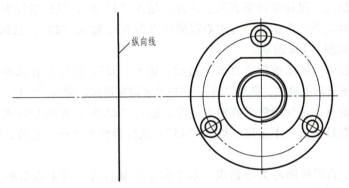

图 7-17　绘制定位纵向线

2）绘制部分轮廓线。

① 偏移直线。单击"修改"工具栏中的"偏移"按钮，执行"OFFSET"命令，以纵向线为起始，向左绘制直线，偏移量分别为 2.7mm、14mm、30mm。

② 绘制直线。打开正交模式，以左视图部分点和直线为起始，向左绘制直线，与上步绘制的偏移直线分别相交，如图7-18a所示。

③ 修剪直线。单击"修改"工具栏中的"修剪"按钮，执行"TRIM"命令，选择上步绘制的偏移直线及纵向线为修剪对象，相互进行修剪，如图7-18b所示。

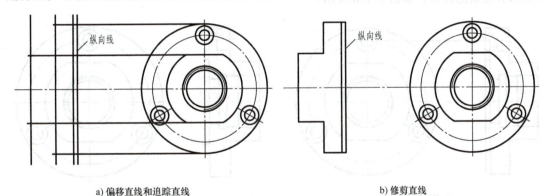

a) 偏移直线和追踪直线　　　　　　　　　　　b) 修剪直线

图 7-18　绘制部分轮廓线

3）绘制剩余部分轮廓线。

① 追踪绘制直线。关闭状态栏中的线宽，打开正交模式，在"对象捕捉设置"选择"端点""交点""垂足"；单击"绘图"工具栏中的"直线"按钮，执行"LINE"命令。如图7-19a所示，单击 A 点，鼠标指针垂直向上追踪，输入"14"，按<Enter>键确定；鼠标指针水平向右追踪，输入"11.5"，按<Enter>键确定；鼠标指针垂直向下追踪（与中心线的交点为 B），输入"28"，按<Enter>键确定；鼠标指针水平向左追踪，输入"11.5"，按<Enter>键确定。

以 B 点为起始点，鼠标指针垂直向上追踪，输入"13.5"；鼠标指针水

微课 27. 用追踪的方式绘制盘的中心各孔径

平向右追踪,输入"6.5";鼠标指针垂直向下追踪(与中心线的交点为C),输入"27";鼠标指针水平向左追踪,输入"6.5",如图7-19a所示。

以C点为起始点,鼠标指针垂直向上追踪,输入"14.5";鼠标指针水平向右追踪,输入"4";鼠标指针垂直向下追踪(与中心线的交点为D),输入"29";鼠标指针水平向左追踪,输入"4"。如图7-19a所示。

以D点为起始点,鼠标指针垂直向上追踪,输入"12";鼠标指针水平向右追踪,输入"5.3";鼠标指针垂直向下追踪,输入"24";鼠标水平向左追踪,输入"5.3",如图7-19a所示。

以E点为起始点,鼠标指针垂直向上追踪,输入"22.5";鼠标指针水平向左追踪,输入"2.7";鼠标指针垂直向下追踪,输入"45";鼠标指针水平向左追踪,输入"2.7",如图7-19a所示。

以左视图最上面圆的圆心为起始点,水平向左绘制直线,与主视图相交于F点。以F点为起始点,鼠标指针垂直向上追踪,输入"5.75";鼠标指针水平向右追踪,输入"7";鼠标指针垂直向下追踪(与中心线相交于G点),输入"11.5";鼠标指针水平向左追踪,输入"7",如图7-19a所示。

以G点为起始点,鼠标指针垂直向上追踪,输入"3.25";鼠标指针水平向右追踪,输入"4.3";鼠标指针垂直向下追踪,输入"6.5";鼠标指针水平向左追踪,输入"4.3",如图7-19a所示。

② 修剪直线。单击"修改"工具栏中的"修剪"按钮 ，执行"TRIM"命令,选择主视图为修剪对象,直线间相互进行修剪。删除在水平和垂直追踪中重叠绘制的直线,调整部分线条的线型,如图7-19b所示。

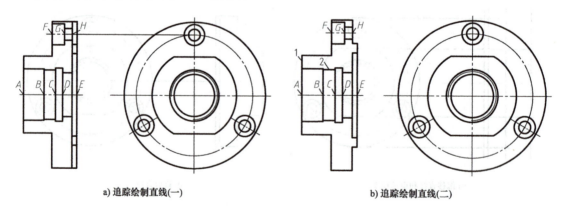

a) 追踪绘制直线(一)　　　　　　　　b) 追踪绘制直线(二)

图7-19　剩余部分轮廓线

4）绘制螺纹孔线。

① 偏移直线。单击"修改"工具栏中的"偏移"按钮 ，执行"OFFSET"命令,以直线1为起始,向右绘制直线,偏移量为8mm;再以这条偏移的线为起始(中心),分别向左、向右绘制两条偏移直线,偏移量分别为2.55mm、3mm,如图7-20a所示。

以直线2为起始,向下绘制直线,偏移量为2mm,如图7-20a所示。

② 修剪直线。单击"修改"工具栏中的"修剪"按钮 ，执行"TRIM"命令,选择直线间相互进行修剪,结果如图7-20b所示。

③镜像直线。单击"修改"工具栏中的"镜像"按钮 镜像,执行"MIRROR"命令,选择螺纹孔线及螺纹孔中心线为对象,以主视图水平中心线为镜像线,镜像结果如图7-20c所示。

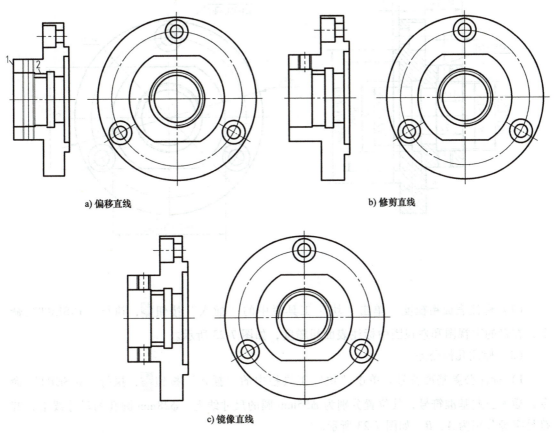

a) 偏移直线　　　　　　　　　　b) 修剪直线

c) 镜像直线

图 7-20　绘制螺纹孔线

5)绘制剖面线。将当前图层设置为"10剖面线"图层,绘制剖面线。单击"绘图"工具栏中的"图案填充"按钮,弹出"图案填充创建"功能面板,在"图案"工具栏中选择"ANSI31",设置"比例"为"1",单击"拾取点"按钮,在主视图剖切位置选点,再单击"关闭图案填充创建"按钮,绘制主视图中的剖面线。将螺纹孔大径投影线线型改为细实线,如图7-21所示。

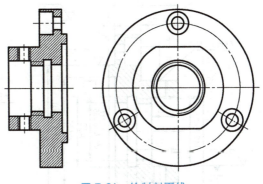

图 7-21　绘制剖面线

3. 标注尺寸

(1)标注主视图中的尺寸　主视图中标注的尺寸有盘的直径、厚度等。单击"标注"→"线性"按钮,选择各个尺寸的端点进行尺寸标注,如图7-22所示。

（2）标注左视图中的尺寸　左视图中标注的尺寸有盘上沉孔中心圆尺寸等。单击"标注"→"直径"按钮，选择各个圆进行尺寸标注，如图7-22所示。

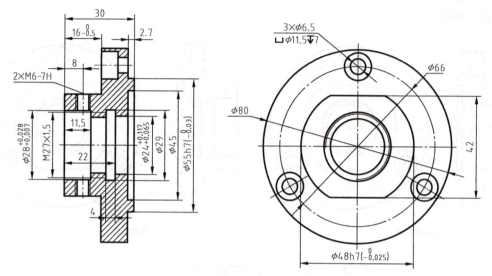

图7-22　标注尺寸

4. 标注技术要求

（1）标注表面粗糙度　单击"块"工具栏中的"插入"按钮，执行"INSERT"命令，在盘的主视图和左视图中标注表面粗糙度，如图7-23所示。

（2）标注几何公差

1）标注公差基准符号。单击"块"工具栏中的"插入"按钮，执行"INSERT"命令，插入公差基准符号，其位置分别为 $\phi 55mm$ 圆的尺寸线上、$\phi 28mm$ 圆孔的尺寸线上，其符号字母分别为 A、B，如图7-23所示。

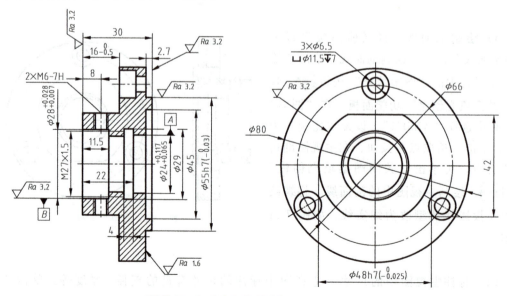

图7-23　标注表面粗糙度与公差基准符号

2）绘制同轴度公差符号。在命令行输入命令"QLEADER",再输入"S",在弹出的"引线设置"对话框中进行设置,在"注释"选项卡中选"公差";在"引线和箭头"选项卡中的"点数"中输入"2";将引线头指向上表面适当位置。打开"形位公差"对话框,在"符号"选项组中选择同轴度符号◎,在"公差1"中输入公差值"0.025"(前置符号为"φ"),在"基准1"中输入"A",单击"确定"按钮,同轴度公差符号标注如图7-24所示。

3）绘制垂直度公差符号。操作方法同上,所不同的是在打开的"形位公差"对话框中的"符号"选项组中选择垂直度符号⊥,在"公差1"中输入公差值"0.03",在"基准1"中输入"A",如图7-24所示(左上角位置);同样,绘制左下角位置的垂直度公差符号。在"形位公差"对话框中的"符号"选项组中选择垂直度符号⊥,在"公差1"中输入公差值"0.025",在"基准1"中输入"B",如图7-24所示。

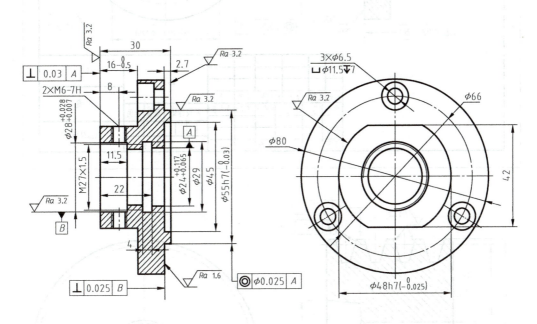

图 7-24　标注几何公差

5. 填写标题栏

根据标题栏相关标准的要求,在标题栏中填写相应的内容,如图7-25所示。

技能训练

1. 完成普通V形带轮的零件图绘制,该V形带轮的结构及相关尺寸如图7-26所示。
2. 完成连接盘零件图绘制,该连接盘的结构及相关尺寸如题图7-27所示。

提示：如图7-27所示,连接盘零件图由两个基本视图组成。为了表达零件孔等结构位置,左视图采用旋转剖视。

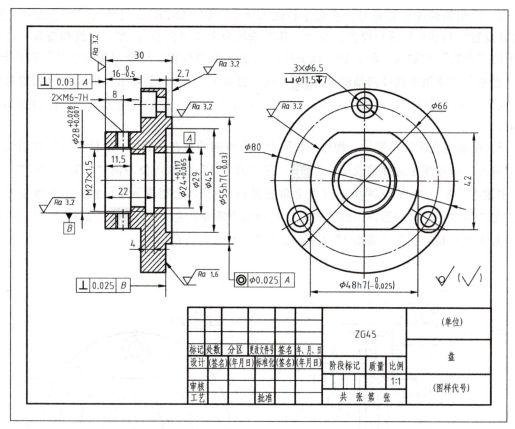

图 7-25 填写标题栏

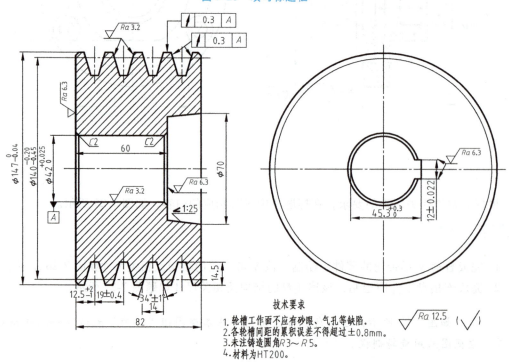

图 7-26 V形带轮零件图

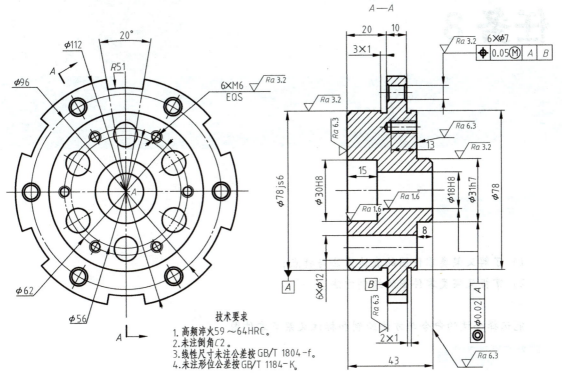

图 7-27 连接盘零件图

任务 8

叉架类零件图的绘制

📐 任务目标

1. 知识目标

1）了解叉架类零件图的表达方法与特点;
2）掌握叉架类零件图的绘制方法。

2. 技能目标

能选择合适的命令与方法绘制和标注叉架类零件图。

📐 任务分析

通过操作,熟练掌握叉架类零件图的绘制方法。任务的重点、难点为熟练绘制调整螺钉架零件图。

📐 任务实施

一、拨叉的绘制

【任务】绘制拨叉的零件图,拨叉的结构及相关尺寸如图8-1所示。

【要求】叉架类零件包括拨叉、支架、杠杆、连杆等,它们多为铸件或锻件,结构形状变化比较大,也较为复杂。机械加工的工序常不相同。选择主视图时,应根据零件的具体特点,按其工作位置和充分反映零件特征形状的原则来选定。除用基本视图外,常采用局部视图、局部剖视图、斜视图、局部放大图等来表示一些局部结构,而用断面图来表示需要表达的断面形状。

拨叉形体不太复杂,采用两个基本视图表达拨叉的结构形状,其俯视图采用了单一平面的局部剖视图,表达孔的内部结构与形状;并对拨叉的两个平面与孔的轴线的垂直度提出了要求;筋板尺寸依据铸件规范要求自行定义。

【实施】根据拨叉的整体最大尺寸(72.5mm×28mm×52mm),选用A4图幅绘图,即使用"A4.dwt"样板文件。绘图单位为"mm",绘图比例为1∶1。该拨叉采用两个基本视图来表达其外部形状和结构,俯视图用单一平面局部剖视图表示孔内部结构与形状。完成拨叉零件图的步骤有:创建绘图环境,绘制图形,标注尺寸和技术要求,填写标题栏并保存文件。

任务8　叉架类零件图的绘制

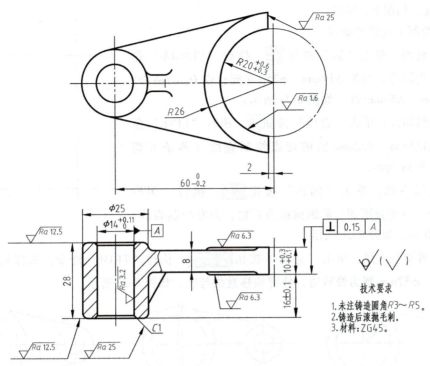

图 8-1　拨叉的视图表达

1. 创建绘图环境

根据拨叉的外轮廓尺寸，选 A4 图幅，绘图比例为 1∶1，绘图单位为"mm"。单击主菜单中的"文件"——"打开"按钮，在"选择文件"对话框中选择"Template"子文件夹中的"A4.dwt"。建立新文件，将新文件命名为"拨叉.dwg"并保存到指定文件夹。

2. 绘制拨叉视图

绘制拨叉视图所用的主要命令见表 8-1。

表 8-1　绘制拨叉视图所用的主要命令

命令	图标	下拉菜单位置	命令	图标	下拉菜单位置
LINE	直线	"绘图"——"直线"	CHAMFER	倒角	"修改"——"倒角"
CIRCLE	○	"绘图"——"圆"	SPLINE	∿	"绘图"——"样条曲线"
OFFSET	⊆	"修改"——"偏移"	XLINE	✎	"绘图"——"构造线"
TRIM	修剪	"修改"——"修剪"	BHATCH	▨	"绘图"——"图案填充"
FILLET	圆角	"修改"——"圆角"	—		

（1）确定绘图基准　单击"直线"按钮，执行"LINE"命令，选择适当的起点，绘制两条横向直线和两条纵向直线（纵向直线的距离为 60mm），作为绘主视图、俯视图的纵

177

横基准直线，如图 8-2 所示。

（2）绘制主视图轮廓线

1）绘制圆。单击"圆"按钮，执行"CIRCLE"命令，以 O_1 为圆心，绘制 $\phi 14mm$、$\phi 25mm$ 圆；以 O_2 为圆心，绘制 $\phi 40mm$、$\phi 52mm$ 圆，如图 8-3a 所示。

2）绘制切线。单击"直线"按钮，执行"LINE"命令，捕捉 $\phi 25mm$、$\phi 52mm$ 圆的切点绘制直线（两条外切线），如图 8-3a 所示。

3）偏移直线。单击"偏移"按钮，执行"OFFSET"命令，以主视图的右侧纵向线为起始，向左绘制直线，偏移量为 2mm，如图 8-3b 所示。

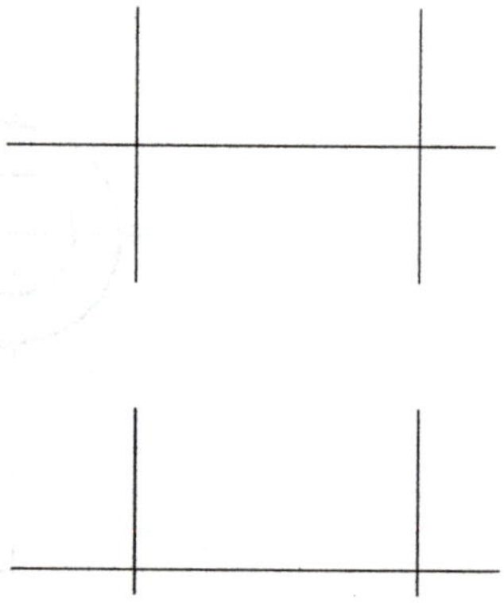

图 8-2 绘制绘图基准线

4）修剪圆与直线。单击"修剪"按钮，执行"TRIM"命令，选择偏移直线、$\phi 40mm$ 圆、$\phi 52mm$ 圆为修剪边，修剪偏移直线与圆，如图 8-3c 所示。

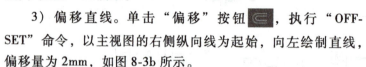

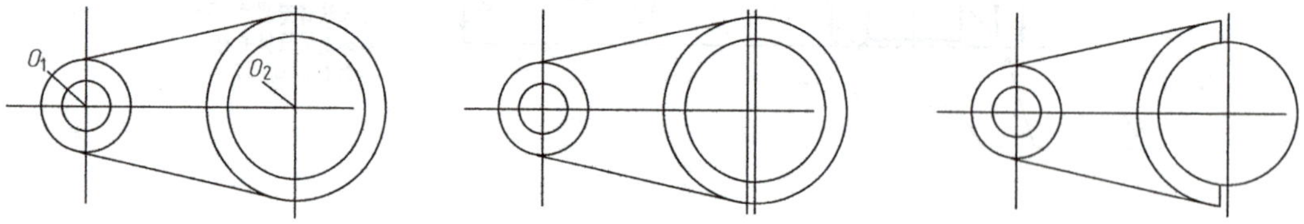

a）绘制圆与切线　　　　　b）偏移直线　　　　　c）修剪圆与直线

图 8-3　绘制主视图轮廓线

（3）绘制俯视图轮廓线

1）绘制直线。根据视图的投影规律，借助"对象捕捉"和"对象追踪"功能进行绘制。单击"直线"按钮，执行"LINE"命令，把鼠标指针移到主视图左侧圆与中心线交点附近，让系统自动捕捉到交点，于是鼠标指针向下移动时出现一条追踪线（呈虚线的线）；然后在俯视图横向基准线上单击确定直线的第一个点，鼠标指针向上移动，输入"28"，绘制纵向直线；把鼠标指针移到主视图右侧圆与中心线交点附近，追踪绘制纵向线；把鼠标指针移到主视图右侧圆与切线交点附近，追踪绘制纵向线，如图 8-4a 所示。

2）偏移直线。单击"偏移"按钮，执行"OFFSET"命令，以俯视图的横向基准线为起始，向上绘制直线，偏移量分别为 16mm、17mm、25mm、26mm、28mm；以俯视图右侧的纵向线为起始，向左绘制直线，偏移量为 2mm，如图 8-4b 所示。

3）修剪直线。单击"修剪"按钮，执行"TRIM"命令，选择所有直线为修剪边，修剪偏移直线，如图 8-4c 所示。

4）倒圆角。单击"圆角"按钮，执行"FILLET"命令，输入圆角半径"3"，对外轮廓倒圆角，如图 8-4d 所示。

5）倒角。单击"倒角"按钮，执行"CHAMFER"命令，对轴孔的右端倒 $C1$ 角；并画倒角直线，如图 8-4e 所示。

6)画波浪线。单击"样条曲线"按钮 ✓ ,执行"SPLINE"命令,在俯视图轴孔右侧附近绘制波浪线,如图 8-4f 所示。

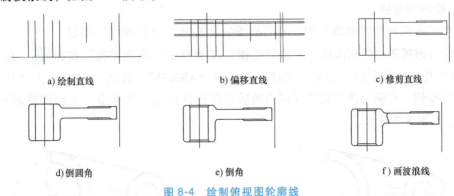

a)绘制直线　　b)偏移直线　　c)修剪直线

d)倒圆角　　e)倒角　　f)画波浪线

图 8-4　绘制俯视图轮廓线

(4)绘制筋板投影线

1)绘制构造线。单击"构造线"按钮 ,执行"XLINE"命令,输入"A",再输入"60",在俯视图上捕捉点 A,作构造线,如图 8-5a 所示。

2)偏移直线。单击"偏移"按钮 ,执行"OFFSET"命令,以主视图的横向中心线为起始,向上、向下绘制直线,偏移量均为 3mm,如图 8-5a 所示。

3)绘制辅助直线。单击"直线"按钮 ,执行"LINE"命令,以俯视图交点为第一点,向主视图作投影直线,如图 8-5a 所示。

4)倒圆角。单击"圆角"按钮 ,执行"FILLET"命令,输入圆角半径且不修剪,在主视图中倒圆角;对右侧的圆角作复制,如图 8-5b 所示。

5)修剪直线。单击"修剪"按钮 ,执行"TRIM"命令,选择构造线、偏移直线、圆角等为修剪边,修剪俯视图的构造线、主视图的偏移直线和投影线,如图 8-5c 所示。

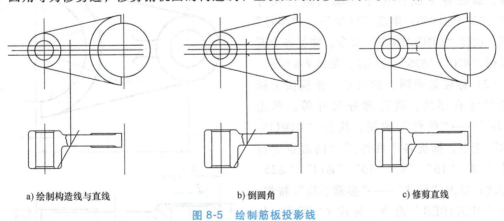

a)绘制构造线与直线　　b)倒圆角　　c)修剪直线

图 8-5　绘制筋板投影线

(5)设置图线图层与编辑图线

1)选择所有轮廓线,将其图层设置为"01 粗实线"图层。

2)选择所有中心线,将其图层设置为"05 中心线"图层。

3)选择俯视图的波浪线、主视图的过渡线,将其图层设置为"02 细实线"图层,如

图 8-6 所示。

4）利用夹点，将中心线按其轮廓线的投影进行延长或缩短，如图 8-6 所示。

（6）绘制剖面线

1）在"图层特性管理器"中，将当前图层设置为"10 剖面线"图层。

2）绘制俯视图中的剖面线。单击"绘图"工具栏中"图案填充"按钮 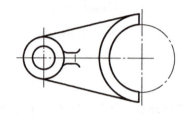，在"图案填充创建"功能面板中的"图案"工具栏中选择"ANSI31"，设置"比例"为"1"，单击"拾取点"按钮，在俯视图的轮廓线框内的适当位置选择点，再单击"关闭图案填充创建"按钮 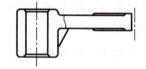，如图 8-7 所示。

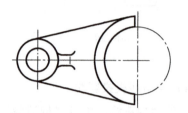

图 8-6 设置图线图层与编辑图线

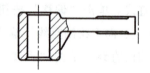

图 8-7 绘制剖面线

3. 标注尺寸

（1）标注主视图上的尺寸 主视图上标注的尺寸有圆弧、中心线的距离等。单击"标注"——"线性"按钮，执行"DIMLINEAR"命令，捕捉各个线性尺寸的端点进行尺寸"60""2"的标注；单击"标注"——"半径"按钮，执行"DIMRADIUS"命令，捕捉各个圆弧进行"R20""R26"的标注，如图 8-8 所示。

（2）标注俯视图上的尺寸 俯视图上标注的尺寸有厚度、通孔部分尺寸等。单击"标注"——"线性"按钮，执行"DIMLINEAR"命令，捕捉各个线性尺寸的端点进行尺寸"28""16""8""10""φ14""φ25"的标注；单击"标注"——"多重引线"按钮，执行"MLEADER"命令，标注 C1 倒角，如图 8-8 所示。

4. 标注技术要求

（1）标注表面粗糙度

1）单击"插入"按钮，执行"INSERT"

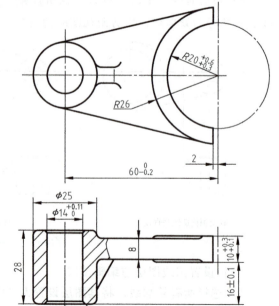

图 8-8 标注尺寸

命令，选择带有属性的外部表面粗糙度图块，利用对象捕捉最近点作为插入点，标注所有加工表面的表面粗糙度，如图 8-9 所示。

2）在图幅右下角插入代表"其余"的符号与不去除材料方法的粗糙度符号的组合，如图 8-9 所示。

（2）标注几何公差

1）标注公差基准符号。单击"插入"按钮，执行"INSERT"命令，插入公差基准符号，其位置为 $\phi14mm$ 圆孔的尺寸线上，其符号字母为 A，如图 8-9 所示。

2）绘制垂直度公差符号。输入命令"QLEADER"，再输入"S"，在"引线设置"对话框中进行设置，在"注释"选项卡中选择"公差"；在"引线和箭头"选项卡中的"点数"输入"2"，将引线头指向上表面的适当位置。打开"形位公差"对话框，在"符号"选项组中选择垂直度符号⊥，在"公差 1"中输入公差值"0.15"，在"基准 1"中输入"A"，单击"确定"按钮，垂直度公差符号如图 8-9 所示。

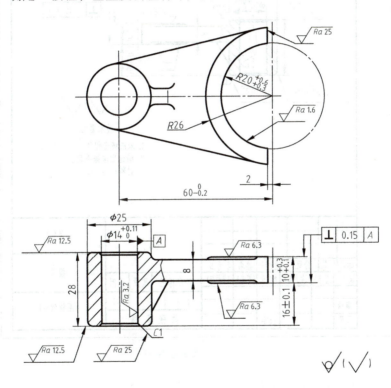

图 8-9 标注表面粗糙度与几何公差

（3）写出技术要求 根据拨叉的加工工艺、表面处理、图形表达中的统一规范等写出技术要求。单击"多行文字"按钮，输入"技术要求"等文字，并进行编辑，如图 8-10 所示。

技术要求
1. 未注铸造圆角 $R3\sim R5$。
2. 铸造后滚抛毛刺。
3. 材料：ZG45。

图 8-10 技术要求的文字内容

5. 填写标题栏

根据标题栏相关标准的要求，在标题栏中填写相应的内容，如图 8-11 所示。

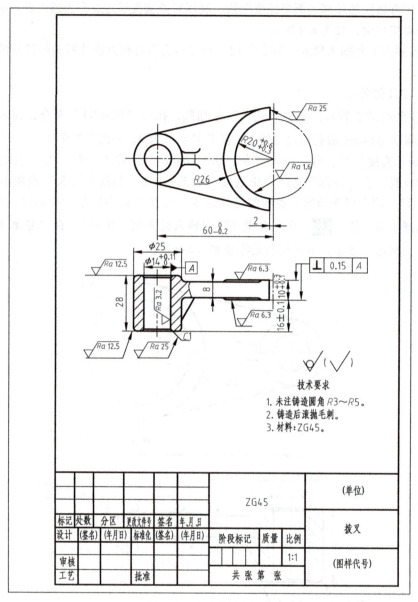

图 8-11 拨叉的零件图

二、调整螺钉架的绘制

【任务】完成调整螺钉架的零件图,调整螺钉架的结构及相关尺寸如图 8-12 所示。

【要求】调整螺钉架属于叉架类零件,零件毛坯为铸件,且结构的左右、前后基本对称。

调整螺钉架采用主视图和左视图来表达零件的主体结构,且均用局部剖视图来表达螺纹孔和沉头孔的内部结构,另外,也采用一个 A 向视图,主要来表达两边槽的结构形状。调整螺钉架底平面是调整的支承面,对此平面提出了平面度的要求。

【实施】根据调整螺钉架的整体最大尺寸(160mm×56mm×82mm),选用 A3 图幅绘图,

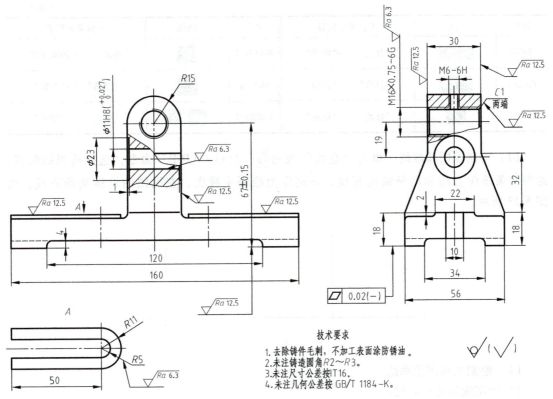

图 8-12 调整螺钉架的视图表达

即使用"A3.dwt"样板文件。绘图单位为"mm",绘图比例为1:1。该调整螺钉架采用两个基本视图来表达其外部形状和结构,均用局部剖视图来表达螺纹孔和沉头孔的内部结构,另外采用一个向视图,表达两边槽的结构形状。完成调整螺钉架零件图的步骤有:创建绘图环境,绘制图形,标注尺寸和技术要求,填写标题栏并保存文件。

1. 创建绘图环境

根据调整螺钉架的外轮廓尺寸,选 A3 图幅,绘图比例为1:1,绘图单位为"mm"。单击主菜单中的"文件"→"打开"按钮,在"选择文件"对话框中选择"Template"子文件夹中的"A3.dwt"。建立新文件,将新文件命名为"调整螺钉架.dwg"并保存到指定文件夹。

2. 绘制调整螺钉架的视图

绘制调整螺钉架视图所用的主要命令见表 8-2。

表 8-2 绘制调整螺钉架视图所用的主要命令

命令	图标	下拉菜单位置	命令	图标	下拉菜单位置
LINE		"绘图"→"直线"	CHAMFER		"修改"→"倒角"
CIRCLE		"绘图"→"圆"	SPLINE		"绘图"→"样条曲线"
OFFSET		"修改"→"偏移"	XLINE		"绘图"→"构造线"

(续)

命令	图标	下拉菜单位置	命令	图标	下拉菜单位置
TRIM	修剪	"修改"——"修剪"	BHATCH		"绘图"——"图案填充"
FILLET	圆角	"修改"——"圆角"	BREAK		"修改"——"打断"
ERASE		"修改"——"删除"	MIRROR	镜像	"修改"——"镜像"

（1）绘制绘图基准线　单击"直线"按钮，执行"LINE"命令，选择适当的起点，绘制两条横向直线和两条纵向直线，分别作为绘制主视图、左视图的纵横基准直线，如图 8-13 所示。

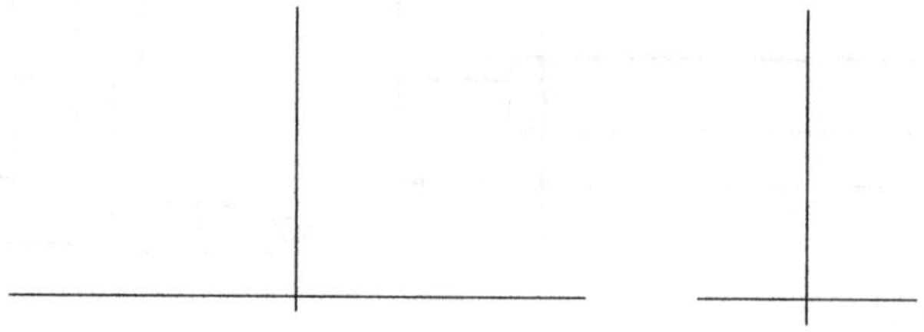

图 8-13　确定绘图基准线

（2）绘制主视图轮廓线

1）绘制螺纹孔中心线。

单击"偏移"按钮，执行"OFFSET"命令，以横向线为起始，向上绘制直线，偏移量为 67mm，如图 8-14 所示。

2）绘制主视图外轮廓线。

① 绘制圆弧。单击"圆"按钮，执行"CIRCLE"命令，捕捉中心线的交点为圆心，绘制一个 $R15$mm 的圆；再单击"打断"按钮，执行"BREAK"命令，删除圆的 3/4 弧长，如图 8-15 所示。

② 绘制直线。单击"直线"按钮，执行"LINE"命令，捕捉圆弧的右端点为直线起点，打开对象捕捉和正交模式，用直接距离输入法绘制直线，先依次输入"51""65""2""61"绘直线段，再以刚绘制"65"直线的右端点为直线起点，依次输入"16""20""4""60"绘制直线，如图 8-15 所示。

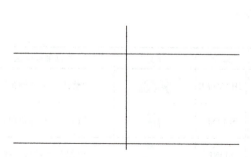

图 8-14　绘制螺纹孔定位中心位置线

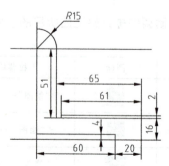

图 8-15　用直接距离输入法绘制直线

③ 倒圆角。单击"圆角"按钮 圆角，执行"FILLET"命令，输入圆角半径"3"，对轮廓倒圆角，如图 8-16 所示。

④ 绘制过渡线。单击"偏移"按钮 ⊆，执行"OFFSET"命令，以主视图最下边的横向线为起始，向上绘制直线，偏移量为 18mm；单击"打断"按钮 ，执行"BREAK"命令，将偏移直线打断，如图 8-17 所示。

⑤ 绘制定位线。单击"偏移"按钮 ⊆，执行"OFFSET"命令，以主视图最右侧的纵向线为起始，向左绘制直线，偏移量为 50mm；利用夹点将偏移直线向上、向下延伸，如图 8-17 所示。

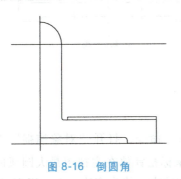

图 8-16 倒圆角

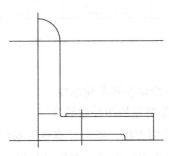

图 8-17 绘制过渡线与定位线

⑥ 镜像轮廓线。单击"镜像"按钮 镜像，执行"MIRROR"命令，选择主视图纵向基准线右侧的轮廓线为镜像对象，以纵向基准线为镜像线，镜像结果如图 8-18 所示。

(3) 绘制 M16 螺纹孔

1) 绘制圆。单击"圆"按钮 ⊙，执行"CIRCLE"命令，捕捉基准线的交点为圆心，绘制 $\phi 16mm$ 和 $\phi 14mm$ 圆。

2) 打断圆弧。单击"打断"按钮 ，执行"BREAK"命令，将 $\phi 16mm$ 圆删除约 1/4 圆弧，如图 8-19 所示。

3) 利用夹点将偏移直线缩短，如图 8-19 所示。

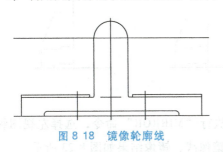

图 8-18 镜像轮廓线

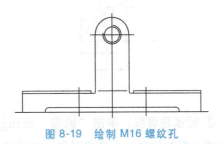

图 8-19 绘制 M16 螺纹孔

4) 绘制沉头通孔。

① 偏移直线。单击"偏移"按钮 ⊆，执行"OFFSET"命令，以主视图螺纹孔的中心线为起始，向下绘制直线，偏移量为 19mm；继续执行此命令，以偏移线为起始，向下、向上绘制直线，偏移量分别为 5.5mm 和 11.5mm；以纵向轮廓直线为起始，分别向左、向右绘制直线，偏移量均为 1mm，如图 8-20a 所示。

② 修剪直线。单击"修剪"按钮 ，执行"TRIM"命令，选择所有偏移直线、纵向直线为修剪边，修剪偏移直线，如图 8-20b 所示。

③ 删除直线。单击"删除"按钮 ，执行"ERASE"命令，选择最长横向线并删除，如图 8-20b 所示。

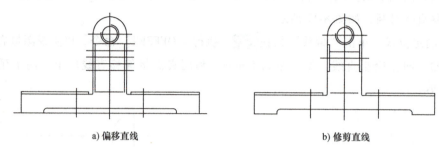

a) 偏移直线　　　　　　　　　　b) 修剪直线

图 8-20　绘制沉头通孔

（4）绘制左视图轮廓线

1) 绘制左视图外轮廓线。

① 绘制直线。单击"直线"按钮 ，执行"LINE"命令，打开"对象捕捉""正交"和"对象追踪"开关，利用对象追踪、捕捉功能，将鼠标指针放在主视图最大圆弧的上方，捕捉圆弧与中心线的交点，用对象追踪功能选择左视图的中心线为直线起点，用直接距离输入法绘制直线，先依次输入"15""32"绘直线段；用直接距离输入法绘制其他直线段，如图 8-21 所示。

② 倒圆角。单击"圆角"按钮 ，执行"FILLET"命令，输入圆角半径"2"，对外轮廓倒圆角，如图 8-22 所示。

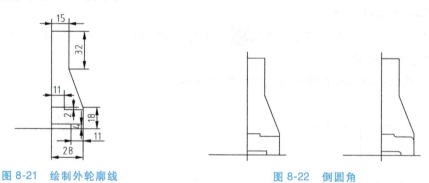

图 8-21　绘制外轮廓线　　　　　图 8-22　倒圆角

③ 镜像轮廓线。单击"镜像"按钮 ，执行"MIRROR"命令，选择左视图纵向基准线右侧的轮廓线为镜像对象，以纵向基准线为镜像线，镜像结果如图 8-23 所示。

2) 绘制 M16 螺纹孔。

① 绘制直线。单击"直线"按钮 ，执行"LINE"命令，打开"对象捕捉""正交"和"对象追踪"开关，利用对象追踪、捕捉功能，将鼠标指针放在主视图 M16 螺纹孔轴线的端点附近，捕捉中心线的端点，用对象追踪功能在左视图中绘制出 M16 螺纹孔的中心线；用同样的方法绘制 M16 螺纹孔的轮廓线，如图 8-24 所示。

② 倒角。单击"倒角"按钮　倒角，执行"CHAMFER"命令，对螺纹孔的两端倒 $C1$ 角，绘制倒角直线，如图 8-25 所示。

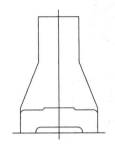

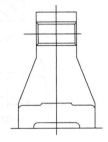

图 8-23　镜像轮廓线　　　　图 8-24　绘制螺纹孔直线　　　　图 8-25　倒角

3) 绘制 M6 垂直螺纹孔。

① 偏移直线。单击"偏移"按钮　，执行"OFFSET"命令，以左视图的纵向基准线为起始，分别向左、向右绘制直线，偏移量为 3mm、2.45mm，如图 8-26a 所示。

② 修剪直线。单击"修剪"按钮　修剪，执行"TRIM"命令，选择所有偏移直线、横向直线为修剪边，修剪偏移直线，如图 8-26b 所示。

4) 绘制沉头通孔圆。

① 绘制直线。单击"直线"按钮　，执行"LINE"命令，打开"对象捕捉""正交"和"对象追踪"开关，利用对象追踪、捕捉功能，将鼠标指针放在主视图沉头通孔中心线的端点附近，捕捉中心线的端点，用对象追踪功能在左视图中绘制出沉头通孔的中心线，如图 8-27 所示。

② 绘制同心圆。单击"圆"按钮　，执行"CIRCLE"命令，捕捉左视图上中心线的交点为圆心，绘制 $\phi 11mm$ 和 $\phi 23mm$ 同心圆，如图 8-27 所示。

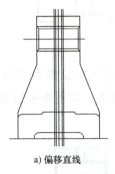
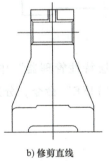
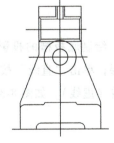

a) 偏移直线　　　　　　b) 修剪直线

图 8-26　绘制 M6 垂直螺纹孔　　　　图 8-27　绘制沉头通孔圆

5) 绘制槽的轮廓线。

① 偏移直线。单击"偏移"按钮　，执行"OFFSET"命令，以左视图的纵向基准线为起始，分别向左、向右绘制直线，偏移量为 5mm，如图 8-28a 所示。

② 修剪直线。单击"修剪"按钮　修剪，执行"TRIM"命令，选择所有偏移直线、横向直线为修剪边，修剪偏移直线，如图 8-28b 所示。

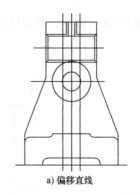 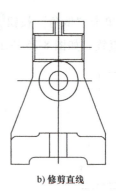

a）偏移直线　　　　　　　　　b）修剪直线

图 8-28　绘制槽的轮廓线

③ 删除直线。单击"删除"按钮 ，执行"ERASE"命令，选择最长横向线并删除，如图 8-28b 所示。

（5）设置图线图层与编辑图线

1）选择所有轮廓线，将其图层设置为"01 粗实线"图层。

2）选择所有中心线，将其图层设置为"05 中心线"图层。

3）选择主视图、左视图的外螺纹线，将其图层设置为"02 细实线"图层，如图 8-29 所示。

4）利用夹点，将中心线按其轮廓线的投影延长或缩短，如图 8-29 所示。

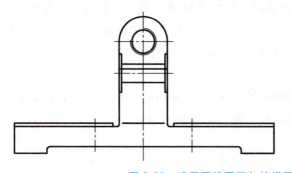 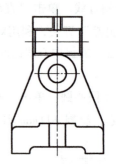

图 8-29　设置图线图层与编辑图线

（6）绘制底板槽的投影线　在"图层特性管理器"中，将当前图层设置为"04 细虚线"图层；单击"直线"按钮 ，执行"LINE"命令，分别在主视图、左视图中绘制槽底的轮廓线（虚线），如图 8-30 所示。

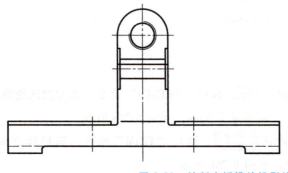 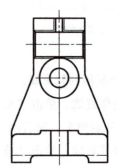

图 8-30　绘制底板槽的投影线

（7）绘制局部剖面线和分界线　在"图层特性管理器"中，将当前图层设置为"10 剖面线"图层。

1）绘制分界线。单击"样条曲线"按钮，执行"SPLINE"命令，在沉孔轮廓线附近绘制三条波浪线，主视图中有两条，左视图中一条，如图 8-31 所示。

2）修剪直线。单击"修剪"按钮，执行"TRIM"命令，选择三条波浪线和与三条波浪线相交的直线为修剪边，修剪直线，如图 8-31 所示。

3）绘制剖面线。单击"图案填充"按钮，出现"图案填充创建"功能面板，在"图案"工具栏中选择"ANSI31"，设置"比例"为"1"，单击"拾取点"按钮，在主视图和左视图中与波浪线成封闭的轮廓线框内适当位置选择点，再单击"关闭图案填充创建"按钮，如图 8-31 所示。

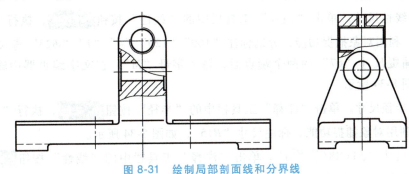

图 8-31　绘制局部剖面线和分界线

（8）绘制辅助视图

1）绘制定位中心线。单击"直线"按钮，执行"LINE"命令，打开"对象捕捉"和"对象追踪"开关，利用对象追踪和捕捉功能，根据长对正原则在俯视图的合适位置，绘制两条十字定位中心线，如图 8-32a 所示。

2）绘制圆弧。单击"圆"按钮，执行"CIRCLE"命令，以中心线的交点为圆心，绘制 ϕ10mm 和 ϕ22mm 同心圆，如图 8-32b 所示。

a) 绘制中心线　　　　　　　　b) 绘制圆

图 8-32　绘制中心线与圆

3）偏移直线。单击"偏移"按钮，执行"OFFSET"命令，以视图的横向中心线为起始，分别向上、向下绘制直线，偏移量为 5mm、11mm，如图 8-33a 所示。

4）修剪直线。单击"修剪"按钮，执行"TRIM"命令，选择直线和圆弧为修剪边，修剪直线与圆弧，如图 8-33b 所示。

5）设置图线图层。选择所有轮廓线，将其图层设置为"01 粗实线"图层，选择所有中心线，将其图层设置为"05 中心线"图层，如图 8-33b 所示。

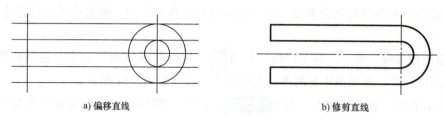

a) 偏移直线　　　　　　　　　　b) 修剪直线

图 8-33　绘制辅助视图轮廓

3. 标注尺寸

（1）标注主视图尺寸

1）在"图层特性管理器"中将当前图层设置为"08 尺寸线"图层；在"标注"工具条中将"机械"标注样式置为当前样式。

2）标注线性尺寸。单击"注释"工具栏中的"线性"按钮 线性，执行"DIMLINEAR"命令，利用对象捕捉功能，分别标注"160""120""4""1""φ23"等尺寸；继续执行命令，捕捉尺寸"67"的两个端点后，输入字母"M"，在文字编辑器中输入"67±0.015"，如图 8-34 所示。

3）标注半径尺寸。单击"注释"工具栏中的"半径"按钮 半径，执行"DIMRADIUS"命令，利用对象捕捉功能，标注尺寸"R15"，如图 8-34 所示。

4）标注尺寸"$\phi 11H8(^{+0.027}_{-0})$"。单击"注释"工具栏中的"线性"按钮 线性，执行"DIMLINEAR"，捕捉尺寸"φ11"的两个端点后，在命令行中输入字母"M"，在文字编辑器中输入"φ11H8(+0.027^0)"，对括号内的极限偏差堆叠，如图 8-34 所示。

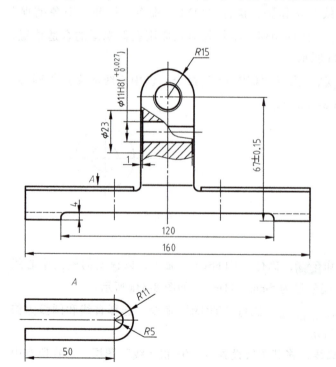
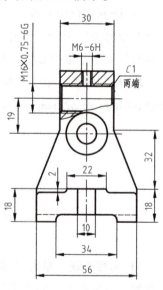

图 8-34　标注尺寸

（2）标注左视图尺寸

1）标注线性尺寸。单击"注释"工具栏中的"线性"按钮，执行"DIMLINEAR"命令，利用对象捕捉功能，分别标注"56""34""10""22""2""18""32""19""30"等尺寸，如图8-34所示。

2）标注螺纹孔尺寸。单击"注释"工具栏中的"线性"按钮，执行"DIMLINEAR"命令，利用对象捕捉功能捕捉尺寸的端点后，在命令行中输入字母"M"，在文字编辑器中输入螺纹标注的尺寸内容，结果如图8-34所示。

3）标注倒角尺寸。单击"标注"——"多重引线"按钮，执行"MLEADER"命令，在倒角的地方标出引线，在引线上方输入文字内容并移动到合适的位置，如图8-34所示。

（3）标注向视图尺寸

1）标注线性尺寸。单击"注释"工具栏中的"线性"按钮，执行"DIMLINEAR"命令，利用对象捕捉功能，标注尺寸"50"，如图8-34所示。

2）标注半径尺寸。单击"注释"工具栏中的"半径"按钮，执行"DIMRADIUS"命令，利用对象捕捉功能，标注尺寸"R11"和"R5"，如图8-34所示。

4. 标注技术要求

（1）标注表面粗糙度　单击"插入"按钮，执行"INSERT"命令，在主视图、左视图上标注加工表面的表面粗糙度；在图幅右下角插入代表"其余"的符号与不去除材料获得表面粗糙度符号的组合，如图8-35所示。

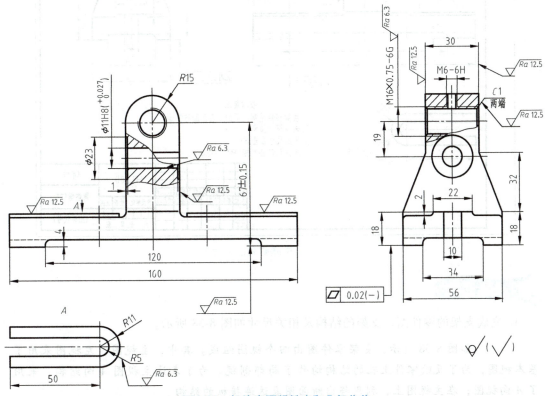

图8-35　标注表面粗糙度和几何公差

（2）标注几何公差　绘制平行度公差符号。输入命令"QLEADER"，再输入"S"，在"引线设置"对话框中进行设置，在"注释"选项卡中选择"公差"；在"引线和箭头"选项卡中设置"点数"为"2"，将引线头指向上表面适当位置。打开"形位公差"对话框，在"符号"选项组中选择平面度符号▱，在"公差1"中输入公差值"0.02（-）"，单击"确定"按钮，平面度度公差符号如图8-35所示。

（3）写技术要求　根据零件所选材料进行的热处理工艺、零件表达中的统一规范等写出技术要求。单击"多行文字"按钮 A多行文字，执行"MTEXT"命令，输入"技术要求"等文字内容，并进行编辑，如图8-36所示。

技术要求
1.去除铸件毛刺，不加工表面涂防锈油。
2.未注铸造圆角R2～R3。
3.未注尺寸公差按IT16。
4.未注几何公差按GB/T 1184-K。

图8-36　技术要求文字内容

5. 填写标题栏

根据标题栏相关标准的要求，在标题栏中填写相应的内容，如图8-37所示

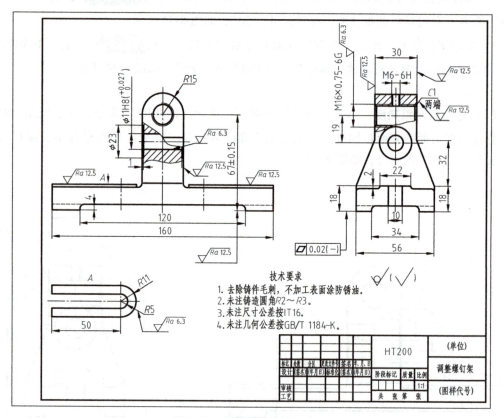

图8-37　调整螺钉架的零件图

技能训练

1. 完成支架的零件图，支架的结构及相关尺寸如图8-38所示。

> 提示：如图8-38所示，支架零件图由四个视图组成。其中，主视图、左视图采用了基本视图，为了反映零件上孔的结构均作了局部剖视。为了表达主视图A向结构，采用了A向视图；在主视图上，利用移出断面图表达连接板的结构。

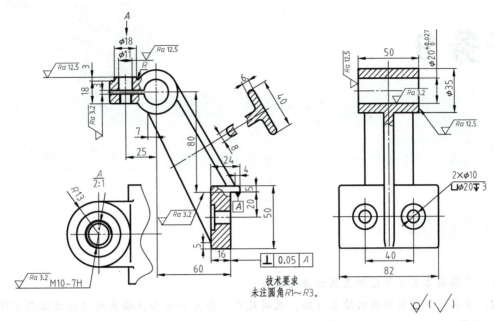

图 8-38 支架零件图

2. 完成支承架的零件图，支承架的结构及相关尺寸如图 8-39 所示。

> 提示：如图 8-39 所示，支承架零件图由三个基本视图组成。其中主视图、俯视图、左视图都采用了单一平面的局部剖视图，以表达零件内部的结构。

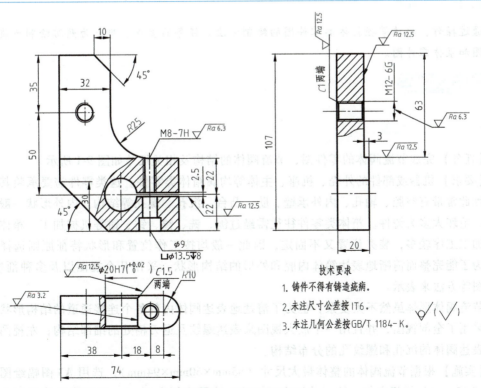

图 8-39 支承架零件图

任务 9

箱体类零件图的绘制

任务目标

1. 知识目标

1) 了解箱体类零件图的表达方法与特点；
2) 掌握箱体类零件图的绘制方法，巩固尺寸、公差和表面粗糙度的标注方法及文字的输入与编辑方法。

2. 技能目标

1) 能选择合适的命令与方法绘制箱体类零件图；
2) 能正确标注尺寸、公差、表面粗糙度，填写"技术要求"及标题栏。

任务分析

通过操作，熟练掌握箱体类零件图的绘制方法。任务的重点、难点为熟练绘制节流阀体零件图和泵体零件图。

任务实施

一、阀体的绘制

【任务】完成节流阀体的零件图，节流阀体的结构及相关尺寸如图 9-1 所示。

【要求】机器或部件的外壳、机座、主体等均属箱体类零件。这类零件需要承装其他零件，因此常带有空腔、轴孔、内外承壁、肋、凸台、沉孔、螺孔等结构。内外形状一般较为复杂，毛坯大多为铸件。箱体类零件往往需经过刨、铣、镗、钻、钳等机械加工。箱体类零件的加工工序较多，装夹位置又不固定，因此一般均按工作位置和形状特征原则选择主视图，为了能完整而清晰地表达箱体内腔和外形的结构形状，采用几个视图以及多种剖视图、断面图等方法来表示。

节流阀体形体虽然不太复杂，但为了清楚地表达阀体内部各个连接通道的结构形状，主视图采用了全剖视图，并且用一个放大视图来表达螺纹及退刀槽处的细部结构；左视图主要用来表达阀体的沉孔和螺纹孔的分布结构。

【实施】根据节流阀体的整体最大尺寸（85mm×60mm×94mm），选用 A3 图幅绘图，即使用"A3.dwt"样板文件。绘图单位为"mm"，绘图比例为 1∶1。该节流阀体采用两个基

任务9 箱体类零件图的绘制

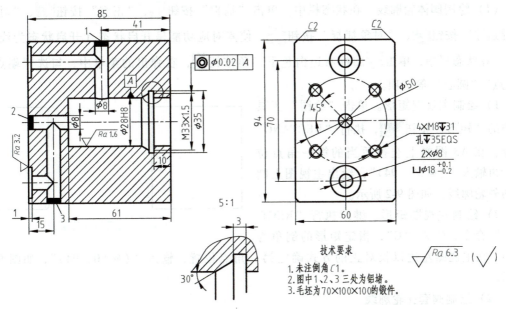

图 9-1 节流阀体零件图

本视图来表达其外部形状和结构,主视图用单一平面全剖来表示内部各个连接通道的结构与形状,左视图为外轮廓视图。完成节流阀体零件图的步骤有:创建绘图环境,绘制图形,标注尺寸和技术要求,填写标题栏并保存文件。

1. 创建绘图环境

根据节流阀体的零件图,选 A3 图幅,绘图比例为 1∶1,绘图单位为"mm"。

在主菜单中单击"文件——打开"按钮,在"选择文件"对话框中选择"Template"子文件夹中的"A3.dwt"。建立新文件,将新文件命名为"节流阀体.dwg"并保存到指定文件夹。

2. 绘制节流阀体视图

绘制节流阀体视图所用的主要命令见表 9-1。

表 9-1 绘制节流阀体视图所用的主要命令

命令	图标	下拉菜单位置	命令	图标	下拉菜单位置
RECTANG		"绘图"——"矩形"	CIRCLE		"绘图"——"圆"
LINE		"绘图"——"直线"	ARRAYPOLAR	阵列	"修改"——"阵列"
EXPLODE		"修改"——"分解"	BREAK		"修改"——"打断"
OFFSET		"修改"——"偏移"	SPLINE		"绘图"——"样条曲线"
XLINE		"绘图"——"构造线"	BHATCH		"绘图"——"图案填充"
TRIM	修剪	"修改"——"修剪"	MTEXT	多行文字	"绘图"——"文字"——"多行文字"
MIRROR	镜像	"修改"——"镜像"	SCALE	缩放	"修改"——"缩放"

（1）绘制阀体轮廓线　在状态栏中，单击"捕捉"按钮、"正交"按钮、"对象捕捉追踪"按钮、"对象捕捉"按钮，使其对应功能呈开启状态（开启状态为浅蓝色）。在状态栏中，单击图标右边白色下三角按钮，在弹出的菜单中，勾选"端点""交点""圆心"等选项。

1）绘制主视图矩形。单击"绘图"工具栏中的"矩形"按钮，执行"RECTANG"命令，在 A3 图幅上选择适当的第一角点位置，再输入"（@85，94）"，绘出主视图上阀体的外轮廓线，如图 9-2 所示。

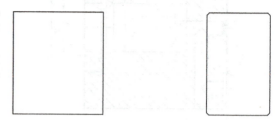

图 9-2　绘制阀体外轮廓线

2）绘制左视图矩形。继续执行"RECTANG"命令，输入"C"，指定矩形的倒角为 2mm，在主视图左边以长对正的方式确定第一角点位置，输入"（@60，94）"，如图 9-2 所示。

（2）绘制阀套孔轮廓线

1）绘制中心线。单击"直线"按钮，执行"LINE"命令，把鼠标指针移到主视图左边纵向直线的中点附近，让系统自动捕捉到中点。此时，鼠标指针往左边移动时出现一条追踪线（呈虚线的线）。然后在适当位置单击直线第一点，向右拖动鼠标指针，在主视图右边纵向直线的中点外确定直线的另一点，直线过两条纵向直线的中点。以同样的方法绘左视图过轮廓线中点的纵横两条直线，如图 9-3 所示。

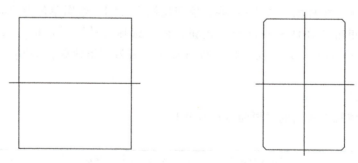

图 9-3　绘制中心线

2）分解矩形。单击"分解"按钮，执行"EXPLODE"命令，选择所有矩形，将其分解为由直线元素组成。

3）偏移直线。单击"偏移"按钮，执行"OFFSET"命令，以主视图的中心线为基准，向上绘制直线，偏移量分别为 14mm、16.5mm、17.5mm；以主视图的最右边纵向直线为基准，向左绘制直线，偏移量分别为 10mm、13mm、61mm，如图 9-4a 所示。

4）绘制构造线。单击"构造线"按钮，执行"XLINE"命令，输入"A"，指定角度为 30°，通过点为 A 点，所绘制构造线与内孔线的交点为 B，如图 9-4b 所示。

5）绘制直线。单击"直线"按钮，执行"LINE"命令，以 B 点作为直线的第 1 点，向下绘制纵向直线，如图 9-4b 所示。

6)修剪直线。单击"修剪"按钮 ✂修剪,执行"TRIM"命令,选择偏移直线、构造线及右边纵向直线为修剪边,修剪偏移直线与构造线,如图 9-4c 所示。

7)镜像直线。单击"镜像"按钮 ⚠镜像,执行"MIRROR"命令,选择修剪后的直线为镜像对象,以主视图的中心线为镜像线,镜像结果如图 9-4d 所示。

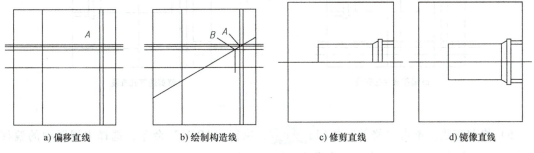

a)偏移直线　　　　b)绘制构造线　　　　c)修剪直线　　　　d)镜像直线

图 9-4　绘制阀套孔轮廓线

(3)绘制通气孔轮廓线

1)绘制中心线。单击"偏移"按钮 ⊂,执行"OFFSET"命令,以主视图的中心线为起始,向上、向下绘制直线,偏移量均为 35mm;以主视图的最右边纵向直线为起始,向左绘制两条直线,偏移量分别为 70mm、41mm;以左视图的水平中心线为起始,向上、向下绘制直线,偏移量均为 35mm,如图 9-5 所示。

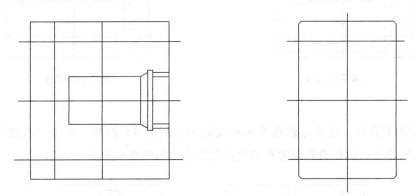

图 9-5　绘制通气孔中心线

2)偏移通气孔直线。单击"偏移"按钮 ⊂,执行"OFFSET"命令,以主视图中的所有定位中心线为起始,向上、向下或向左、向右绘制直线,偏移量均为 4mm,如图 9-6a 所示。

3)修剪通气孔直线。单击"修剪"按钮 ✂修剪,执行"TRIM"命令,选择主视图中的偏移直线、中心线、左边纵向直线及阀套孔轮廓线为修剪边,修剪偏移直线,如图 9-6b 所示。

4)偏移沉孔直线。以主视图中的最上、最下两条水平定位中心线为起始,分别向上、向下绘制直线,偏移量为 9mm;以主视图的最左边纵向直线为起始,向右绘制直线,偏移量为 1mm,如图 9-7a 所示。

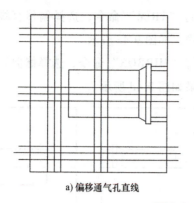 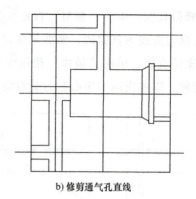

a）偏移通气孔直线　　　　　　　　b）修剪通气孔直线

图 9-6　绘制通气孔轮廓线

5）修剪直线。单击"修剪"按钮 ，执行"TRIM"命令，选择主视图中的偏移直线、中心线、左边纵向直线及阀套孔轮廓线为修剪边，修剪偏移直线，如图 9-7b 所示。

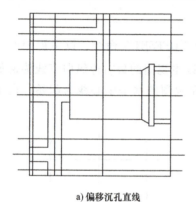 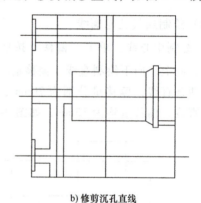

a）偏移沉孔直线　　　　　　　　b）修剪沉孔直线

图 9-7　绘制沉孔轮廓线

6）绘制相贯直线。通孔与通孔两两相交的相贯线为 45°斜线。单击"直线"按钮 ，执行"LINE"命令，选择通孔与通孔的交点绘斜线，如图 9-8 所示。

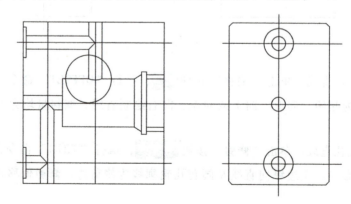

图 9-8　绘制相贯线及相贯圆弧

7）绘制圆。单击"圆"按钮 ，执行"CIRCLE"命令，以左视图中的中心线交点为圆心,绘制 φ8mm 的圆;以左视图中的上、下中心线的交点为圆心,绘制 φ18mm 的圆,如图 9-8 所示。

8) 绘制相贯圆弧。单击"圆"按钮,执行"CIRCLE"命令,以主视图通孔线与阀套孔轮廓线交点为圆心,作半径为阀套孔半径的圆弧,使其与通孔中心线相交;再以此交点为圆心作相贯圆弧,单击"绘图"──→"圆弧"──→"圆心、起点、端点"作圆弧(注意圆弧的绘制方向),如图 9-8 所示。

(4) 绘制螺纹孔轮廓线

1) 绘制定位圆。单击"圆"按钮,执行"CIRCLE"命令,以左视图中心线交点为圆心,绘制 φ50mm 的圆,如图 9-9a 所示。

2) 绘制定位线。将鼠标指针放在状态栏"对象追踪"按钮上,右击,在弹出的"草图设置"对话框中的"极轴追踪"选项卡中,设置增量角为 45°,并使其下沉;单击"直线"按钮,执行"LINE"命令,以左视图中心线交点作为直线的第一点,鼠标指针向右上方移动绘制定位斜线,如图 9-9a 所示。

3) 绘制同心圆。单击"圆"按钮,执行"CIRCLE"命令,以左视图中定位斜线与 φ50mm 圆的交点为圆心,作 φ8mm、φ6.4mm 圆,如图 9-9b 所示。

4) 打断同心外圆。单击"打断"按钮,执行"BREAK"命令,将所绘同心外圆打断 1/4(注意打断方向),如图 9-9c 所示。

5) 阵列同心圆与圆弧。单击"阵列"按钮,按系统提示,选择打断后的同心圆及定位斜线为阵列对象,按<Enter>键;选择阵列中心点为左视图中心线的交点,出现"阵列"功能面板。在"项目"工具栏中,设置"项目数"为 4,"填充"为"360";在"特性"工具栏中选中"旋转项目",单击"关闭阵列"按钮,完成环形阵列,如图 9-9d 所示。

微课 28. 节流阀左视图螺纹孔的阵列

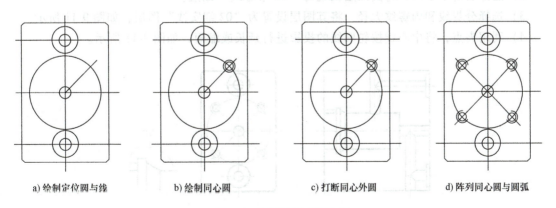

a) 绘制定位圆与线　　b) 绘制同心圆　　c) 打断同心外圆　　d) 阵列同心圆与圆弧

图 9-9　绘制螺纹孔轮廓线

(5) 绘制退刀槽局部放大图

1) 确定放大位置。单击"圆"按钮,执行"CIRCLE"命令,在主视图退刀槽投影处的适当位置绘制圆,确定放大部分,如图 9-10a 所示。

2) 复制图线。单击"复制"按钮,执行"COPY"命令,将上步所绘的圆、圆所包围及穿过的直线复制到主视图下方适当位置，如图 9-10b 所示。

3）修剪直线。单击"修剪"按钮 ✂ 修剪，执行"TRIM"命令，选择圆为剪切边，对圆穿过的直线进行修剪，如图 9-10b 所示。

4）删除圆。单击"删除"按钮 ✐，执行"ERASE"命令，选择圆并将其删除。

5）绘制分界线。单击"样条曲线"按钮 ᔕ，执行"SPLINE"命令，在放大图的直线投影之间段绘制分界线，如图 9-10b 所示。

6）放大图形。单击"缩放"按钮 □ 缩放，执行"SCALE"命令，选择修改后的图形，指定基点后，输入"5"，将所选图形放大 5 倍，如图 9-10c 所示。

7）标注局部放大图的比例。单击"多行文字"按钮 A 多行文字，执行"MTEXT"命令，在局部放大图上方适当位置输入"5∶1"，如图 9-10c 所示。

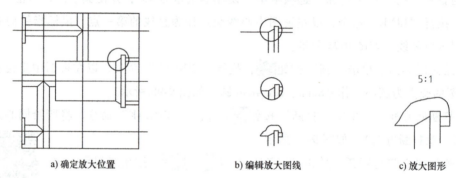

a) 确定放大位置　　　　b) 编辑放大图线　　　　c) 放大图形

图 9-10　绘制退刀槽局部放大图

（6）设置图线图层与编辑图线

1）选择所有轮廓线及内螺纹孔小径投影，将其图层设置为"01 粗实线"图层。

2）选择所有中心线，将其图层设置为"05 中心线"图层。

3）选择分界线和内螺纹大径，将其图层设置为"02 细实线"图层，如图 9-11 所示。

4）利用夹点，将中心线按轮廓线的投影进行延长或缩短，如图 9-11 所示。

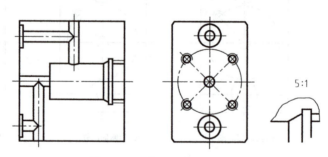

图 9-11　编辑图线与设置图层

（7）绘制剖面线

1）在"图层特性管理器"中，将当前图层设置为"10 剖面线"图层。

2）绘制视图中的剖面线。单击"图案填充"按钮 ▨，出现"图案填充创建"功能面板，在"图案"工具栏中选择"ANSI31"，设置"比例"为"1"，单击"拾取点"按钮，在主视图的各轮廓线框内适当位置选择点（其有 8 处），在局部放大图内选择一点，再单击"关闭图案填充创建"按钮 ，如图 9-12 所示。

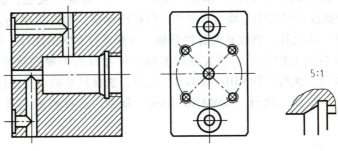

图 9-12　绘制剖面线

（8）绘制堵块

1）绘制矩形。单击"矩形"按钮 ，执行"RECTANG"命令，在主视图上 3 个无沉孔的通气孔端部绘 8mm×3mm 的矩形，如图 9-13a 所示。

2）绘制剖面线。单击"图案填充"按钮 ，弹出"图案填充创建"功能面板，在"图案"工具栏中选择"SOLID"，设置"比例"为"1"，单击"拾取点"按钮，在主视图上的堵块矩形框内适当位置选择点，再单击"关闭图案填充创建"按钮 ，结果如图 9-13b 所示。

3）标注序号。用引线标注的方法给每个堵块标上序号。

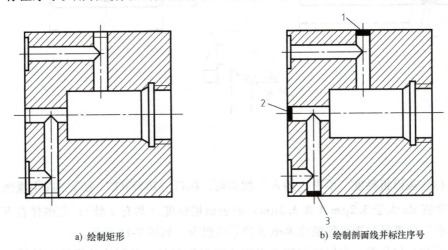

a）绘制矩形　　　　　　　　　　　　b）绘制剖面线并标注序号

图 9-13　绘制堵块

3. 标注尺寸

在"图层特性管理器"中，将当前图层设置为"08 尺寸线"层。

（1）标注主视图中的尺寸　主视图中标注的尺寸以线性尺寸为主。单击"标注"——"线性"按钮，执行"DIMLINEAR"命令，选择各个尺寸的端点进行尺寸标注，如图 9-14 所示。

（2）标注左视图中的尺寸　左视图中标注。有沉孔、螺纹孔、倒角等尺寸。单击"标注"——"线性"按钮，执行"DIMLINEAR"命令，选择各个线性尺寸的端点进行尺寸标注；单击"标注"——"直径"按钮，执行"DIMDIAMETER"命令，选择圆的轮廓线进行定位圆、沉孔、螺纹孔的尺寸标注；单击"标注"——"角度"按钮，执行"DIMANGULAR"命令，选择螺纹孔定位中心线与水平中心线标注角度，如图9-14所示。

（3）编辑尺寸 将沉孔、螺纹孔的标注分解，重新进行文字的注写，如图9-14所示。

（4）标注放大视图上的尺寸 放大视图上标注尺寸以退刀槽的尺寸为主。单击"标注"——"线性"按钮，执行"DIMDIAMETER"命令，选择尺寸的端点进行尺寸标注；单击"标注"——"角度"按钮，执行"DIMANGULAR"命令，选择锥线与孔线标注角度，如图9-14所示。

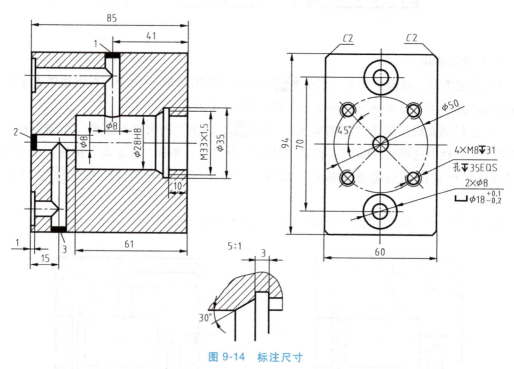

图9-14 标注尺寸

4. 标注技术要求

（1）标注表面粗糙度 单击"插入"按钮，执行"INSERT"命令，在主视图上标注表面粗糙度值 Ra 大于 $3.2\mu m$（含 $3.2\mu m$）的表面粗糙度（共有2处）；在图样右下角插入代表"其余"的符号与表面粗糙度 $Ra6.3$ 符号的组合，如图9-15所示。

（2）标注几何公差 为保证阀体在工作状态下的密封，对阀体的螺纹孔轴线与阀套孔的轴线提出了同轴度要求，其公差值为 $\phi 0.02mm$。

1）绘制公差基准符号。单击"插入"按钮，执行"INSERT"命令，插入公差基准符号图块；将所绘基准符号与基准轴线尺寸按规定要求放在一起，如图9-15所示。

2）绘制同轴度公差符号。单击"标注"——"公差"按钮，执行"TOLERANCE"命令，弹出"形位公差"对话框。在"符号"选项组中选择跳动符号，在"公差1"中选择直径符号、输入公差值"0.02"，在"基准1"中输入"A"，单击"确定"按钮，同轴度公差符号如图 9-15 所示。

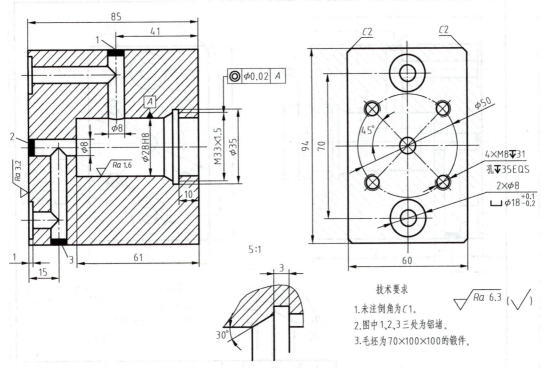

图 9-15　标注表面粗糙度与同轴度公差符号

(3) 写技术要求　根据零件所选材料进行的热处理工艺、零件表达中的统一规范等写出技术要求。单击“多行文字”按钮 多行文字，执行“MTEXT”命令，输入“技术要求”等文字并进行编辑，如图 9-16 所示。

技术要求

1.未注倒角为C1。

2.图中1、2、3三处为铝堵。

3.毛坯为70×100×100的锻件。

图 9-16　编辑技术要求文字内容

5. 填写标题栏

根据标题栏相关标准的要求，在标题栏中填写相应的内容，如图 9-17 所示。

二、泵体的绘制

【任务】完成泵体的零件图，泵体的结构及相关尺寸如图 9-18 所示。

【要求】泵体属于箱体类零件，是叶片泵的主要零件之一。泵体的毛坯为铸件，按工作位置和形状特征原则选择主视图；为了能完整而清晰地表达箱体内腔和外形的结构形状，采用主视图、右视图和俯视图。其中，右、俯视图采用了全剖视图、主视图采用了局部剖视画法。

【实施】根据齿轮泵体的整体最大尺寸（68mm×96mm×96mm），选用 A3 图幅绘图，即使用“A3. dwt”样板文件。绘图单位为“mm”，绘图比例为 1∶1。该泵体采用三个基本视图来表达其外部形状和结构，右、俯视图用单一平面全剖视来表示内、外部结构与形状，主视图为含有局部剖视的轮廓视图。完成泵体零件图的步骤有：创建绘图环境，绘制图形，标注尺寸和技术要求，填写标题栏并保存文件。

1. 创建绘图环境

根据泵体的零件图，选 A3 图幅，绘图比例为 1∶1；绘图单位为“mm”。单击主菜单中

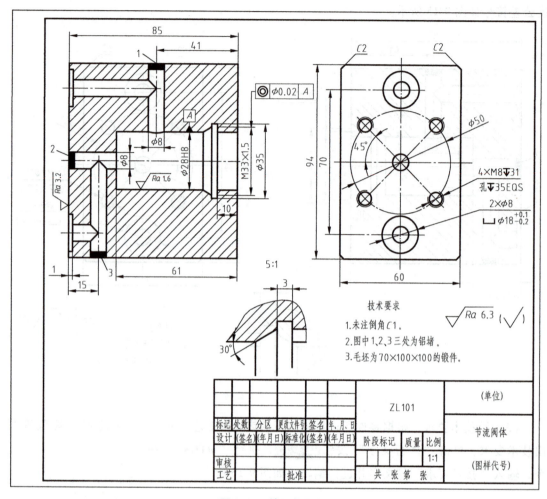

图 9-17 填写标题栏

的"文件"──→"打开"按钮,在"选择文件"对话框中选择"Template"子文件夹中的"A3.dwt"。建立新文件,将新文件命名为"泵体.dwg"并保存到指定文件夹。

2. 绘制泵体视图

绘制泵体视图所用的主要命令见表 9-2。

表 9-2 绘制泵体视图所用的主要命令

命令	图标	下拉菜单位置	命令	图标	下拉菜单位置
RECTANG		"绘图"──→"矩形"	MIRROR		"修改"──→"镜像"
LINE		"绘图"──→"直线"	CIRCLE		"绘图"──→"圆"
EXPLODE		"修改"──→"分解"	ARRAYPOLAR		"修改"──→"阵列"
TRIM		"修改"──→"修剪"	BREAK		"修改"──→"打断"
OFFSET		"修改"──→"偏移"	MTEXT		"绘图"──→"文字"──→"多行文字"
SPLINE		"绘图"──→"样条曲线"	BHATCH		"绘图"──→"图案填充"

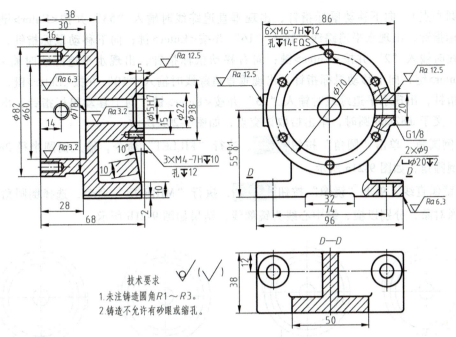

技术要求
1. 未注铸造圆角R1～R3。
2. 铸造不允许有砂眼或缩孔。

图9-18 泵体零件图

(1) 绘制主视图

1) 确定绘图基准。绘图基准依据尺寸标注起点或零件的工艺基准来确定。在"图层特性管理器"中，将当前图层设为绘制图层。

① 绘制中心线。单击"直线"按钮，执行"LINE"命令，在适当位置绘制两条直线，横向一条（长度为86mm），纵向一条（过横向线中点），如图9-19a所示。

② 绘制中心线圆。单击"圆"按钮，执行"CIRCLE"命令，以纵向、横向中心线的交点为圆心，作半径为35mm的圆，如图9-19a所示。

2) 绘制轮廓线。

① 绘制同心圆。单击"圆"按钮，执行"CIRCLE"命令，以纵向、横向中心线的交点为圆心，作φ15mm、φ60mm、φ82mm圆，如图9-19b所示。

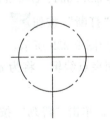
a) 绘制中心线与中心线圆

b) 绘制同心圆

图9-19 绘制中心线、中心线圆与同心圆

② 绘制管螺纹直线。打开"对象捕捉"和"对象追踪"模式，单击"直线"按钮，执行"LINE"命令，以圆心点为临时追踪参考点（把鼠标指针移到圆心点附近，让系统自动捕捉到圆心点），向右移动鼠标指针出现水平追踪线时输入"43"并按<Enter>键；向上移动鼠标指针，出现垂直追踪线时输入"10"并按<Enter>键；向左移动鼠标指针，出现水平追踪线并交于φ82mm圆时，单击拾取该交点，如图9-20a所示。

③ 绘制支座直线。打开"对象捕捉"和"对象追踪"模式，单击"直线"按钮，执行"LINE"命令，以圆心点为临时追踪参考点（把鼠标指针移到圆心点附近，让系统自动

捕捉到圆心点），向下移动鼠标指针，出现垂直追踪线时输入"53"并按<Enter>键；向右移动鼠标指针，出现水平追踪线时输入"16"并按<Enter>键；向下移动鼠标指针，出现垂直追踪线时输入"2"并按<Enter>键；向右移动鼠标指针，出现水平追踪线时输入"32"并按<Enter>键；向上移动鼠标指针，出现垂直追踪线时输入"10"并按<Enter>键；向左移动鼠标指针，出现水平追踪线时输入"23"并按<Enter>键；向上移动鼠标指针，出现垂直追踪线并交于 φ82mm 圆时，单击拾取该交点，如图 9-20b 所示。

④ 倒圆角。单击"圆角"按钮，执行"FILLET"命令，输入倒圆半径 2mm，对外轮廓倒圆角，如图 9-21a 所示。

⑤ 镜像直线。单击"镜像"按钮，执行"MIRROR"命令，选择倒圆角后的直线为镜像对象，分别以横、纵中心线为镜像线，结果如图 9-21b 所示。

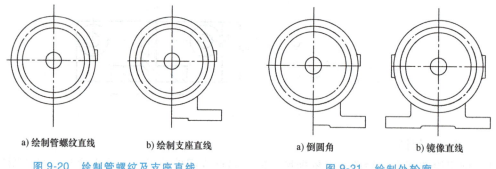

a）绘制管螺纹直线　　b）绘制支座直线

图 9-20　绘制管螺纹及支座直线

a）倒圆角　　b）镜像直线

图 9-21　绘制外轮廓

3）绘制连接螺孔。

① 绘制圆。单击"圆"按钮，执行"CIRCLE"命令，以 φ70mm 圆与纵向基准线的交点（上部）为圆心，作 φ5.2mm、φ6mm 圆，如图 9-22a 所示。

② 打断圆弧。单击"打断"按钮，执行"BREAK"命令，将上步所绘 φ6mm 圆在适当的位置打断约 1/4，如图 9-22b 所示。

③ 编辑中心线。利用夹点编辑，将为 φ5.2mm 圆的中心线按其轮廓线的投影进行延长或缩短，如图 9-22b 所示。

④ 阵列同心圆与圆弧。单击"阵列"按钮，按系统提示，选择同心圆及打断后的同心圆为阵列对象，按<Enter>键；选择主视图中心线的交点为阵列中心点，出现"阵列"功能面板，在"项目"工具栏中，设置"项目数"为"6"，"填充"为"360"；在"旋转项目"工具栏中选中"否"，单击"关闭阵列"按钮，完成环形阵列的创建，如图 9-23a 所示。

⑤ 阵列定位中心线。单击"阵列"按钮，按系统提示，选择定位中心线为阵列对象，按<Enter>键；选择主视图中心线的交点为阵列中心点，出现"阵列"功能面板，在"项目"工具栏中，设置"项目数"为"6"，"填充"为"360"；在"旋转项目"工具栏中选中"是"，单击"关闭阵列"按钮，完成环形阵列的创建，如图 9-23b 所示。

4）绘制沉孔局部剖线条。

① 绘制沉孔局部剖中心线。打开"对象捕捉"和"对象追踪"模式，单击"直线"按钮，执行"LINE"命令，以泵体底板右上角点为临时追踪参考点（把鼠标指针移到右上

角点附近,让系统自动捕捉到右上角点),向左移动鼠标指针,出现水平追踪线时输入"11"并按<Enter>键;向下移动鼠标指针,出现垂直追踪线并交于底板线时,单击拾取该交点,如图9-24a所示。

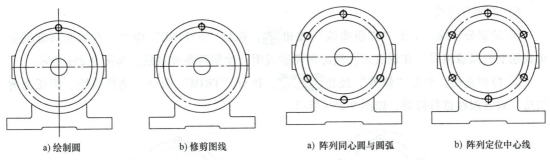

a) 绘制圆　　　　　　　b) 修剪图线　　　　　　　a) 阵列同心圆与圆弧　　　　b) 阵列定位中心线

图 9-22　绘制连接螺孔　　　　　　　　　图 9-23　阵列螺纹孔

② 绘制沉孔局部剖轮廓线。打开"对象捕捉"和"对象追踪"模式,单击"直线"按钮,执行"LINE"命令,以沉孔局部剖中心线上端点为临时追踪参考点(把鼠标指针移到端点附近,让系统自动捕捉到端点),向左移动鼠标指针,出现水平追踪线时,输入"10"并按<Enter>键;向下移动鼠标指针,出现垂直追踪线时,输入"2"并按<Enter>键;向右移动鼠标指针,出现水平追踪线时,输入"5.5"并按<Enter>键;向下移动鼠标指针,出现垂直追踪线并交于底板线时,单击拾取该交点,如图9-24a所示。

③ 镜像直线。单击"镜像"按钮,执行"MIRROR"命令,选择沉孔局部剖轮廓线为镜像对象,以沉孔中心线为镜像线,镜像结果如图9-24a所示。

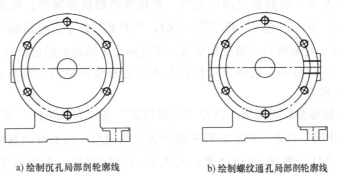

a) 绘制沉孔局部剖轮廓线　　　　　　　b) 绘制螺纹通孔局部剖轮廓线

图 9-24　绘制沉孔局部剖线条与螺纹通孔局部剖轮廓线

5) 绘制螺纹通孔局部剖轮廓线。

① 绘制直线(螺纹大径)。打开"对象捕捉"和"对象追踪"模式,单击"直线"按钮,执行"LINE"命令,以水平中心线与右侧垂线交点为临时追踪参考点(把鼠标指针移到交点附近,让系统自动捕捉到交点),向上移动鼠标指针,出现垂直追踪线时,输入"4.85"(查手册管螺纹G1/8大径为9.7mm)并按<Enter>键。

② 绘制直线(螺纹小径)。打开"对象捕捉"和"对象追踪"模式,单击"直线"按钮,执行"LINE"命令,以水平中心线与右侧垂线交点为临时追踪参考点(把鼠标指针移到交点附近,让系统自动捕捉到交点),向上移动鼠标指针,出现垂直追踪线时输入

"4.3"（查手册管螺纹 G1/8 小径为 8.6mm）并按<Enter>键。

③ 镜像直线。单击"镜像"按钮 镜像，执行"MIRROR"命令，选择大径、小径直线为镜像对象，以水平中心线为镜像线，镜像结果如图 9-24b 所示。

6）绘制分界线。

① 绘制分界线。单击"样条曲线"按钮 ，执行"SPLINE"命令，在沉孔局部剖轮廓线绘制一条波浪线，在螺纹通孔局部剖轮廓线附近绘制两条波浪线，如图 9-25a 所示。

② 修剪直线。单击"修剪"按钮 修剪，执行"TRIM"命令，选择直线、圆弧为剪切边，对波浪线进行修剪，如图 9-25b 所示。

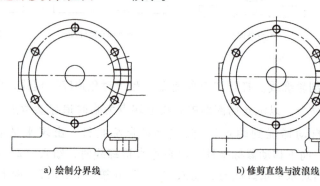

a) 绘制分界线　　　　　　　　b) 修剪直线与波浪线

图 9-25　绘制沉孔局部剖

（2）绘制右视图

1）确定绘图基准，绘制右视图中心线。根据视图的投影规律，打开"对象捕捉"和"对象追踪"模式。单击"直线"按钮 ，执行"LINE"命令，把鼠标指针移到主视图水平中心线端点附近，让系统自动捕捉到交点，于是向左边移动鼠标指针时出现一条水平追踪线（呈虚线的线）；然后在右视图合适位置单击确定直线第一点，绘制长为 68mm 的中心线，如图 9-26a 所示。

2）绘制回转体部分外轮廓线。打开"对象捕捉"和"对象追踪"模式，单击"直线"按钮 ，执行"LINE"命令，以中心线左端点为直线起点，向上移动鼠标指针，出现垂直追踪线时，输入"41"并按<Enter>键；向右移动鼠标指针，出现水平追踪线时，输入"16"并按<Enter>键；向下移动鼠标指针，出现垂直追踪线时，输入"2"并按<Enter>键；向右移动鼠标指针，出现水平追踪线时，输入"22"并按<Enter>键；向下移动鼠标指针，出现垂直追踪线时，输入"22"并按<Enter>键；向右移动鼠标指针，出现水平追踪线时，输入"30"并按<Enter>键；向下移动鼠标指针，出现垂直追踪线并交于中心线右端点时，单击拾取该交点，如图 9-26b 所示。

3）绘制回转体部分内腔轮廓线。

① 绘制直线。打开"对象捕捉"和"对象追踪"模式，单击"直线"按钮 ，执行"LINE"命令，以中心线左端点为直线起点，向上移动鼠标指针，出现垂直追踪线时，输入"30"并按<Enter>键；向右移动鼠标指针，出现水平追踪线时，输入"30"并按<Enter>键；向下移动鼠标指针，出现垂直追踪线时，输入"22.5"并按<Enter>键；向右移动鼠标指针，

出现水平追踪线并靠近右侧外轮廓线时，单击拾取一点，如图9-27a所示。

② 绘制直接角度直线。打开"对象捕捉"和"对象追踪"模式，单击"直线"按钮，执行"LINE"命令，以中心线右端点为临时追踪参考点（把鼠标光标移到右端点附近，让系统自动捕捉到该点），向上移动鼠标指针，出现垂直追踪线时，输入"11"并按<Enter>键；向左移动鼠标指针，出现水平追踪线时，输入"5"并按<Enter>键；在命令行输入直接角度"<-120"并按<Enter>键；然后移动鼠标指针，在合适位置单击拾取一点，如图9-27b所示。

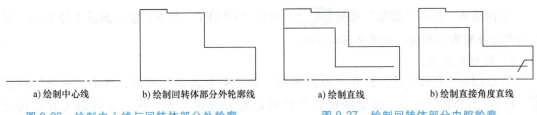

a) 绘制中心线　　b) 绘制回转体部分外轮廓线　　　　a) 绘制直线　　b) 绘制直接角度直线

图9-26　绘制中心线与回转体部分外轮廓　　　图9-27　绘制回转体部分内腔轮廓

③ 修剪直线。单击"修剪"按钮，执行"TRIM"命令，选择与φ22mm孔底相交的两条直线为剪切边，对直线相互进行修剪，如图9-28a所示。

④ 绘制直线。单击"直线"按钮，执行"LINE"命令，绘制φ22孔底投影轮廓线。

⑤ 倒圆角。单击"圆角"按钮，执行"FILLET"命令，输入倒圆半径2mm，对外轮廓倒圆角，如图9-28a所示。

⑥ 镜像轮廓线。单击"镜像"按钮，执行"MIRROR"命令，选择内、外轮廓线为镜像对象，以中心线为镜像线，镜像结果如图9-28b所示。

4）绘制支座轮廓线。

① 绘制直线。打开"对象捕捉"和"对象追踪"模式，单击"直线"按钮，执行"LINE"命令，以中心线左端点为临时追踪参考点（把鼠标指针移到左端点附近，让系统自动捕捉到左端点），向右移动鼠标指针，出现水平追踪线时，输入"28"并按<Enter>键；向下移动鼠标指针，出现垂直追踪线时，输入"55"并按<Enter>键；向右移动鼠标指针，出现水平追踪线时，输入"38"并按<Enter>键；向上移动鼠标指针，出现垂直追踪线时，输入"10"并按<Enter>键；向左移动鼠标指针，出现水平追踪线时，在合适位置单击拾取一点，如图9-29a所示。

② 修剪直线。单击"修剪"按钮，执行"TRIM"命令，选择泵体回转体与支座相交部分直线为剪切边，对直线相互进行修剪，如图9-29b所示。

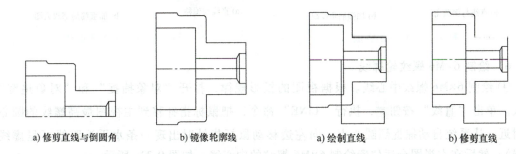

a) 修剪直线与倒圆角　　b) 镜像轮廓线　　　　a) 绘制直线　　b) 修剪直线

图9-28　绘制回转体　　　　　　　　　图9-29　绘制支座轮廓线

③ 倒圆角。单击"圆角"按钮 圆角，执行"FILLET"命令，输入倒圆半径 2mm，对泵体回转体与支座部分外轮廓倒圆角，如图 9-30a 所示。

④ 绘制直线。打开"对象捕捉"和"对象追踪"模式，单击"直线"按钮 直线，执行"LINE"命令，以支座右下方端点为临时追踪参考点（把鼠标指针移到端点附近，让系统自动捕捉到端点），向上移动鼠标光标，出现垂直追踪线时，输入"2"并按<Enter>键；向左移动鼠标光标，出现水平追踪线并交于左侧支座线时，单击拾取该交点，如图 9-30a 所示。

⑤ 倒圆角。单击"圆角"按钮 圆角，执行"FILLET"命令，输入倒圆半径 2mm，对支座部分外轮廓倒圆角，如图 9-30a 所示。

5）绘制加强筋。

① 绘制直接角度直线。打开"对象捕捉"和"对象追踪"模式，单击"直线"按钮 直线，执行"LINE"命令，以支座倒圆角的圆心为直线第一点，在命令行输入直接角度"<100"并按<Enter>键，然后移动鼠标光标，在合适位置单击拾取一点，如图 9-30b 所示。

② 偏移直线。单击"偏移"按钮 偏移，执行"OFFSET"命令，以 100°斜线为起始，向右偏移，偏移量为 2mm，如图 9-30b 所示。

③ 绘制直线。单击"直线"按钮 直线，执行"LINE"命令，于上述偏移直线左侧合适位置单击拾取一点，同时按下<Shift>键与鼠标右键，选择捕捉"垂直 P"点，移动鼠标光标到上述偏移直线上捕捉"垂直 P"点，如图 9-31a 所示。

④ 偏移直线。单击"偏移"按钮 偏移，执行"OFFSET"命令，以上述捕捉"垂直 P"的直线为起始，向下偏移，偏移量为 10mm，如图 9-31a 所示。

⑤ 绘制直线。单击"直线"按钮 直线，执行"LINE"命令，连接上述捕捉"垂直 P"的直线与偏移直线端点，如图 9-31a 所示。

⑥ 倒圆角。单击"圆角"按钮 圆角，执行"FILLET"命令，输入倒圆半径 2mm，对加强筋轮廓倒圆角，如图 9-31a 所示。

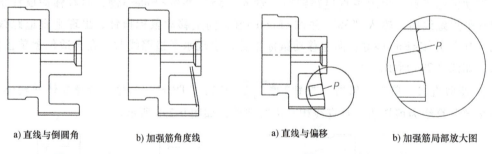

a) 直线与倒圆角　　b) 加强筋角度线　　a) 直线与偏移　　b) 加强筋局部放大图

图 9-30　绘制加强筋　　　　　　图 9-31　绘制加强筋断面图

6）绘制 6×M6 螺纹轮廓线。

① 绘制 6×M6 螺纹中心线。根据视图的投影规律，打开"对象捕捉"和"对象追踪"模式。单击"直线"按钮 直线，执行"LINE"命令，把鼠标指针移到主视图最高螺纹的圆心点附近，让系统自动捕捉到圆心点。向左边移动鼠标指针时出现一条水平追踪线（呈虚线的线）；然后在右视图合适位置绘制 6×M6 螺纹的中心线，如图 9-32a 所示。

② 绘制直线（螺纹大径）。打开"对象捕捉"和"对象追踪"模式，单击"直线"按钮，执行"LINE"命令，以螺纹中心线与左侧垂线交点为临时追踪参考点（把鼠标指针移到交点附近，让系统自动捕捉到交点），向上移动鼠标指针，出现垂直追踪线时输入"3"并按<Enter>键；向右移动鼠标指针，出现水平追踪线时输入"12"并按<Enter>键；向下移动鼠标指针，出现垂直追踪线与螺纹中心线相交时，单击拾取该交点，如图 9-32a 所示。

③ 绘制直线（螺纹小径）。打开"对象捕捉"和"对象追踪"模式，单击"直线"按钮，执行"LINE"命令，以螺纹中心线与左侧垂直线交点为临时追踪参考点（把鼠标光标移到交点附近，让系统自动捕捉到交点），向上移动鼠标指针，出现垂直追踪线时输入"3*0.85"（螺纹简化画法规定小径为大径的 0.85 倍）并按<Enter>键；向右移动鼠标指针，出现水平追踪线时，输入"14"并按<Enter>键，在命令行输入直接角度"<-60"并按<Enter>键，然后移动鼠标指针在合适位置单击拾取一点，如图 9-32a 所示。

④ 镜像直线。单击"镜像"按钮，执行"MIRROR"命令，选择螺纹大径、小径直线为镜像对象，以螺纹中心线为镜像线，镜像结果如图 9-32b 所示。

⑤ 修剪直线。单击"修剪"按钮，执行"TRIM"命令，选择螺纹孔底直线为剪切边，在直线间相互进行修剪，如图 9-32c 所示。

⑥ 镜像螺纹线。单击"镜像"按钮，执行"MIRROR"命令，选择 M6 螺纹线为镜像对象，以泵体回转中心线为镜像线，如图 9-33a 所示。

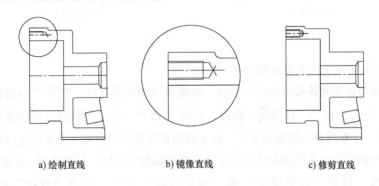

a) 绘制直线　　　b) 镜像直线　　　c) 修剪直线

图 9-32　绘制 6×M6 螺纹

7) 绘制 3×M4 螺纹轮廓线。

绘制方法与 6×M6 螺纹轮廓线相同（略），结果如图 9-33b 所示。

(3) 绘制全剖俯视图

1) 绘制支座底部轮廓线。

① 绘制矩形。单击"矩形"按钮，执行"RECTANG"命令，以主视图的最左侧点为追踪点在主视图下方确定第一角点位置，再输入（@ 96,-38），绘出外轮廓线，如图 9-34a 所示。

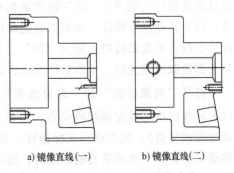

a) 镜像直线(一)　　　b) 镜像直线(二)

图 9-33　绘制 3×M4 螺纹轮廓线

② 倒圆角。单击"圆角"按钮 圆角 ，执行"FILLET"命令，输入倒圆半径 2mm，在"倒圆角"功能面板上选择"多段线（p）"对矩形多段线倒圆角，如图 9-34a 所示。

2）绘制 2×φ9mm 沉孔。

① 绘制 2×φ9mm 沉孔垂直方向中心线。根据视图的投影规律，打开"对象捕捉"和"对象追踪"模式。单击"直线"按钮 ，执行"LINE"命令，把鼠标指针移到主视图沉孔中心线端点附近，让系统自动捕捉到端点。向下移动鼠标指针时出现一条垂直追踪线（呈虚线的线），然后在俯视图合适位置绘制沉孔垂直方向的两条中心线。

② 绘制 2×φ9mm 沉孔水平中心线。打开"对象捕捉"和"对象追踪"模式，单击"直线"按钮 ，执行"LINE"命令，以支座上部轮廓线左端点为临时追踪参考点（把鼠标指针移到左端点附近，让系统自动捕捉到左端点），向下移动鼠标光标，出现垂直追踪线时，输入"12"并按<Enter>键，向右移动鼠标光标，出现水平追踪线时，在合适位置单击拾取一点，如图 9-34b 所示。

③ 绘制圆。单击"圆"按钮 ，执行"CIRCLE"命令，以纵、横中心线的交点为圆心，作直径分别为 9mm、20mm 的圆，如图 9-34b 所示。

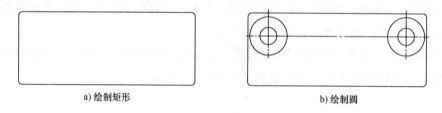

a）绘制矩形　　　　　　　　　b）绘制圆

图 9-34　绘制支座底部轮廓线

3）绘制泵体与底座间连接轮廓线。

① 绘制泵体与底座间连接截面的中心线。根据视图的投影规律，打开"对象捕捉"和"对象追踪"模式。单击"直线"按钮 ，执行"LINE"命令，把鼠标移到主视图泵体回转部分的中心线交点附近，让系统自动捕捉到交点。向下移动鼠标指针时出现一条垂直追踪线（呈虚线的线），然后在俯视图合适位置绘制泵体与底座间连接截面的中心线，如图 9-35a 所示。

② 绘制直线。打开"对象捕捉"和"对象追踪"模式，单击"直线"按钮 ，执行"LINE"命令，以上述中心线上端点为临时追踪参考点（把鼠标指针移到上端点附近，让系统自动捕捉到上端点），向左移动鼠标指针，出现水平追踪线时，输入"5"并按<Enter>键；向下移动鼠示指针，出现垂直追踪线时，输入"28"并按<Enter>键；向左移动鼠标指针，出现水平追踪线时，输入"20"并按<Enter>键；向下移动鼠标指针，出现垂直追踪线与下部轮廓线相交时，单击拾取交点，如图 9-35a 所示。

打开"对象捕捉"和"对象追踪"模式，单击"直线"按钮 ，执行"LINE"命令，以上述连接轮廓线左侧线段交点为临时追踪参考点（把鼠标指针移到交点附近，让系统自动捕捉到交点），向左移动鼠标指针，出现水平追踪线时，输入"2"并按<Enter>键；向上移动鼠标指针，出现垂直追踪线时，输入"10"并按<Enter>键，如图 9-35a 所示。

③ 倒圆角。单击"圆角"按钮 圆角 ，执行"FILLET"命令，输入倒圆半径 2mm，在

"倒圆角"功能面板上选择"修剪（t）"，对上述连接轮廓线倒圆角，如图9-35a所示。

④ 修剪直线。单击"修剪"按钮 ![修剪], 执行"TRIM"命令，选择倒圆角线为剪切边，对连接轮廓线进行修剪，如图9-35a所示。

⑤ 镜像直线。单击"镜像"按钮 ![镜像], 执行"MIRROR"命令，选择连接轮廓线为镜像对象，以中心线为镜像线，结果如图9-35b所示。

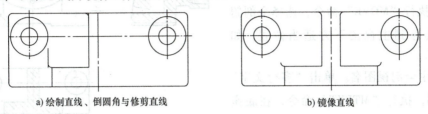

a) 绘制直线、倒圆角与修剪直线　　　　　b) 镜像直线

图9-35　绘制泵体与底座间连接轮廓线

（4）设置图线图层与编辑图线

1) 选择所有轮廓线及螺纹小径，将其图层设置为"01 粗实线"图层。
2) 选择所有中心线，将其图层设置为"05 中心线"图层。
3) 选择分界线和螺纹大径，将其图层设置为"02 细实线"图层。
4) 利用夹点，将中心线按轮廓线的投影进行延长或缩短，如图9-36所示。

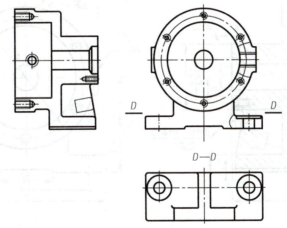

图9-36　设置图线图层与编辑中心线

（5）绘制剖面线

1) 在"图层特性管理器"中，将当前图层设置为"10 剖面线"图层。
2) 绘制视图中的剖面线。单击"绘图"工具栏中的"图案填充"按钮 ![图案填充], 在"图案填充创建"功能面板中的"图案"工具栏中选择"ANSI31"，设置"比例"为"1"，单击"拾取点"按钮；在右视图的各轮廓线框内的适当位置选择点（共有8处），在主视图的局部剖轮廓线内选择点（共有6处），在俯视图的全剖轮廓线内选择点（共有4处），再单击"关闭图案填充分解"按钮 ![关闭], 如图9-37所示。

（6）标注全剖俯视图

1) 在"图层特性管理器"中，将当前图层设置为"02 细实线"图层。

2）标注剖切位置。打开"对象捕捉"和"对象追踪"模式，单击"直线"按钮，执行"LINE"命令，在主视图下方剖切位置画直线并修剪，如图9-37所示。

3）移动视图。单击"移动"按钮，执行"MOVE"命令，选择全剖俯视图，将其移到主视图下方适当位置，如图9-37所示。

4）标注全剖视图名。单击"多行文字"按钮，执行"MTEXT"命令，在底座全剖视图上方输入"D—D"，如图9-37所示。

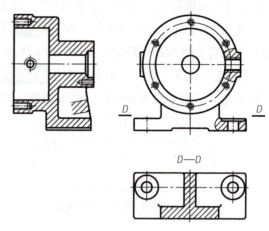

图 9-37　绘制剖面线

3. 标注尺寸

（1）标注主视图中的尺寸　主视图中标注的尺寸以线性尺寸为主。单击"标注"——"线性"按钮，执行"DIMLINEAR"命令，选择各个尺寸的端点进行尺寸标注；单击"标注"——"多重引线"按钮，执行"MLEADER"命令，标注螺纹孔尺寸，如图9-38所示。

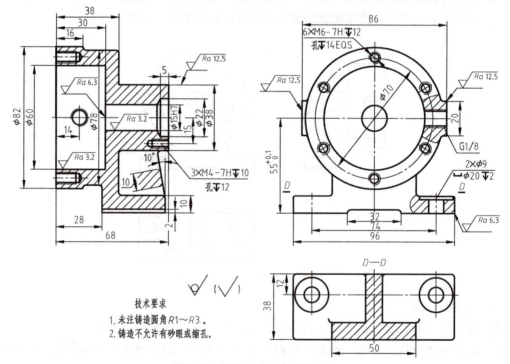

图 9-38　标注尺寸与表面粗糙度

（2）标注左视图中的尺寸　左视图中标注有圆、圆弧、沉孔、螺纹孔等尺寸。单击"标注"——"线性"按钮，执行"DIMLINEAR"命令，选择各个线性尺寸的端点进行尺寸标注；单击"标注"——"直径"按钮，执行"DIMDIAMETER"命令，选择圆的轮廓线进行定位圆、沉孔、螺纹孔的尺寸标注；单击"标注"——"多重引线"按钮，执行"MLEADER"命令，标注沉孔及螺纹孔尺寸，如图9-38所示。

（3）编辑尺寸 将沉孔、螺纹孔及左视图部分圆的标注进行分解，重新进行文字的注写，如图 9-38 所示。

（4）标注全剖俯视图的尺寸 全剖俯视图中的尺寸标注以底座轮廓的尺寸为主，单击"标注"——→"线性"按钮，执行"DIMLINEAR"命令，标注矩形的外形尺寸，如图 9-38 所示。

4. 标注技术要求

（1）标注表面粗糙度 单击"插入"按钮，执行"INSERT"命令，在主视图、左视图中标注加工表面的表面粗糙度；在图幅下方插入代表"其余"的符号与不去除材料的方法获得表面粗糙度符号组合，如图 9-38 所示。

（2）标注几何公差 在加工精度能保证的条件下，泵体的几何公差由机床的刚性保证，不用在图中标注。

（3）写技术要求 根据零件所选材料进行的热处理工艺、零件表达中的统一规范等写出技术要求。单击"多行文字"按钮，执行"MTEXT"命令，输入"技术要求"等文字内容并进行编辑，如图 9-39 所示。

技术要求
1. 未注铸造圆角 $R1\sim R3$。
2. 铸造不允许有砂眼或缩孔。

图 9-39 技术要求文字内容

5. 填写标题栏

根据标题栏相关标准的要求，在标题栏中填写相应的内容，如图 9-40 所示。

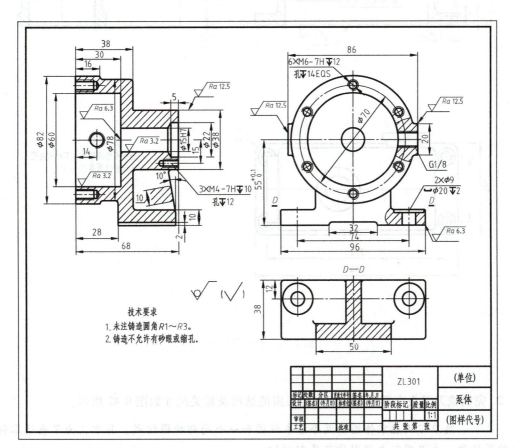

图 9-40 泵体零件图

技能训练

1. 完成箱体的零件图，箱体的结构及相关尺寸如图 9-41 所示。

> 提示：箱体零件图由三个基本视图组成。其中，为了表达零件内腔等结构，主视图、左视图采用全剖视图。

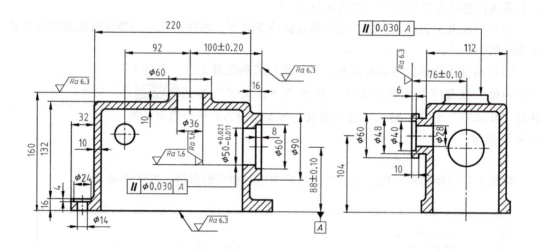

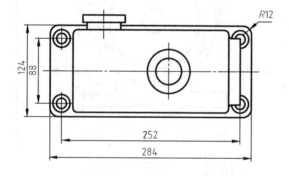

图 9-41　箱体零件图

2. 完成铣刀刀头座零件图，铣刀刀头座的结构及相关尺寸如图 9-42 所示。

> 提示：铣刀刀头座零件图由两个基本视图和一个局部视图组成。其中，为了表达零件内腔等结构，主视图和左视图作了局部剖切。

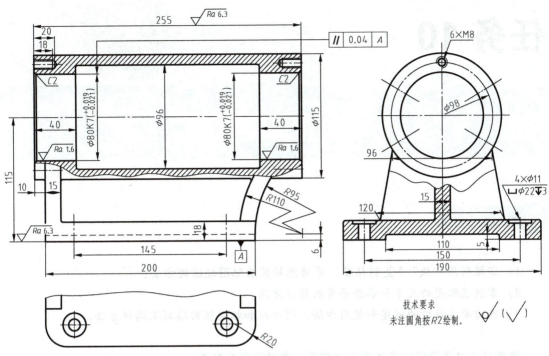

图 9-42 铣刀刀头座零件图

任务 10

装配图的绘制

📄 任务目标

1. 知识目标

1）掌握利用"块""复制粘贴"等功能拼装装配图视图的方法；
2）掌握装配图的尺寸和零件序号的标注方法；
3）巩固带属性块的创建和使用方法、明细栏和标题栏的填写及编辑方法。

2. 技能目标

能根据装配图所需的零件图或示意图，熟练绘制装配图。

📄 任务分析

通过实例操作，熟练掌握利用"块""复制粘贴"等功能拼装装配图视图的方法，掌握装配图的尺寸和零件序号的标注方法。任务的重点、难点为熟练绘制节流阀的装配图。

📄 任务实施

一、节流阀零件图的绘制

【任务】完成节流阀所有零件图的绘制，并将每个零件的轮廓线（除O形橡胶密封圈外）封装成图块。节流阀的装配图及明细栏如图10-1所示。

【要求】装配图中的表达方案主要是从表达工作原理、装配关系、传动路线和装配体的总体情况来考虑的。画零件图时，零件的表达方案不能简单照搬，应根据零件的内、外结构形状，按照零件图的视图选择原则重新考虑，还应根据零件的功用、装配关系和加工工艺要求加以补充、完善。例如：装配图上未画出的工艺结构（圆角、倒角、退刀槽、中心孔等），在零件图上都必须详细画出，并根据国家标准的有关规定加以标准化。

由于装配图上的尺寸很少，而零件图上尺寸标注的要求是"正确、完整、清晰、合理"，画零件图时，可采用抄注、查找、计算、量取等方法来处理尺寸。在标注尺寸时，对有装配关系的尺寸，要注意互相协调，例如，零件配合部分的轴、孔，其基本尺寸应相同，其他有关联的尺寸，也应互相适应，避免在零件装配或运动时，产生尺寸矛盾、干涉或咬卡等现象。

零件的表面粗糙度、几何公差及其他技术要求，直接影响零件的加工质量，因此在零件

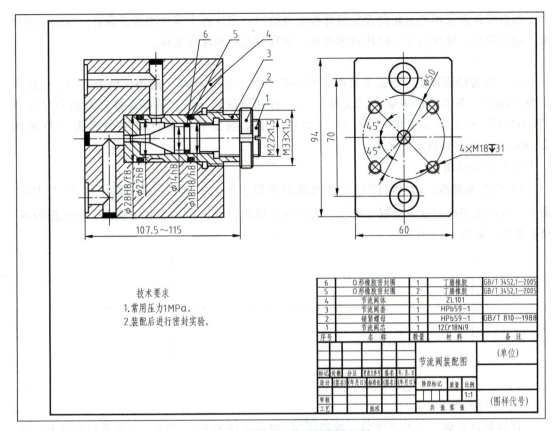

图 10-1　节流阀的装配图及明细栏

图中占有很重要的地位。但是正确制定技术要求，涉及许多专业知识，可根据零件的作用及机器（或部件）的实际情况，查阅有关的机械设计手册或用类比法参照同类产品的有关资料以及已有的生产经验综合确定。一般接触面与配合面的表面粗糙度值应较小，自由表面的表面粗糙度值较大，但有密封、耐蚀、美观等要求的表面粗糙度值又应较小。

通过看装配图的标题栏和明细栏，可知节流阀由节流阀芯、锁紧螺母、节流阀套、节流阀体、O 形橡胶密封圈组成，其中标准件有 2 种（不同型号的 O 形圈），非标准件有 4 种。节流阀装配图采用了两个基本视图。主视图采用全剖视图，表达节流阀的结构形状和装配路线；左视图未采用剖视，表达节流阀的形状和与其他部件的连接结构。

节流阀的工作原理由装配图的视图可知：当节流阀芯顺时针方向旋紧时，节流阀芯左端圆锥伸入并塞紧节流阀套左端小孔，关闭节流阀体上、下通气孔之间的连接通道；当节流阀芯逆时针方向旋出时，节流阀芯左端圆锥慢慢脱离节流阀套左端小孔，气路连接通道打开，随着节流阀芯的旋出，气体流量逐渐增大，直至最大。

【实施】通过看装配图的视图和明细栏，完成装配图需要画出节流阀的节流阀芯、锁紧螺母、节流阀套、节流阀体四个重要零件的视图。根据零件的不同外形与结构采用不同的视图来表达。节流阀芯和节流阀套是轴类零件，采用一个主视图和其他辅助视图来表达其结构与形状。节流阀体是箱体类零件，采用两个基本视图来表达其外部形状和结构。锁紧螺母属于标准化零件，可参考《机械设计手册》绘制零件图。

微课 29. 节流阀装配图的绘制（1）

所有零件图采用具有相同设置的样板文件绘图，完成各个零件图的步骤有：创建绘图环境、绘制图形、标注尺寸、标注技术要求、填写标题栏和保存文件。

1. 节流阀套的绘制

（1）配置绘图环境　根据节流阀套的外形尺寸，选 A3 图幅，绘图比例为 1∶1；绘图单位为"mm"。在主菜单中单击"文件"——"打开"按钮，在"选择文件"对话框中选择"Template"子文件夹中的"A3.dwt"文件。建立新文件，将新文件命名为"节流阀套.dwg"并保存到指定文件夹。

（2）绘制视图

1）绘制基准线。将当前图层设置为绘制图层。单击"直线"按钮，执行"LINE"命令，选择适当的起点，绘制一条水平线和两条纵向直线，作为绘制主视图、向视图的纵、横基准线，如图 10-2 所示。

图 10-2　绘制基准线

2）绘制主视图。

① 绘制外轮廓。单击"偏移"按钮，执行"OFFSET"命令，以水平基准线为起始，分别向上、向下绘制直线；以主视图中的纵向基准线为起始，向右偏移绘制直线。单击"构造线"按钮，执行"XLINE"命令，绘制夹角为 90°的构造线。单击"修剪"按钮，执行"TRIM"命令，选择纵向基准线、偏移的直线作为修剪边，相互修剪，如图 10-3 所示。

② 绘制内部结构线。单击"偏移"按钮，执行"OFFSET"命令，以水平基准线为起始，分别向上、向下绘制直线；以主视图中的纵向基准线为起始，向右绘制直线。单击"构造线"按钮，执行"XLINE"命令，绘制夹角为 120°的构造线。单击"修剪"按钮，执行"TRIM"命令，选择纵向基准线、偏移的直线作为修剪边，相互修剪，如图 10-4 所示。

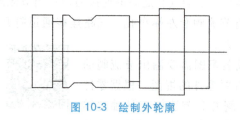

图 10-3　绘制外轮廓

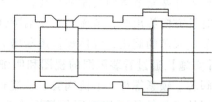

图 10-4　绘制内部结构线

3）绘制向视图。单击"圆"按钮，执行"CIRCLE"命令，以纵、横基准线交点为圆心，绘制五个同心圆。单击"偏移"按钮，执行"OFFSET"命令，以水平基准线为起始,分别向上、向下绘制直线。单击"修剪"按钮,执行"TRIM"命令,选择偏移的直线作为修剪边,修剪 $\phi 30mm$ 的圆。单击"打断"按钮,执行"BREAK"命令,将向视图中的螺纹线在适当的位置打断,如图10-5所示。

标注向视图。单击"标注"——"多重引线"按钮,执行"MLEADER"命令,在主视图右端的适当位置选择一点,并输入字母"A"。单击"多行文字"按钮,执行"MTEXT"命令,在所绘向视图的上方输入"A",如图10-5所示。

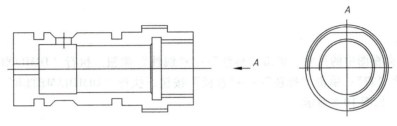

图10-5 绘制向视图

4)设置图线图层与编辑图线。

① 单击"倒角"按钮,执行"CHAMFER"命令,输入倒角距离,对边缘倒角。单击"圆角"按钮,执行"FILLET"命令,输入圆角半径的值,进行倒圆角。利用夹点将中心线按轮廓线的投影进行延长或缩短,如图10-6所示。

② 选择所有轮廓线及螺纹小径,将其图层设置为"01 粗实线"图层;选择所有中心线,将其图层设置为中心线图层;选择螺纹大径,将其图层设置为"02 细实线"图层;选择向视图标注,将其图层设置为尺寸标注图层,如图10-6所示。

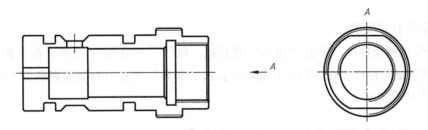

图10-6 设置图线图层与编辑图线

5)绘制剖面符号。

① 在"图层特性管理器"中,将当前图层设置为"10 剖面线"图层。

② 单击"图案填充"按钮,出现"图案填充创建"功能面板,在"图案"工具栏中选择"ANSI31",设置"比例"为"1",单击"拾取点"按钮,在主视图中适当位置选点,再单击"关闭图案填充创建"按钮,如图10-7所示。

(3)标注尺寸

1)在"图层特性管理器"中,将当前图层设置为"08 尺寸线"图层。

2)标注主视图中的尺寸。主视图中主要标注节流阀套的长度与径向尺寸。单击"标注"——"线性"按钮,执行"DIMLINEAR"命令,选择各个尺寸的端点进行尺寸标注,如

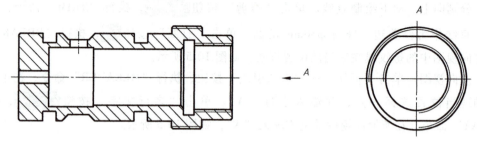

图 10-7 绘制剖面符号

图 10-8 所示。

3)标注向视图中的尺寸。单击"标注"——"线性"按钮,执行"DIMLINEAR"命令,标注线性尺寸"27";单击"标注"——"直径"按钮,执行"DIMDIAMETER"命令,标注尺寸"φ30",如图 10-8 所示。

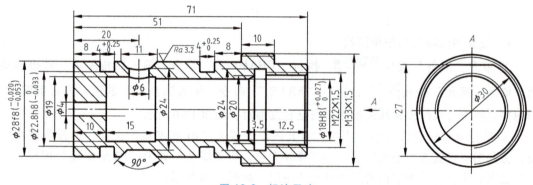

图 10-8 标注尺寸

(4)标注技术要求

1)标注表面粗糙度。单击"插入"按钮,执行"INSERT"命令,在主视图上标注加工表面的表面粗糙度;在图幅右下角插入表示"其余"的符号与表面粗糙度 $Ra6.3\mu m$ 的组合,如图 10-9 所示。

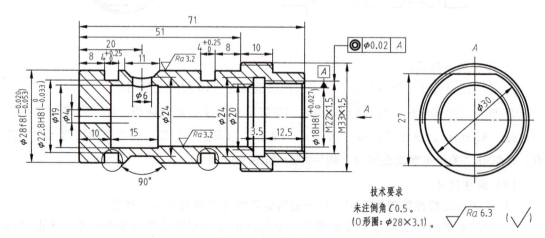

图 10-9 标注技术要求

2）标注几何公差。节流阀套在加工精度能保证的条件下，其几何公差由机床的刚性保证；标注 M22 中心线相对孔轴线的同轴度公差为 $\phi 0.02\text{mm}$，如图 10-9 所示。

3）写技术要求。根据零件所选材料进行的热处理工艺、零件表达中的统一规范等写出技术要求。单击"多行文字"按钮 ，执行"MTEXT"命令，输入"技术要求"等文字并进行编辑，如图 10-9 所示。

（5）创建图块

1）设置图层。单击"格式"──→"图层"按钮，在弹出的"图层特性管理器"对话框中，选择"08 尺寸线"图层，单击"开"图标，使其"开"图标呈灰暗色，如图 10-10 所示。

图 10-10　关闭图层

2）创建零件图块。单击"创建"按钮 ，执行"BLOCK"命令，在"块定义"对话框中，设置"名称"为"节流阀套图块"；单击"拾取点"按钮 ，在绘图区选择主视图左边纵向线与水平轴线的交点为基点；单击"选择对象"按钮 ，在绘图区选择节流阀套的主视图，单击"确定"按钮，完成块的创建，如图 10-11 所示。

3）保存零件图块。在命令行中输入"WBLOCK"命令后，打开"写块"对话框。在"源"选项组中选择"块"模式，从下拉列表中选择"节流阀套图块"，确定其目标存储位置，完成零件图块的保存，如图 10-12 所示。

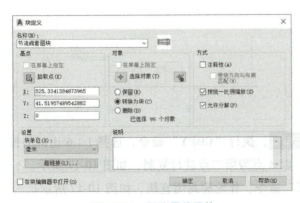

图 10-11　创建零件图块

图 10-12　保存零件图块

2. 节流阀芯的绘制

（1）配置绘图环境 根据节流阀芯的外形尺寸，选 A3 图幅，绘图比例为 1∶1；绘图单位为"mm"。在主菜单中单击"文件"——→"打开"按钮，在"选择文件"对话框中选择"Template"子文件夹中的"A3.dwt"文件。建立新文件，将新文件命名为"节流阀芯.dwg"并保存到指定文件夹。

（2）绘制主视图

1）绘制基准线。将当前图层设置为绘制图层。单击"直线"按钮，执行"LINE"命令，选择适当的起点，绘制一条水平线和一条纵向直线，作为绘制主视图的纵、横基准线，如图 10-13 所示。

2）绘制轮廓线。

① 绘制比例为 1∶6 的锥度线。单击"直线"按钮，执行"LINE"命令，选择适当的起点，用直接输入法绘制水平方向长为 6mm、纵向高度为 0.5mm 的直角三角形，其斜边为 1∶6 比例的锥度线，如图 10-14 所示。

图 10-13　绘制基准线

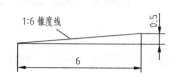

图 10-14　绘制 1∶6 比例的锥度线

② 偏移直线。单击"偏移"按钮，执行"OFFSET"命令，以水平线为起始，向上分别绘制直线，偏移距离分别为 1mm、2.5mm、7mm、8mm、9mm、9.35mm、11mm；以纵向直线为起始，向右分别绘制直线，偏移距离分别为 12mm、27mm、33mm、36.4mm、42.4mm、54.5mm、76.5mm、79.5mm，如图 10-15 所示。

③ 修剪直线。单击"修剪"按钮，执行"TRIM"命令，选择所有直线作为修剪边，相互修剪，结果如图 10-16 所示。

图 10-15　偏移直线

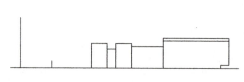

图 10-16　修剪直线

④ 复制锥度线。单击"复制"按钮，执行"COPY"命令，选择 1∶6 比例的锥度线为复制对象，以右端的上端点为基点，以 A 点为第二点进行复制，如图 10-17 所示。

⑤ 单击"直线"按钮，执行"LINE"命令，作轮廓封闭直线，如图 10-17 所示。

⑥ 倒角。单击"倒角"按钮，采用"修剪、角度、距离"模式，执行"CHAM-

FERE"命令,两端面倒C1角,并补画倒角直线,如图10-17所示。

⑦ 镜像成形。单击"镜像"按钮 ⚠ 镜像,执行"MIRROR"命令,选择中心线上方的所有直线,以中心线为镜像线,不删除源对象,完成节流阀芯的下半部分外轮廓线的绘制,如图10-18所示。

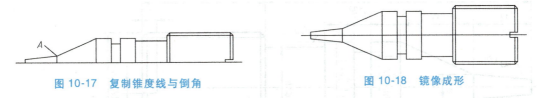

图 10-17 复制锥度线与倒角   图 10-18 镜像成形

⑧ 设置图线图层与编辑图线。选择所有轮廓线,将其图层设置为"01粗实线"图层。选择中心线,将其图层设置为中心线图层。选择螺纹小径,将其图层设置为细实线图层,如图10-19所示。

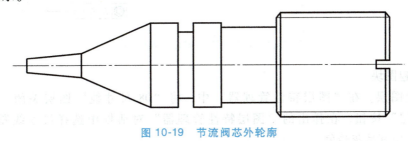

图 10-19 节流阀芯外轮廓

(3) 标注尺寸

1) 在"图层特性管理器"中,将当前图层设置为"08尺寸线"图层。

2) 标注主视图中的各个尺寸。单击"标注"——"线性",执行"DIMLINEAR"命令,选择各个尺寸的端点进行尺寸标注,如图10-20所示。

3) 标注锥度。单击"标注"——"多重引线"按钮,执行"MLEADER"命令,标注锥度比例1∶6;在引线的适当位置插入锥度图块,如图10-20所示。

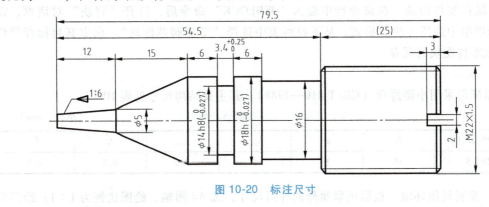

图 10-20 标注尺寸

(4) 标注技术要求

1) 标注表面粗糙度。单击"插入"按钮,执行"INSERT"命令,在主视图上标注加工表面的表面粗糙度;在图幅右下角插入表示"其余"的符号与表面粗糙度为 $Ra6.3\mu m$ 的组合,如图10-21所示。

2)标注几何公差。在能保证加工精度的条件下,节流阀芯的几何公差由机床的刚性保证;标注 M22 中心线相对 $\phi 18\text{mm}$ 圆柱轴线的同轴度公差为 $\phi 0.02\text{mm}$,如图 10-21 所示。

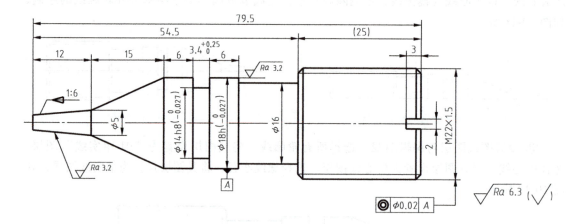

图 10-21　标注表面粗糙度与几何公差

(5)创建图块

1)设置图层。在"图层特性管理器"中,将"08 尺寸线"图层关闭。单击"格式"——"图层"按钮,在弹出的"图层特性管理器"对话框中选择尺寸线图层,单击"开"图标,使其呈灰暗色。

2)创建零件图块。单击"创建"按钮 创建 ,执行"BLOCK"命令,在"块定义"对话框中,设置"名称"为"节流阀芯图块";在"基点"选项组中单击"拾取点"按钮 ,在绘图区选择主视图左边纵向线与水平基准线的交点;在"对象"选项组中单击"选择对象"按钮 ,在绘图区域选择节流阀芯的主视图,单击"确定"按钮,完成块的创建。

3)保存零件图块。在命令行中输入"WBLOCK"命令后,打开"写块"对话框,在"源"选项组中选择"块"模式,从下拉列表中选择"节流阀芯图块",确定其目标存储位置,完成零件图块的保存。

3. 锁紧螺母的绘制

锁紧螺母采用小圆螺母(GB/T 810—1988),其主要结构尺寸见表 10-1。

表 10-1　M22×1.5 小圆螺母的结构尺寸　　　　　　　　(单位:mm)

螺纹规格($D \times P$)	d_k	m	h_{min}	t_{min}	C	C_1
M22×1.5	35	8	5	2.5	0.5	0.5

(1)配置绘图环境　根据锁紧螺母的外形尺寸,选 A4 图幅,绘图比例为 1:1;绘图单位为"mm"。在主菜单中单击"文件"——"打开"按钮,在"选择文件"对话框中选择"Template"子文件夹中的"A4.dwt"文件。建立新文件,将新文件命名为"锁紧螺母.dwg"并保存到指定文件夹。

(2)绘制视图

1)绘制基准线。将当前图层设置为绘制图层。单击"直线"按钮，执行"LINE"命令，选择适当的起点，绘制一条水平线和两条纵向直线，作为绘制主视图、左视图的纵、横基准线，如图10-22所示。

图10-22 绘制绘图基准线

2)绘制主视图轮廓线。

① 绘制圆。单击"圆"按钮，执行"CIRCLE"命令，以纵、横基准线交点为圆心，分别绘制 ϕ18.75mm、ϕ22mm、ϕ35mm、ϕ34mm（倒角圆）四个同心圆，如图10-23a所示。

② 偏移直线。单击"偏移"按钮，执行"OFFSET"命令，以水平线为起始，分别向上、向下绘制直线，偏移距离分别为2.5mm、15mm；以纵向直线为起始，分别向左、向右绘制直线，偏移距离分别为2.5mm、15mm，如图10-23b所示。

③ 修剪直线。单击"修剪"按钮，执行"TRIM"命令，选择圆、偏移直线作为修剪边，相互修剪，如图10-23c所示。

④ 打断。单击"打断"按钮，执行"BREAK"命令，将主视图中的螺纹孔大径圆在适当的位置打断；如图10-23c所示。

a)绘制圆   b)偏移直线   c)修剪直线

图10-23 绘制主视图轮廓线

3)绘制左视图外轮廓线。

① 偏移直线。单击"偏移"按钮，执行"OFFSET"命令，以右侧纵向基准线为起始，向右偏移直线，偏移距离为8mm，如图10-24所示。

② 绘制直线。单击"偏移"按钮，执行"OFFSET"命令，以水平基准线为起始，分别向上、向下绘制直线，偏移距离分别为17.5mm、2.5mm；单击"修剪"按钮，执行"TRIM"命令，修剪后效果如图10-24所示。

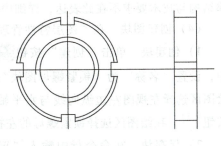

图10-24 绘制直线

③ 倒角。单击"倒角"按钮，执行"CHAMFER"命令，输入倒角距离，对边缘倒角，倒角距离分别为0.5mm，如图10-25所示。

④ 修剪直线。单击"修剪"按钮，执行"TRIM"命令，选择圆、偏移直线作为修剪边，相互修剪，如图10-25所示。

⑤ 绘制倒角直线。单击"直线"按钮，执行"LINE"命令，选择倒角的角点绘制直

线,如图 10-25 所示。

4) 设置图线图层与编辑图线。

① 利用夹点,将中心线按轮廓线的投影进行延长或缩短,如图 10-26 所示。

② 选择所有轮廓线及螺纹孔小径,将其图层设置为"01 粗实线"图层。选择所有中心线,将其图层设置为"中心线"图层。选择螺纹孔大径,将其图层设置为"02 细实线"图层,如图 10-26 所示。

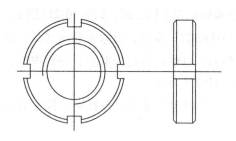

图 10-25 倒角及修剪直线

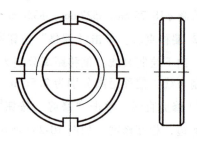

图 10-26 编辑图线

(3) 标注尺寸

1) 在"图层特性管理器"中,将当前图层设置为"08 尺寸线"图层。

2) 标注零件尺寸。单击"标注"──"线性"按钮,执行"DIMLINEAR"命令,选择各个尺寸的端点进行线性尺寸标注;单击"标注"──"直径"按钮,执行"DIMDIAMETER"命令,标注内螺纹相关尺寸,如图 10-27 所示。

由于锁紧螺母属标准件系列,其内部结构与技术要求不在此表达,详细内容请参考《机械设计手册》。

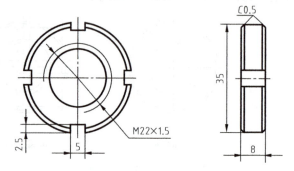

图 10-27 标注尺寸

(4) 创建图块 在"图层特性管理器"中,将"08 尺寸线"图层关闭。

1) 创建块。单击"创建"按钮 创建,执行"BLOCK"命令,在"块定义"对话框中,设置"名称"为"锁紧螺母图块";在"基点"选项组中单击"拾取点"按钮,在绘图区选择左视图左边纵向线与水平轴线的交点;在"对象"选项组中单击"选择对象"按钮,在绘图区选择锁紧螺母的左视图,单击"确定"按钮,完成块的创建。

2) 保存块。在命令行中输入"WBLOCK"命令后,打开"写块"对话框,在"源"选项组中选择"块"模式,从下拉列表中选择"锁紧螺母图块",确定其目标存储位置,完成零件图块的保存。

4. 创建节流阀体的图块

(1) 打开文件 单击"文件"──"打开"按钮,在弹出的"选择文件"对话框中,打开项目 9 所绘的"节流阀体.dwg"文件。

(2) 关闭图层 在"图层特性管理器"中,将尺寸标注图层关闭。

(3) 建块 单击"创建"按钮 创建,执行"BLOCK"命令,在"块定义"对话框中,设置"名称"为"节流阀体图块";在"基点"选项组中单击"拾取点"按钮,在绘图区选择左视图左边纵向线与水平轴线的交点;在"对象"选项组中单击"选择对象"按钮,在绘图区选择节流阀体的主视图和左视图,单击"确定"按钮,完成块的创建。

(4) 保存块 在命令行中输入"WBLOCK"命令后,打开"写块"对话框,在"源"选项组中选择"块"模式,从下拉列表中选择"节流阀体图块",确定其目标存储位置,完成零件图块的保存。

二、节流阀装配图的绘制

【任务】将节流阀所有零件图块装配为整体,并根据装配图表达机器或部件的要求进行修改,完成节流阀装配图的绘制。

【要求】装配图是用来表达部件或机器的工作原理、零件之间的装配关系、相互位置以及装配、检验、安装所需的尺寸数据的技术文件。装配图的绘制集中体现了 AutoCAD 辅助设计的优势。一般的装配图都由多个零件组成,图形较复杂,绘图过程中需要经常修改;而且现在有很多装配图需多人合作完成,这些问题对手工制图来讲难度和工作量都是非常大的。在 AutoCAD 辅助设计中则可以将各个零件封装成块,在装配图中使用块操作,可以方便地检验零件间的装配关系。

装配图的绘制是 AutoCAD 辅助设计的一种综合设计应用。在设计过程中,需要运用前面任务所介绍的各种零件绘制方法外,还要在装配图中拼装零件,对装配图进行二次编辑,对装配零件进行编号、填写明细表等。

根据装配图的作用,在装配图中需要标注的尺寸通常有以下几种:规格(性能)尺寸、装配尺寸、外形尺寸、安装尺寸、其他重要尺寸等。有时同一尺寸有几种含义,因此在标注装配图尺寸时,应对所表达的机器或部件进行具体分析,再标注尺寸。

【实施】通过看装配图的视图和明细栏,完成装配图需要画出节流阀的节流阀芯、锁紧螺母、节流阀套、节流阀体以及 O 形橡胶密封圈等零件。前面四个零件封装成块,在装配图中进行块的操作(插入、移动等),再进行图线的二次编辑;对明细栏也采用图块的方式插入。在所有零件图都用相同设置的样板文件绘图后,完成节流阀装配图的步骤有:创建绘图环境、创建明细栏图块、插入和移动图块、编辑图线、补画 O 形橡胶密封圈轮廓线、标注尺寸、标注技术要求、填写标题栏、插入明细表和保存文件。

1. 配置绘图环境

(1) 绘制明细表标题栏

1) 绘制表格线。在"图层特性管理器"中,将当前图层设置为粗实线图层。单击"矩形"按钮,执行"RECTANG"命令,指定矩形的两个角点坐标为(40,20)和(220,27);单击"分解"按钮,执行"EXPLODE"命令,分解绘制的矩形。单击"偏移"按钮,执行"OFFSET"命令,以最左侧纵向直线为起始,分别向右绘制直线,偏移距离分别为 15mm、60mm、15mm、45mm,如图 10-28 所示。

2) 填写文字。单击"单行文字"按钮,执行"TEXT"命令,在弹出的文字编辑器中依次填写明细表标题栏中各项内容,如图 10-29 所示。

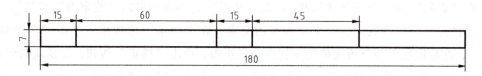

图 10-28　绘制明细表格线

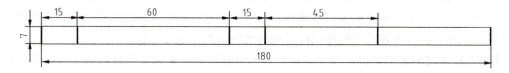

图 10-29　填写明细表标题栏

3）创建与保存图块。单击"创建"按钮 ，执行"BLOCK"命令，在"块定义"对话框中，设置"名称"为"明细表标题栏图块"；在"基点"选项组中单击"拾取点"按钮 ，在绘图区选择明细表格线左下点；在"对象"选项组中单击"选择对象"按钮 ，在绘图区选择明细表标题栏，单击"确定"按钮，完成块的创建。在命令行中输入"WBLOCK"命令后，打开"写块"对话框，在"源"选项组中选择"块"模式，从下拉列表中选择"明细表标题栏图块"，确定其目标存储位置，完成图块的保存。

（2）绘制明细表内容栏

1）绘制表格线。在"图层特性管理器"中，将当前图层设置为"01 粗实线"图层。仿照明细表标题栏的绘制方法，绘制内容栏表格，如图 10-30 所示。

图 10-30　绘制内容栏表格线

2）定义"序号"属性。单击"绘图"——"块"——"定义属性"按钮，弹出"属性定义"对话框。在"属性"选项组中的"标记"文本框中输入"N"，在"提示"文本框中输入"输入序号："；选择"在屏幕上指定"复选框，在明细表内容栏中的第一栏中单击，如图 10-31 所示，单击"确定"按钮，完成"序号"属性定义。

使用同样的方法，依次定义明细表内容栏的其他 4 个属性：标记"NAME"，提示"输入名称："；标记"Q"，提示"输入数量："；标记"MATERIAL"，提示"输入材料："；标记"NOTE"，提示"输入备注："。插入点的提取都是用鼠标指针在屏

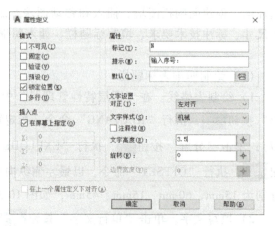

图 10-31　定义"序号"属性

幕上指定。定义了 5 个文字属性的明细表内容栏如图 10-32 所示。

3）创建与保存图块。单击"创建"按钮，执行"BLOCK"命令，在"块定义"对话框中，设置"名称"为"明细表内容栏图块"；在"基点"选项组中单击"拾取点"按钮，在绘图区选择明细表格线左下点；在"对象"选项组中单击"选择对象"按钮，在绘图区选择明细表标题栏，单击"确定"按钮，完成块的创建。在命令行中输入"WBLOCK"命令，打开"写块"对话框，在"源"选项组中选择"块"模式，从下拉列表中选择"明细表内容栏图块"，确定其目标存储位置，完成图块的保存。

图 10-32　定义明细表内容栏文字属性

（3）选择样板　根据节流阀装配图的外形尺寸，选 A3 图幅，绘图比例为 1∶1；绘图单位为"mm"。在主菜单中单击"文件"→"打开"按钮，在"选择文件"对话框中选择"Template"子文件夹中的"A3.dwt"文件。建立新文件，将新文件命名为"节流阀装配图.dwg"并保存到指定文件夹。

2. 拼装装配图

（1）安装已有图块

1）插入节流阀体。单击"插入"按钮，执行"INSERT"命令，在"块"对话框中，单击右上角按钮，弹出"选择图形文件"对话框。选择"节流阀体图块.dwg"文件，单击"打开"按钮，返回"块"对话框。在绘图区指定插入点，其余为默认设置，如图 10-33 所示。

微课 30. 节流阀装配图的绘制（2）

a)"块"对话框

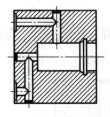
b) 插入节流阀体图块

图 10-33　插入节流阀体图块

2）插入节流阀套。

①插入块。单击"插入"按钮，执行"INSERT"命令，在"块"对话框中，单击右上角按钮，弹出"选择图形文件"对话框。选择"节流阀套图块.dwg"文件，单击

"打开"按钮,返回"块"对话框。在绘图区指定插入点,其余为默认设置。

② 移动块。单击"移动"按钮 ![移动], 执行"MOVE"命令, 选择"节流阀套图块", 将节流阀套图块安装到节流阀体中, 如图 10-34 所示。

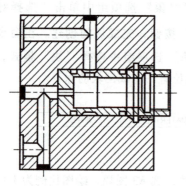 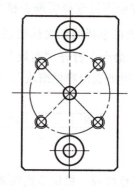

图 10-34　安装节流阀套

使用同样的方法,依次插入"节流阀芯图块""锁紧螺母图块",如图 10-35 所示。

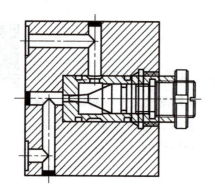 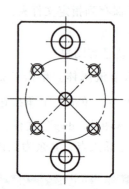

图 10-35　安装节流阀芯与锁紧螺母

(2) 修剪装配图

1) 分解图块。单击"分解"按钮 ![分解], 执行"EXPLODE"命令, 分解拼装的所有零件图块。

2) 修剪图形。调用"修剪" ![修剪]、"删除" ![删除]、"打断" ![打断] 等命令, 对装配图进行细节修剪, 结果如图 10-36 所示。

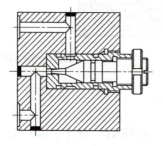 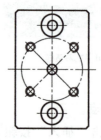

图 10-36　修剪装配图

修剪原则：装配图中两个零件的接触表面只绘制一条直线，不接触表面以及非配合表面绘制两条直线；两个或两个以上零件的剖面图相连时，需要使其剖面线各不相同，以便区分，但同一零件在不同位置的剖面线必须保持一致。

（3）补全装配图　补全节流阀装配图，需要画出其 O 形橡胶密封圈的轮廓。

1）绘制圆。在"图层特性管理器"中，将当前图层设置为"01 粗实线"图层。单击"绘图"——→"圆"——→"两点"按钮，捕捉上、下切点绘制六个小圆。

2）绘制剖面符号。在"图层特性管理器"中，将当前图层设置为"10 剖面线"图层。单击"图案填充"按钮，在"图案填充创建"功能面板中的"图案"工具栏中选择"ANSI37"，设置"比例"为"0.5"，单击"拾取点"按钮，在主视图中适当位置选点，再单击"关闭图案填充创建"按钮，如图 10-37 所示。

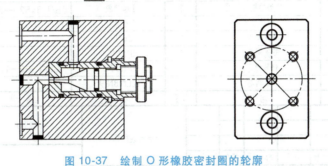

图 10-37　绘制 O 形橡胶密封圈的轮廓

3. 标注装配图

（1）设置图层　在"图层特性管理器"中，将当前图层设置为尺寸标注图层。

（2）标注尺寸　单击"标注"——→"线性"按钮，执行"DIMLINEAR"命令，选择各个尺寸的端点进行线性尺寸标注；单击"标注"——→"直径"按钮，执行"DIMDIAMETER"命令，标注螺孔尺寸，如图 10-38 所示。

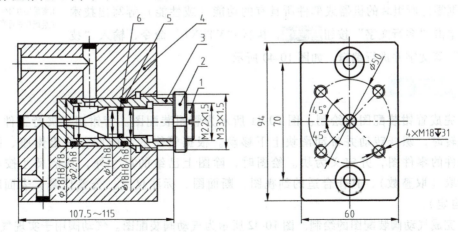

图 10-38　标注尺寸与零件序号

（3）标注零件序号　单击"标注"——→"多重引线"按钮，执行"MLEADER"命令，在各个零件内选择适当的点标注零件的序号，沿装配图的主视图外侧按逆时针方向依次编号，如图 10-38 所示。

4. 填写标题栏和明细表

（1）设置图层　在“图层特性管理器”中，将当前图层设置为标题栏图层。

（2）填写标题栏文字　在标题栏中填写相关的内容，如装配图名称、比例、图号等。

（3）插入“明细表标题栏图块”　单击“插入”按钮，在打开的“块”对话框中，单击右上角按钮，弹出“选择图形文件”对话框。选择“明细表标题栏图块 .dwg”文件，单击“打开”按钮，返回“块”对话框。在绘图区中指定插入点，其余为默认设置。

（4）插入“明细表内容栏图块”　单击“插入”按钮，在“块”对话框中单击右上角按钮，弹出“选择图形文件”对话框。选择“明细表内容栏图块 .dwg”文件，单击“打开”按钮，返回“块”对话框。在绘图区中指定插入点，如图 10-39 所示。

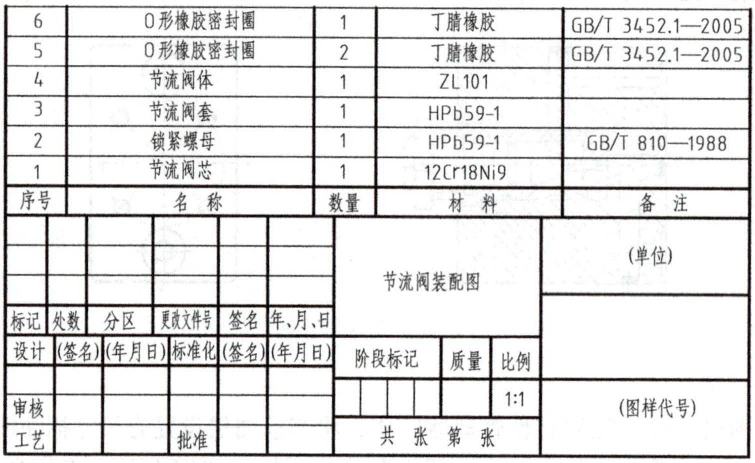
6
O形橡胶密封圈
1
丁腈橡胶
GB/T 3452.1—2005
5
O形橡胶密封圈
2
丁腈橡胶
GB/T 3452.1—2005
4
节流阀体
1
ZL101
3
节流阀套
1
HPb59-1
2
锁紧螺母
1
HPb59-1
GB/T 810—1988
1
节流阀芯
1
12Cr18Ni9
序号
名 称
数量
材 料
备 注
节流阀装配图
(单位)
标记
处数
分区
更改文件号
签名
年、月、日
设计
(签名)
(年月日)
标准化
(签名)
(年月日)
阶段标记
质量
比例
1:1
审核
(图样代号)
工艺
批准
共 张 第 张

图 10-39　填写标题栏和明细表

5. 标注技术要求

根据零件所组装的机器或部件所具有的功能（或性能）等写出技术要求。单击“多行文字”按钮，执行“MTEXT”命令，输入“技术要求”等文字并进行编辑，如图 10-40 所示。

技术要求
1.常用压力1MPa。
2.装配后进行密封实验。

图 10-40　技术要求文字内容

技能训练

1. 完成管钳装配图的绘制。图 10-41 所示为管钳装配图。管钳用于夹持工件，当手柄杆旋转时，螺杆转动并带动滑块上下移动。根据管钳的装配图，画出钳座、螺杆等主要零件的零件图，并定义为块。绘图时，除图上已给的尺寸外，其余尺寸按比例从图中量取（取整数），且作合适的剖视图、断面图，标注尺寸、公差代号、表面粗糙度（数值自定）。

2. 完成气动阀装配图的绘制。图 10-42 所示为气动阀装配图。气动阀用于实现气体或液体沿不同方向换位输送，当手柄拨转时，柱塞上的沟槽仅能同时接通两个孔或同时关闭三个孔。根据气动阀的装配图，画出各个零件的零件图，并定义为块。绘图时，除图上已给的尺寸外，其余尺寸按比例从图中量取（取整数），且作合适的剖视图、断面图，标注尺寸、公差代号、表面粗糙度（数值自定）。

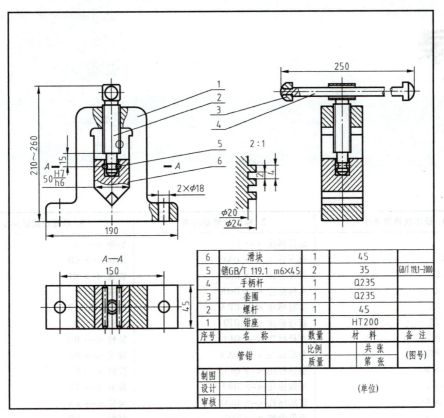

图 10-41 管钳装配图

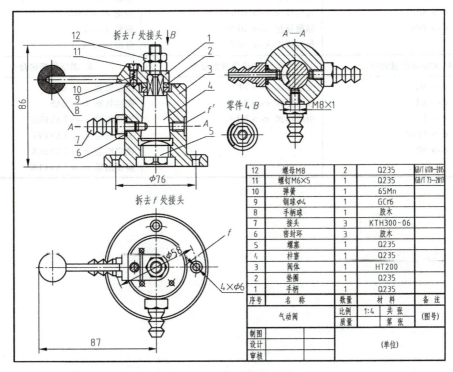

图 10-42 气动阀装配图

附录

AutoCAD 2020常用快捷键一览表

1. 绘图快捷键命令	2. 标注快捷键命令	3. 修改快捷键命令
圆 <--> C	线性标注 <--> DLI	删除 <--> E
点 <--> PO	对齐标注 <--> DAL	复制 <--> CO
直线 <--> L	弧长标注 <--> DAR	镜像 <--> MI
圆弧 <--> A	坐标标注 <--> DOR	偏移 <--> O
椭圆 <--> EL	半径标注 <--> DRA	阵列 <--> AR
表格 <--> TB	折弯标注 <--> DJO	移动 <--> M
矩形 <--> REC	直径标注 <--> DDI	旋转 <--> RO
面域 <--> REG	角度标注 <--> DAN	缩放 <--> SC
创建块 <--> B	快速标注 <--> QDIM	拉伸 <--> S
插入块 <--> I	基线标注 <--> DBA	裁剪 <--> TR
多段线 <--> PL	连续标注 <--> DCO	延伸 <--> EX
构造线 <--> XL	形位公差 <--> TOL	打断 <--> BR
图案填充 <--> H	标记圆心 <--> DCE	合并 <--> J
样条曲线 <--> SPL	折弯线性 <--> DJL	倒角 <--> CHA
正多边形 <--> POL	编辑标注 <--> DED	圆角 <--> F
	标注样式 <--> DST	分解 <--> X

4. 文字快捷键命令	5. 样式快捷键命令	6. 图层快捷键命令
多行文字 <--> MT	文字样式 <--> ST	图层管理 <--> LA
单行文字 <--> DT	表格样式 <--> TS	图层状态 <--> LAS
修改文字 <--> ED	引线样式 <--> MLS	冻结图层 <--> LAYFRZ
查找替换 <--> FIND		关闭图层 <--> LAYOFF
拼写检查 <--> SP		锁定图层 <--> LAYLCK
		解锁图层 <--> LAYULK

参 考 文 献

[1] 王平,张松华. AutoCAD 机械绘图与应用[M]. 北京:化学工业出版社,2015.
[2] 郭克景,孙亚婷,尚晓明. AutoCAD 2013 中文版从入门到精通[M]. 北京:中国青年出版社,2013.
[3] 王技德,王艳. AutoCAD 机械制图教程[M]. 大连:大连理工大学出版社,2018.
[4] 曹爱文,李鹏. AutoCAD 2020 中文版从入门到精通[M]. 北京:人民邮电出版社,2020.

参考文献

[1] 王灵珠,宋志伟. AutoCAD机械设计应用教程[M]. 北京: 清华大学出版社, 2005.
[2] 朱玉祥,孙本荣,陈胜尊. AutoCAD 2013中文版及天下[教程版][M]. 北京: 中国青年出版社, 2013.
[3] 王明皓,王玲. AutoCAD机械设计实例[M]. 大连: 大连理工大学出版社, 2012.
[4] 姜勇军,李善高. AutoCAD 2020中文版从入门到精通[M]. 北京: 人民邮电出版社, 2020.